U0303561

汉译世界学术名著丛书

造物中展现的神的智慧

〔英〕约翰·雷 著

熊姣 译

商务印书馆

2018年·北京

John Ray

THE WISDOM OF GOD MANIFESTED

IN THE WORKS OF THE CREATION

by London: William Innys, 1717

根据伦敦出版商 William Innys 发行 1717 年修订第 7 版译出

约翰·雷(John Ray,1627～1705),英国博物学家。

汉译世界学术名著丛书
出 版 说 明

我馆历来重视移译世界各国学术名著。从 20 世纪 50 年代起，更致力于翻译出版马克思主义诞生以前的古典学术著作，同时适当介绍当代具有定评的各派代表作品。我们确信只有用人类创造的全部知识财富来丰富自己的头脑，才能够建成现代化的社会主义社会。这些书籍所蕴藏的思想财富和学术价值，为学人所熟悉，毋需赘述。这些译本过去以单行本印行，难见系统，汇编为丛书，才能相得益彰，蔚为大观，既便于研读查考，又利于文化积累。为此，我们从 1981 年着手分辑刊行，至 2016 年年底已先后分十五辑印行名著 650 种。现继续编印第十六辑、十七辑，到 2018 年年底出版至 750 种。今后在积累单本著作的基础上仍将陆续以名著版印行。希望海内外读书界、著译界给我们批评、建议，帮助我们把这套丛书出得更好。

商务印书馆编辑部

2018 年 4 月

中译者序

约翰·雷及其博物学著作

《造物中展现的神的智慧》是英国博物学家约翰·雷(John Ray,1627—1705)晚年的一部著作,也是英国十七、十八世纪再版和重印次数较多的博物学著作之一。这部著作既是英国自然神学的代表之作,也是对当时的博物学知识最丰富、全面的论述。约翰·雷的博物学著作在其同时代及后世的博物学家中均具有深远影响,对近代生物学的发展产生了实质性的影响,对当代探索人与自然关系的自然神学进路、环境伦理运动,也有很大的启示意义。从两个方面来说,《造物中展现的神的智慧》在约翰·雷的博物学研究中占据重要地位:第一,其中汇总了他博物学生涯中的全部研究,包括兽类、鱼类、鸟类、昆虫、植物、矿物、地形、天体等各方面的内容,就材料而言,不仅有他个人广泛的旅行考察所得,也有前代及同时代的本国博物学家和欧洲博物学家的观察和论述;第二,在这部著作中,约翰·雷首次有意识地将自然神学与博物学联系起来,将信仰体系建立在切实可靠的博物学观察材料的基础上,并公开论及他对某些形而上学和伦理问题的看法。

尽管约翰·雷的博物学在西方起到广泛而深远的影响,他本人也被尊为"现代博物学之父"和"英国的亚里士多德",但是国内一直缺乏系统研究，对他的博物学著作缺乏了解。科学史界尚且如此，更遑论普通读者。为了避免某些仍然持有“现代性”偏见、一见“神”的字眼就嗤之以鼻的读者将《造物中展现的神的智慧》视为陈旧的宗教小册子，或是仅出于对近代早期“质朴的”自然探索活动的一种猎奇心理而接近这部著作，有必要简单介绍一下：1. 约翰·雷生活的时代背景；2. 在当时特定的社会、宗教与哲学语境下，他的人生际遇又是如何为他开启从事博物学研究的契机；3. 他的博物学著作，尤其是这部《造物中展现的神的智慧》中包含的主要观念。

一

无论在英国史上，还是对现代社会的影响而言，17 世纪都是一个举足轻重的时代。文艺复兴和宗教改革留下的遗产，使文化、教育和图书出版进入空前繁荣的时期。技术改良和海外扩张给英国社会带来一股涌动的新生力量。英国社会依然保持着原有的社会结构，但是各社会阶层之间纵向的流动性加大。与此同时，宗教教派之间的争端始终影响着英国社会的稳定。1625 年，詹姆斯一世去世后，查理一世即位不久，便施行亲法政策，引起英国新教徒的敌视。英国资产阶级与一批新贵族联合起来，展开了反对国教的清教运动。1636 到 1638 年之间，宗教迫害扩大到苏格兰，苏格兰集会宣布取消共同祈祷书和主教制。1639 年，英国王室在与苏格兰的交战中以失败告终。查理一世于 1642 年逃离伦敦，至此，英国内战爆发。一方是保皇党派，另一方则是由费尔法克斯、曼彻斯特和克伦威尔领导的议会军。议会军与苏格兰长老会签署“神圣联盟合约”,取得苏格兰军队的协助,并于1644年与保皇党派展开内战中规模最大、最激烈残酷的一次战役——马斯顿荒原战役,一举击溃王党军。1649年,“残余议会”将查理一世推上断头台,宣布实行一院制,废除君主制。同年,议会军正式宣布英国为共和国。1658年,克伦威尔去世,指定其子理查为护国主继承人。1659年,理查解散议会,放弃护国主称号。1660年,驻守英格兰的英军总司令乔治·蒙克率军南下,兵不血刃地进入伦敦,迎接流亡在外的查理二世回国即位。

斯图亚特王朝复辟后,一度试图缓和天主教与清教之间的矛盾。然而在1661年至1665年间,由骑士党组成的议会连续向政府提出恢复英国国教的法令,加紧对不从国教者的宗教迫害。其中1661年的“市镇机关法令”要求市镇供职人员宣誓服从现任政府,按照国教仪式作礼拜;1662年的“划一法”要求所有不信国教者服从圣公会教义;1664年的《非法宗教集会法》要求神职人员一律承认国教教义,宣誓服从国王和国教会;1667年公布的《五哩法案》禁止所有不宣誓的教士回到自己过去的教区,并不得在有市政府的城市及其周围五英里之内活动,违者处以罚款,或是收监羁押。这些宗教法令不仅使一些僧侣被剥夺了圣职和俸禄,也直接影响到当时英国的大学,尤其是牛津和剑桥的人事变动,以及学术研究氛围。通常认为,牛津是保皇党的重镇,而剑桥掌握在议会党手中,氛围相对较为开明。复辟的斯图亚特王朝对牛津和剑桥进行了清理,目的在于恢复议会党执政时期遭到驱逐的国教神职人员的职务,同时确立那些在王位虚空时期接受任命,但是接受国王回归的神职人员的地位。

查理二世在位期间，伦敦于 1665 年爆发了自 1348 年黑死病以来最严重的瘟疫，并于次年遭遇大火。英国与荷兰舰队在海战中的失利，进一步激起了国内人民的不满。1685 年，查理二世去世，詹姆斯二世即位。詹姆斯二世的亲法政策引起人民的恐慌。由于害怕天主教卷土重来，英国资产阶级、新贵族邀请詹姆斯二世的女儿玛丽和时任荷兰奥兰治执政的女婿威廉（后来的玛丽三世和威廉三世）回国执政，发动宫廷政变，推翻斯图亚特王朝封建统治，建立了世界上第一个君主立宪制国家，史称“光荣革命”。1689 年颁布的《权利法案》，标志君主立宪制的资产阶级统治确立。

在此期间，战争与和平的交替，并未影响英国科学取得显著进步。新思潮的涌现与新的社会结构的确立，一方面撼动了坚不可破的旧思想观念，另一方面也促使知识精英对自然界展开广泛的探索，试图从中找到某种确定性基础，替代传统上经院哲学与教会为人们提供的心理慰藉。在这种科学探索活动中，最具有代表性的事件是英国皇家学会的成立。1660 年，雷恩与波义耳、威尔金斯等人在早期“无形学院”的基础上建立了旨在推动自然科学和应用科学发展的学术交流学会。几位主要发起人凭借与查理二世的亲密关系，使学会得到国王正式认可，分别于 1662 年、1663 年、1669 年获得三个特许状，成为世界上第一个经由国家批准的科学团体。早期皇家学会的成员多数是声名卓著的自然哲学家，一般拥有较高的社会地位。此外也包括一些从事与自然哲学相关职业的人，例如医生、大学或中小学教师、学者及旅行者。早期会员几乎在自然科学的各个分支领域都有出色的表现，除数学等学科之外，皇家学会也资助各种人文研究。早期皇家学会还是一个绅士俱乐部：物理学和数学领域的天才人物与哈克（Theodore Haak）和迪格比（Sir Kenelm Digby）等钻研牡蛎养殖和怪物生殖的业余爱好者友好合作。在这种开放、折中的开明气氛下，英国学者普遍采用一种不同于法国笛卡尔主义先验演绎体系的经验研究方法，遵循培根主义的指导，收集了大量广泛的观察材料。尽管17世纪后期皇家学会关注的重心逐渐向数理科学方面转移，然而在整个17、18世纪，博物学取得了长足的进步，并为后来博物学的发展奠定了坚实的基础。

二

简单概述了时代背景和当时的科学活动氛围后，再来说说约翰·雷个人的情况。

作为牛顿的同时代人，约翰·雷与牛顿分别被视为17世纪英国博物学传统和数理传统的代表。英国的科学史家评论，约翰·雷在博物学方面的成就，相当于与他同年出生的波义耳在化学方面的成就。然而与波义耳不同，约翰·雷并非出生于显贵之家，他的一生也更加曲折。约翰·雷生于英国布瑞特伊（Braintree）附近埃塞克斯一个宁静的小乡村，他的父亲是一名铁匠，母亲则熟悉草药知识，在当地很受人敬重。约翰·雷早年曾被父母送到埃塞克斯一个语法学校接受教育。在那里，他的出色表现引起布瑞特伊教区牧师柯林斯的注意，并由科林斯推荐，于1644年以“减费生”(sizarship)身份进入剑桥大学。同年6月，由于学费资助问题，约翰·雷转入凯瑟琳学院，随后于1646年重新转回三一学院。1646年与约翰·雷一同转入三一学院的还有一个重要人物，即后来牛顿爵士的导师巴罗(Issac Barrow)。1648年约翰·雷与巴罗一同毕业，并留校任教。1649年，约翰·雷成为三一学院的初级教授，并在1651—1656年分别担任希腊语讲席教授、数学讲席教授和人文学讲席教授。1657年他担任了“praelector”(牛津、剑桥两所大学在毕业仪式上引领学生的人)。如前所述，当时剑桥处在议会党控制之下，较之牛津学术氛围更为开明。学者们从事教职之余，通常有一些业余的爱好，由此形成一个热衷于从事自然哲学和实验研究的小圈子。

约翰·雷最早开始博物学研究，是在1650年前后。据他自己说，当时他生了一场“心理上和身体上的”疾病，医生建议他尽量多外出散步。在这种情况下，约翰·雷发现了大地上的植物之美，并领悟到植物学研究给人带来的愉悦。他如是表述道：“在旅途中，我有大量的闲暇去思考那些总是出现在眼前，而且经常被漫不经心地踩在脚下的事物，也就是各种美丽的植物，自然界神奇的作品。首先，春天草地上丰富的美景吸引了我，使我随即沉醉于其中；接着，每一株植物奇妙的形状、色彩和结构使我满怀惊异和喜悦。当我的眼睛享受着这些视觉上的盛宴时，我的心灵也为之一振。我心中激起了对植物学的一种热情，我感觉到一种成为这一领域专家的蓬勃欲望，从中我可以让自己在单纯的快乐中抚平我的孤寂。”[①]这种“单纯的快乐”带给他极大的慰藉，然而当他希望进一步了解眼前的美丽事物时，他失望地发现，这一时期剑桥根本不重视这门学问，在这里根本找不到一位“指导者和启蒙老师”。前人著作主要是为了满足本草学家和药剂师的需求，依据这些著作中“简短模糊的描述”，很难准确地辨明作者所说的是何种植物。面对这种困境，约翰·雷认为，如果听任自然哲学和博物学中如此可贵而且必不可少的组成部分“完全处于被忽略状态”，将是十分可耻的事情。于是他开始在周围地区进行大量探索，广泛涉猎当时的植物学著作，包括古典文献，以及国内外本草学者和园艺家的著作，并结合亲身的观察实验，考证前人著作中提到的植物。

自 1650 年开始，约翰·雷经过 6 年的考察，收集了大量资料。在剑桥书商的建议下，1660 年，他匿名出版自己的第一部植物学著作《剑桥植物名录》(*Catalogue Plantarum circa Cantabrigiam Nascentium*)。随后于 1663 年将剑桥周围新发现的 40 多种野生植物名称整理成《剑桥名录增补》(*Appendix ad Catalogum Plantarum Circa Cantabrigiam Nascentium*)。从剑桥地区出发，约翰·雷逐渐扩大他的研究范围。与此同时，他的植物学研究逐渐取得广泛认可，在他的学生中间也产生了较大影响。一批热爱博物学的年轻人开始加入他的考察活动，其中包括威路比(Francis Willughby)、斯基庞(Philip Skippon)和考托普(Peter Courthope)等人。从相关材料来看，威路比不仅拥有高贵的出身和显赫的家

① John Ray, *Catalogus Plantarum circa Cantabrigiam Nascentium*, London, 1660, p. 22.

世,而且确实“无论在身体上还是在心灵上都有过人的天赋和能力”。约翰·雷称赞威路比在各方面学习中均有优异的成绩,尤其是在那些“最抽象、最令普通人难以理解的学科”(指数学)上有很深的造诣;“至于在自然哲学,尤其是动物志[鸟、兽、虫、鱼]这方面的能力,不说现在,就是到目前为止,无论在英格兰还是在海外,我也不曾见到任何人在这方面具有如此广泛、全面的知识。”①无论这类评价是否过誉,威路比在约翰·雷的博物学生涯中占据极为重要的位置。对约翰·雷而言,威路比不仅是一位志同道合的挚友,而且是在他最窘迫的时候提供庇护的资助人。1660 年,约翰·雷与威路比约定共同研究自然界中的各方面,约翰·雷负责考察植物界,威路比负责他更感兴趣的动物界(按照早期的划分,整个动物界分为虫、鱼、鸟、兽四大类)。

不幸的是,宗教和政治风波不可避免地波及了剑桥的小天地。三一学院有很强的宗教背景,约翰·雷进入剑桥的初衷,原本是成为一名神职人员。在传统上,三一学院的教职人员在升职的同时必须接受神职任命。议会军执政时期取消了主教制,因此约翰·雷一直未曾接受圣封。1660 年斯图亚特王朝复辟后,约翰·雷一度表现出犹豫不决的态度。他在信中写道:“……我目前的状况就是这样,我必须接受教会的封授,否则生活会很不稳定,我在此间的生活来源就只能靠其他人帮助了。我并不打算进入教阶,因为即便能留下来,这里也没有我希望从事的工作。如果要我告别自己钟爱的那些令人愉快的研究和活动,献身于教士职务,并接受他

① Francis Willughby, *Orinithology*, London, 1678, Preface.

们所谓的神学，我想我最好还是将自己放逐到乡野中去，像其他人那样为世俗世界服务，并把执行牧师之职作为我的工作。”[①]出于某些考虑，同时也由于剑桥大学的挽留，约翰·雷最终还是在伦敦接受了神职封号。随后复辟王朝的倒行逆施使约翰·雷深感失望。1662年的“划一法”直接在剑桥掀起了一股躁动不安的浪潮。依照法令，所有神职人员必须签署一份合约，承认1644年议会军与苏格兰长老会签订的《神圣同盟和合约》具有不合法性。尽管约翰·雷并未表现出明确的清教倾向，但是他认为“宣誓始终是宣誓”，如果让他在这份合约上签字，“无疑违背他的意愿，纯粹是出于恐惧”。由此，他拒绝在《划一法》上签字，失去了剑桥的教职。林奈学会的创始人史密斯认为，约翰·雷既不愿接受国教会的晋升，也不赞成分离派脱离国教会的分裂行为，原因很可能是“他厌恶大半生中目睹的纷争与狂热”。史密斯评价道：“约翰·雷的原则和情感远远超越了当时标志着正统与异教之分的种种刻意的差异，他的心灵并未沾染上那些狂热者的激情。他的洞察力使他感到很遗憾：那些人刚摆脱一个重要的共同敌人，就陷入了内部的纷争。两派都曾针锋相对地声称约翰·雷是自己的盟友，这对他们来说是一种荣幸。”[②]

约翰·雷失去教职后，在威路比的帮助和陪同下，继续四处旅行考察。他的考察范围从英国各处延伸到德国、意大利和法国等大陆国家，获得丰富的博物学材料。1666—1673年间，约翰·雷

① R. W. T. Gunther (ed.), *Further Correspondence of John Ray*, London, 1928, p. 16.

② E. Lankester (ed.), *Memorials of John Ray*, London, 1846, p. 85.

多数时间居住在威路比家位于米德莱顿(Middleton)的府邸。在此期间,他受邀为威尔金斯的《普遍文字》(*Real Character*)编写植物学部分的目录,并于1667年成为皇家学会的正式成员。依照皇家学会的章程,他与威路比一同进行了一些实验并向学会提交报告,例如1669年发表在《哲学汇刊》上的“树木汁液流动实验”(Experiments Concerning the Motion of the Sap in Trees)报告。约翰·雷在与时任皇家学会秘书的奥登伯格的通信中,谈到很多有趣的博物学论题,包括蜘蛛吐丝的方式,蚁酸使花朵变色的现象等等。

然而,随之而来的是一个更大的不幸:1672年,威路比英年早逝。威路比指定约翰·雷为他的遗嘱执行人之一,并请约翰·雷代为教育他的孩子。这场突如其来的变故给约翰·雷带来沉痛的打击。不过,他接受了命运安排给他的任务,留在米德莱顿府邸,充当威路比孩子的监护人,并整理在旅途考察中获得的材料。威路比逝世后不久,约翰·雷在文中多处提到的“可敬的威尔金斯主教”也溘然长逝。友人的相继离去使约翰·雷备觉孤单。经过审慎的考虑后,他与威路比儿子的家庭教师玛格丽特结为夫妻。威路比的母亲去世后,威路比的遗孀改嫁他人,约翰·雷在米德莱顿的日子日益艰难。于是,当约翰·雷自己的母亲去世后,他重返故居,在当年父亲去世后他为母亲修建的房子里度过余生。威路比在遗嘱中给约翰·雷留下60英镑的年金,保证了约翰·雷后半生的生活,使他有闲暇继续去从事博物学研究。他的婚姻和稳定的家庭生活,也为他的博物学提供了保障。在他晚年疾病缠身,无法再远足的岁月里,他的太太和几个女儿都成了他的助手。一直到

1705年逝世之前,约翰·雷与当时学术界有大量书信交流,并著述了多本博物学著作,涉及花鸟鱼虫、异域风貌、人文考察等,在研究方法以及范围上极大地拓宽了博物学的疆域。

他在植物学方面的著作,包括1670年的《英格兰植物名录》(*Catalogus Plantarum Angliae et Insularum Adjacentium*)、1673年的《低地诸国考察》(*Observations Topographical, Moral and Physiological*,文后附有一份"异域植物目录"[*Catalogus Stirpium in Exteris Regionibus*])、从1686—1704年间陆续出版的三卷本《植物志》、1690年的《不列颠植物纲要》(*Synopsis Methodica Stirpium Britannicarum*);动物学方面,则有1676年的《鸟类学》(*Ornithologiae Libri Tres*;英文本*The Ornithology of Francis Willughby*于1678年出版)、1686年的《鱼类志》(*De Historia Piscium Libri Quartuor*)、1693年的《四足动物与蛇类要目》(*Synopsis Animalium Quadrupedum et Serpentini Generis*),以及1713年出版的遗稿《鸟类与鱼类纲要》(*Synopsis Avium et Piscium*)和《昆虫志》(*Historia Insectorum*)等;结合旅行考察所得与各地友人提供的材料,约翰·雷还汇编了几部语言学著作:1670年初次出版、后来一再重印的《英语谚语汇编》(*Collection of English Proverbs*),1673年的《不常用英语词汇集》(*A Collection of English Words Not Generally Used*),以及最早出版于1675年的《三语辞典》(*Dictionariolum*,再版时更名为《古代名称》[*Nomenclator Classicus*])。除这些著作之外,约翰·雷也有论及分类问题的专著,例如《植物分类新方法》(*Methodus Plantarum Nova*,1679年)、《简论植物分类法》(*Dissertatio de Methodis*,1696)、

《昆虫分类方法》(*Method Insectorum*,1704 年)等。更富于思辨性和理论色彩的,则有 1692 年出版的《神学散论》(*Discourses*,1693 年第二版更名为《自然神学三论》[*Three Physico-Theological Discourses*])、《神圣生活规劝》(*Persuasive to a Holy Life*,1700),以及这部《造物中展现的神的智慧》。

三

从约翰·雷的著作中,不仅能看出这位博物学家广泛的兴趣和渊博的知识,而且时常能体会到他对友人的深情厚谊。他从未忘记威路比给予他的帮助。例如,在上文提到的著作中,后来被动物学研究者奉为宝典、同时也引发诸多争议的《鱼类志》和《鸟类志》都是以威路比的名义出版。约翰·雷在序言中盛赞友人的才能,绝口不提他个人的贡献。他的《不列颠植物纲要》是献给威路比的小儿子托马斯(Thomas Willughby)的。《三语辞典》据说也是为威路比的儿子而编写的。而这部《造物中展现的神的智慧》,是献给威路比的姊妹,即嫁给哈斯灵菲尔德的托姆斯·温迪(Sir Thomas Wendy)的莱蒂斯(Letitice Wendy)。约翰·雷称这位女士是"可敬的、具备真正宗教精神的"。他在序言中明确指出,之所以选择将这部著作献给这位女士,既是因为感激对方的关照及其兄弟威路比的"慷慨宽大",也是因为与对方同病相怜:莱蒂斯·温迪当时正身患疾病,而约翰·雷在写作这部著作期间,也深受疾病的困扰,以至于彻夜难眠,小女儿的去世也给他带来了心灵上无可弥补的伤痛。所以他恳求"那位最伟大的督战者,最公正的裁判与颁奖者”稍许减轻对方所遭受的痛苦，以免痛苦超出人性的耐受限度，并希望“一种高度的基督徒式的刚毅”使对方得以应对最极端的痛苦，在“走完此世的旅程”时，被指引到“一条通向彼世的宁静而平坦的大道”（见本书序言）。

这种美好的愿望，极为明显地体现出约翰·雷对宗教的态度。这与他在文中关于宗教信仰问题的论述是一致的。结合时代背景和约翰·雷个人的遭遇，我们或许更容易理解他的思想和宗教情怀。早年的博物学著作中，他极少谈及自己对时局和宗教问题的看法。然而在1688年“光荣革命”爆发之后，约翰·雷欣喜地表示：“感谢神让我活着看到这片土地为神所眷顾，赐予我们这样的君主，这是在不久前的动荡岁月中我一直期待却又不敢去想的：“正派、虔诚，各方面卓尔不群的君主。在他们平静的统治下，只要神赐予我们和平，我们就能繁荣昌盛，进入一个真正的黄金时代……”他为重新获得信仰自由而发出由衷的欢呼：“我们的脖子从未习惯去承受的奴役的枷锁日益沉重；而现在枷锁已经断开：我们恢复了与生俱来的自由。”《宗教宽容法》使约翰·雷重新获得了从事神职工作的权利：“迷信被推翻了，纯粹的、改革的宗教得到了认可，我们可以自由地从事宗教活动……”①

很显然，国内战争和宗教争端造成的动荡不安和传统信仰体系的岌岌可危，曾深深地困扰这位渴望得到内心宁静的博物学家。在这段混乱的时代中，教会丧失了威信，牧师们声名狼藉，人们轻

① John Ray, *Synopsis Methodica Stirpium Britannicarum*, London, 1690, “Preface”.

率地对待宣誓。对此，约翰·雷明确提出评判："赌咒发誓以及在日常对话与交谈中随意提到神的名字，是对舌头的另一种滥用。……让神来为妄言（或者，也许是谎言）作见证，或是在每个微不足道的小场合与日常对话中习以为常地呼唤他……那将是对神最大的不敬，以及公开的亵渎。"（见本书英文版第 393—394 页）社会秩序重新稳定，使他看到重建信仰体系的希望，以及依照良心的支配，以一种自由的方式从事宗教活动的机会。与此同时，自然哲学方面的学术追求也受到了鼓励。在这种崭新的背景下，约翰·雷认为有必要借用丰富的博物学材料来履行他在神学上的义务。正如他所说，写作这部作品的最后一条理由是"鉴于我的职业，我认为自己有义务写一些神学方面的东西，我在其他方面已经写过很多：由于我失去了通过言语布道来为教会服务的资格，我想，或许我的职责就是通过双手写作来为它服务。我之所以选择（自然神学）这个主题，是因为我认为这是最适合我本人去写的。"（见本书序言）

除了信仰方面的需求之外，约翰·雷写作这部著作的另一个动机是哲学层面上的。他这部著作的潜在对手，既有与教条化的天主教教义相适应的经院哲学，也有笛卡尔学派、霍布斯主义以及主张无神论的原子论者。针对经院哲学，他说道："我全心感谢上帝让我有生之年看到，在这个世纪之末，那先前曾篡夺哲学名号的空洞的诡辩术，我记得在学校里也曾占据统地位，如今已经让人不屑一提，取而代之的是一门牢固地建立在实验基础上的哲学……"在他看来，正是这种实验哲学使人成其为人，并有能力获得动物和非理性生物无法企及的德性与幸福"有人谴责实验哲学研究只是出于单纯的求知欲。他们公然抨击对知识的热望，认为这种求索是神所不悦的，并以此打压哲学家的热情。就好像全能的神会嫉妒人的知识；就好像神在起初造人时不曾清楚地看到人类的理解力所能达到的程度，或者说，如果他不将其限制在狭窄的范围内，就会有损他的荣耀；就好像他不愿意人类运用他在造物时赋予被造物、而且提供条件供其施展的理解力。”[1]神赋予人类理解力，并在被造物中留下广泛的空间任其施展。人利用自身理解力，通过考察神的造物来获得关于神的知识，就能使神得荣耀。经院学派注重的词语“只是物质的影像”，语词之学“仅包含艺术的形式和范式，具有内在的不完善性”。相比之下，博物学以及对造物的考察，才是更根本的学问。

这一点构成约翰·雷神学思想体系的全部基础，也促使他将自然神学紧密地建立在博物学的基础之上。“自然之光”足以使人们相信神的存在。相比之下，超自然的证明“并不是在一切时候对一切人来说都是常见的，而且很容易遭受到无神论者的指摘与非议”，而那些“从现象与作用中得出的证据，是人人都可见，也无人能否认或置疑的，因而也最具有说服力。”从博物学中得出的最简单、最常见的证据，不仅能说服“最强硬、最擅长诡辩的反对者”，而且足以令“理解力最弱的人”明白，就连“最底层不通文墨的人”也不会否认造物中体现的神性，因为“每一丛禾草，每一穗谷物”都足以证明这一点（见本书英文版第5—6页）。

在这样一种思想体系中，人与神，以及神的造物，经由博物学

---

① John Ray, *Synopsis Methodica Stirpium Britannicarum*, London, 1690, “Preface”.

和自然神学形成一个整体,构成一个完整的物质世界与伦理世界。自然神学作为一种世界观,其重要意义不仅在于社会生活领域,也在于哲学和科学领域。自然神学探讨的问题,是人类自古以来最关心的问题,同时也直接导向了现代社会与现代文明的发端。目的论作为自然神学之大厦赖以建立的基础,一度被近代科学批驳得体无完肤。然而回过头来看,目的论和活力论或许并非一无是处。约翰·雷列举的大量例子提醒我们,哪怕在科技高度发达的今天,自然界依然存在机械论无法解释的现象。

从博物学本身的角度来说,自然神学或许非但不曾造成意识形态上的"污染",反而为博物学研究提供了一条可供选择的进路。约翰·雷的目的论和活力论思想,构成他拒斥机械论世界观的有力依据,也是他深入接触自然界壮丽景观的出发点。实际上,历史上每种耐人寻味的知识体系背后,几乎都有根深蒂固的信仰作为支撑。试想,如果除去约翰·雷的自然神学思想,他的博物学是否依旧富有如此动人的情怀,蕴含如此丰富的色彩呢?在新的时代下,我们或许有了新的观念、新的信仰,我们也有了探索自然的新工具和新方法。然而,人性本质从未改变,人类与自然界的关系也从未改变。我们从内心深处期待解开自然的奥秘,通过这种无穷的探索,重建人在自然界中的位置。因此,我恳请读者将自己放在与约翰·雷同时代的背景下,平心静气地坐下来阅读这部著作,细心体会其中的动人之处,而不是带着一种批判或鄙夷的心理去看待约翰·雷,以及他的著作。

最后顺带提一句:博物学是一门博大精深、源远流长的学问,中西方都有古老的博物学传统。翻译这部经典的西方博物学著作,一方面是顺应国内对博物学日益高涨的兴趣,另一方面,也希望能为未来的中外博物学对比研究提供些许方便。

熊　姣

2013年1月 于中国科学院自然科学史研究所

目　　录

献词………………………………………………………………… 1

序言………………………………………………………………… 5

第一部分 ………………………………………………………… 10

造物的数量之多证明神的智慧与力量。(边码第18,26页)

恒星是数不胜数的,各派都同意这一点(包括那些认同新假说的人在内);

恒星是众多太阳,它们分布的距离不等,各自都有行星围绕其周围转动。这些行星上有栖居者,就像地球上一样。坚持旧假说的人认为,这些行星都处在同样的球形表面上。(边码第18,19,20页)

对地上物体数量的推测:1.无生命物体,例如石头,土,凝固的和不凝固的汁液,金属和矿物;2.动物,鸟类,兽类,鱼类和昆虫;3.植物,禾草和灌木。(边码第21,22,23,24页)

借助不同的方式和工具发挥同样效果,这是对智慧的一大证明。神创造万物便是如此,有诸多例子为证。(边码第25,26,27,28页)

神的有形作品构造极其精巧,不仅适用于普遍目的,也适用于

特殊目的。(边码第 29,30 页)

批驳亚里士多德主义关于尘世与神永恒同在的假说。(边码第 30,31 页)

对伊壁鸠鲁主义假说,即"尘世是通过原子的随机碰撞与融合而形成"的反驳。(边码第 31,32,33 页)其原子下落说受到公正的嘲讽,这一整个假说被西塞罗巧妙地推翻了。(边码第 34,35,36,37 页)

笛卡儿主义的假说,即认定神仅仅创造了物质,并将物质分割成一定数量的小块,使其依据几条定律运动起来,物质自身无需借助任何外力,就产生了尘世。古德沃斯博士在宣讲中对此进行了驳斥。(边码第 37 页等,至 46 页)

对笛卡儿假说的考察及驳斥。他断言,神在任何造物中的目的,都不能为我们所发现。(边码第 38,39,40,41 页)

笛卡儿关于心脏运行原理的观念。(边码第 45,46,47 页)

再论可敬的波义耳先生的假说,并为之辩护。(边码第 48,49,50 页)

本书作者承认对波义耳先生之假说的误解。(边码第 50 页)

人体各部分的形成与分布违反比重定律。(边码第 51 页)

一种低于神的"有塑造力的自然"(Plastic Nature),监管并实施自然过程。(边码第 52,53 页)

某些人认为兽类的灵魂是物质的,动物的身体与灵魂都不过是机器而已,这种观念不符合人类的总体感觉。(边码第 54,55,56 页)

论神有形的作品及其划分。(边码第 57,58 页)对原子论假说

的赞同。(边码第59页)

自然界的造物之精巧,远胜于人类艺术作品。(边码第59,60页)

无生命物体之所以形成不同的种类,是缘于其本原,或者说构成它们的微小粒子的不同形态。(边码第60页)这些本原从本质上来说是不可分的。本原的数量并不很多。(边码第61页)

论天上的物体。(边码第61页) 整个宇宙分为两种物体,即稀薄流动的物体,或稠密凝固的物体。后一种物体被施加了双重的力:1.重力。2.使其环形运动的力。其中的原因。(边码第62页)

天界的物体以最规则,最简捷便利的方式运动。(边码第63,64页)

太阳,其用处,以及其分布位置与运动方式的便利性。(边码第65页)

月亮及其用处。(边码第66页)

其他行星,以及恒星;其运动的规则与恒定;因此西塞罗合理地推断,它们受到理性的支配。(边码第67页)

日蚀和月蚀现象有助于制定历法,确定经度。(边码第68页)

论地上的简单无生命物体。例如通常所谓的元素:火,火的各种用途。(边码第69,70页)气,气的用途,对于各种动物(包括水生动物与陆生动物)呼吸的必要性;不仅如此,在某种意义上对植物本身来说也是必要的。(边码第71,72,73页)气体之重性与弹性的作用与用途。(边码第72,73页)

子宫中的胚胎以一种方式呼吸,从而获取空气。(边码第73,

74,75 页)

空气溶解在水中,以便鱼类呼吸。(边码第 76 页)空气甚至能溶入地下水中,从而排除矿井中的瓦斯气体。(边码第 76,77 页)要使横膈膜和呼吸肌运动起来,必须有一种具有塑造力的自然。(边码第 77 页)

水,水的用处。(边码第 78 页)海洋,以及潮汐。(边码第 79 页)有人反驳说,对人类来说无用的大片海洋是没有必要的。对此作答,并指出,海洋与陆地面积的不均等,展现并证明了神的智慧。(边码第 80,81 页)洪水的用处。(边码第 82,83 页)

风从海洋中带来的水蒸气,比从陆地吹往海洋的多。(边码第 84,85 页)

海底水面的运行。(边码第 85 页)为什么海洋植物大多长成扁平状,就像扇子一样,而在最深处根本没有植物生长?(边码第 86 页)

泉水与河流,温泉与矿物泉。纯水不能滋养生物。(边码第 87 页)

土,土的用处及差异。(边码第 87 页)

论“天象”,或不完全混合物。以及 1. 雨水;(边码第 88 页) 2. 风,以及风的各种用处。(边码第 90 页)

论无生命的混合物:1. 石头,石头的性质及用途。(边码第 91,92,93 页)详论磁石及其令人赞叹的外观、效果与作用。(边码第 95 页)2. 金属,金属的各种用途,金属对人类的重要意义,例如铁,没有铁,就不会有人类的文化与文明;金银能用来铸币,科布恩博士在散论中指出金银多种用途。(边码第 96,97 页)

证明构成物体的微小粒子从本质上来说是不可分的。(边码第98,99页)

论植物。植物的高矮大小,外观形态,花、叶与果实的生长方式,以及植物的各部分,都是确定不变的,植物的生长年限也是如此。(边码第100,101页)萌生中的植物令人惊叹的结构。(边码第101,102页)植物的根、纤维、导管、表皮以及叶子等多个部分的用处。(边码第103,104页)植物的叶、花与果实的美丽精致。(边码第105页)证明诸如美与适当的比例之类的事物是存在的。(边码第106页)

花朵的用处。(边码第107页)种子,种子外面的包被,以及与之相关的观察。(边码第108,109页)种子持久的生命力或生殖力。(边码第110页)种子上的翅状冠毛。(边码第110页)植物上的卷须与棘刺及其用处。(边码第111页)

小麦是所有粮食作物中最好的一种,耐寒暑,几乎能在任何气候条件下生长,而且几乎没有任何作物比它更高产。(边码第112页)

论植物的表征说。(边码第113页)

论具有感觉灵魂的物体,即动物。以及大自然为保证物种延续而采取的措施。(边码第114页)雌性体内从一开始便有它们以后将会生育的所有幼体的种子。(边码第115页)西塞罗对一胎多子生物的观察。(边码第116页)鸟类为什么产卵?(边码第116页)卵黄对雏鸟的用处。(边码第117页)

鸟类不会计数,在给幼鸟喂食时,却不会遗漏任何一只。(边码第117页)证明它们虽然不会计数,但是能分别多寡。(边码第

118页)巢中幼鸟的快速生长。(边码第119页)筑巢与孵卵的过程。(边码第120页)喂养、哺育和维护幼鸟,以及令人惊叹的本能行为。(边码第120页)在一切种类的动物中,雄性与雌性的数量始终保持适当的比例。(边码第121页)很多动物都在一年中最便于幼体成长的时期繁育后代。(边码第122页)为什么鸟类吞咽卵石?(边码第130页)自然界为保持鸟巢洁净而采取的措施。(边码第132,133页)各种奇特的动物本能。例如,动物知道它们的天然武器长在何处,而且懂得如何使用。弱小胆怯的动物具有灵便的腿脚,或是便于飞行的翅膀。它们生来就知道自己的敌人,以及哪些动物有可能捕食它们,即便此前从未见过。一旦长大,它们就会知道自己应当吃什么食物。雏鸭即便由母鸡带领着,一旦见到水,也会奋不顾身地扎进水中,让母鸡在岸上徒劳地召唤它们。同种的鸟,无论在何处长大,所筑的巢都一模一样,哪怕此前从未见过筑好的巢。(边码第125,126,127页及其他地方)

鸟类从一个国度向另一个国度迁徙,这是一种无法解释的奇特行为。(边码第128页)

人们观察到,蜂巢内小格子的构造、分布与形状显现出卓绝的技艺。(边码第132,133,134页)蜜蜂和其他动物储备粮食,要么是为后代提供食物,要么是供应自己越冬所需。(边码第135页)

为保证弱小胆怯生物的生存与繁殖,并减少捕食性生物数量而采取的措施。(边码第136,137,138页)

动物身体各部分都适于其天性与生活方式。例如,1.猪。(边码第139页及其他地方)2.鼹鼠。(边码第141页) 3.大食蚁兽或小食蚁兽。(边码第142页) 4.变色龙。(边码第143页) 5.

啄木鸟这一整个大类。(边码第 143 页)　6. 燕子。(边码第 144 页)　7. 潜鸟。(边码第 145 页)

就鸟类而言,其身体各部分都适用于飞行的目的。(边码第 146 页及其他地方)　鸟类尾巴的用处。(边码第 147 页)

鱼类身体具有最适宜的外形,最合乎游水的目的。(边码第 150,151 页)尤其是鲸鱼类,它们的身体构造最便于它们呼吸并保持体热。(边码第 151,152 页)论两栖生物。(边码第 151,152 页)

动物身体各部分相互间的适宜性,例如,两性生殖器。(边码第 153 页)乳房上的乳头,与嘴和吮吸器官相匹配。(边码第 153 页)胸部或乳房具有令人惊叹的构造,正好便于乳汁的预制、分离和储备与留存,不经挤压或吮吸就不会溢出。(边码第 154 页)

亚里士多德的一些观察,关于生物各部分与其天性和生活方式的匹配,以及这些部分各自的用处。(边码第 155,156 页)

另一个显著的例子是,动物的脖子与腿的长度成比例。(边码第 157,158 页)为什么大多数四足动物的脖子上都有腱膜,而人类没有?(边码第 157 页)一些鸟类的腿短,而脖子长,原因是什么?(边码第 158 页)无神论者无法解释这一事例。(边码第 158 页)

同一种动物在不同情况下发出不同的叫声,以起到关照和警示等不同的目的。这种本能对于动物具有极大的好处。(边码第 159 页)

关于我所列举的一些物体对于人类的用处,有人提出反驳。对此作出答复。(边码第 160 页)以全能的神的身份对人类说话。(边码第 161,162 页等)

微小精妙得令人难以置信的小动物,是造物者技艺之卓绝的

一条论证与证据。(边码第166,167页)

从先前的论述中得出的实际推论,由此表明,尘世在某种意义上是为人类而制造的,然而其中的造物并非只为服务于他而别无其他目的或用处。(边码第169,170页等) 思索和考察神的作品,很可能是我们在天堂的日常活动的一部分。(边码第171,172页)

日、月、星辰等等都受召去赞扬神的荣耀,它们自己不能去赞扬,只能通过为人类或其他智慧生命提供赞美神的材料或对象。因此,人类和天使受召去考察神性力量、神性智慧和善的伟大产物,给予神应得的赞美和荣耀。(边码第178,179,180页等)神确实会考虑他自身的荣耀,而且他理应这么做。(边码第182,183,184,185页)

第二部分……………………………………………… 137

一、地球整体:首先是它的形状,经证明,地球是球形的。(边码第190,191页)

事实表明,这种形状便于各部分的结合与稳固,也便于地球上居民的生活。以及,地球绕自身极轴作环形运动。(边码第191,192,193页)

其次,地球的运动,包括绕自身极轴的周日运动,和绕黄道的周年运动。这两种运动都被证明是理性的,与圣经也并不冲突。(边码第193,194页等)地球目前的运转方向,以及轴线始终与其自身平行的状态,都是最便于地球上居民生活的。只需列举任何其他状态下的诸多不便,就可以证明这一点。(边码第196,197,

198 页等）　热带地区适于居住，而且有大量人类和其他动物生活在那里，这与某些古代人的想法正好相反。（边码第 200 页）炎热天气也无损于人的长寿。（边码第 200 页）　一段题外话，证明生活在最炎热国度的人寿命最长。（边码第 201，202 页等）证明如果南北回归线相隔更远，地球上居民的生活将不会变得更为便利。（边码第 204，205 页）地轴的这种倾斜状态，还有一种非常重要、此前不曾发觉的便利之处。基尔先生为我们指出了这一点。（边码第 203，204 页）

地球各部分目前的形态、结构与稳定持久性所带来的好处。（边码第 205，206，207 页）

列举一些植物，它们几乎为人类提供了一切生活必需品。（边码第 208，209，210 页等）

具有储水功能的植物，它们的叶片卷在一起，形成一种储水罐，能在枯水季节盛装和储存水分，为自身提供滋养，同时供鸟类、昆虫，甚至人类解渴消乏之用。

山体，及其用处。（边码第 215—220 页）

二、人类的身体，以及其他动物的身体揭示出的神的智慧。

十一种普遍的观察，阐明了人体构造中展现的这种神的智慧与善；

1. 人体直立姿势的便利性包括：(1)便于支撑头部。（边码第 222 页）(2)便于远眺。（边码第 222 页）(3)便于行走和活动双手。（边码第 223，224 页）身体的这种直立状态是自然特意为之，这一点可通过若干事例来证明。其中最突出的例证，是心包上的尖与横膈膜的紧密连接。泰森博士对倭猩猩的解剖报告中对此进行了

阐释。(边码第 225,226 页)

2. 神的智慧和善还表现在,人体上没有任何不足的或多余的地方。(边码第 227 页) 一名男子为幼儿哺乳,这则有名的故事得到了可靠的证明。(边码第 227 页)

3. 身体各部分的分布恰到好处,最便于使用,最符合美观,也最便于各部分之间相互协助。(边码第 229,230 页)

4. 为防守和护卫主要部位,心脏,大脑和肺部而采取的大量措施。(边码第 231,232,233 页)

5. 为防止恶性事故以及诸多不便而采取的大量措施。关于睡眠的若干观察。(边码第 234,235 页)

关于睡眠的一些观察。(边码第 235,236 页)

睡眠过程中不会感觉到压迫的疼痛,是因为神经的放松,而不是因为神经的阻塞。(边码第 237 页)

6. 可以观察到,主要部位在数量、形态与分布位置上始终保持恒定,次要部位则有变化。(边码第 238 页)

7. 在那些维持个体生命和种族延续与繁衍所必需的行为中,伴随着快乐。(边码第 239 页)

8. 造物者在构建人体并令一些部分适合于其各自的行为与作用时,必定考虑到的多种意图。(边码第 240,241 页)

9. 某些部分适用于多种功能和用途,这证明了人体和其他动物身体构造中的智慧与设计。(边码第 241,242 页)

10. 在身体的滋养方面,有助于保持身体健康的食品不仅美味可口,而且吃到肚子里十分舒坦。疼痛的重要作用。(边码第 243,244 页)

11. 人类容貌的多样性，人脸的差异，以及声音、笔迹的差异，这些对人类都无比重要。(边码第245,246,247页)

论身体各个具体的部分：1. 头部和头发。(边码第248页) 秃头的原因。

2. 眼部：眼睛的美观。(边码第249页) 眼白和眼膜都是透明体。(边码第250页等) 这是为了：(1)清晰；(2)使视觉更为鲜明。(边码第250页等) 眼部各部分的形状最便于汇聚光束。(边码第252页) 葡萄膜层能发挥肌肉的功能，使瞳孔收缩或放大。(边码第252页) 葡萄膜层的内部，以及脉络膜的内壁颜色发暗的原因。(边码第253页) 眼球的形状，能依据物体距离眼睛的远近而发生改变。(边码第254,255页) 为什么视神经并非位于眼球的正后方？(边码第254,255页) 为什么尽管投射到瞳孔中的光线产生交叉，物体本身看起来也不是倒置的？(边码第255页) 水状体的用处，以及水状体的瞬间修复能力。(边码第256页) 角膜凸起于眼白之上，为什么会这样？(边码第257页) 眼部肌肉的作用。(边码第257页)为防守和护卫这个珍贵的部位而采取的措施。(边码第258页) 眼皮及其频繁的眨动所起到的用处。(边码第259页) 第七块肌肉，或者说悬挂肌，对兽类来说非常有用，而且必不可少。人类不具备悬挂肌，这对他来说也是不必要的。(边码第261页) 兽类瞬膜的必要性及用处。同样，人类也不需要瞬膜。(边码第261页)

3. 耳朵。(边码第262页) 耳廓的用处。(边码第263页) 耳朵内的鼓膜，听小骨，耳部的肌肉，以及耳蜡的用处等。(边码第264页)

4. 牙齿。关于牙齿分布、结构与用处的九条重要观察。(边码第264,265,267页等)

5. 舌头,以及舌头的各种用处:品尝并收纳食物,进行咀嚼,形成语言等。(边码第268页)演说能力是人类独有的。(边码第268页) 唾液管和唾液的重要作用。(边码第269页)

6. 气管及其令人惊叹的构造与用处。(边码第270页)

7. 心脏,心脏的搏动对于血液循环的作用与必要性,心脏具有令人赞叹的形态和构造,恰好适合履行其职能。(边码第271,272页等)心脏外面的肌肉层。大动脉的脉动是由一种收缩或蠕动引起,而不仅是因为每次脉动形成的血流。(边码第273,274页等)

大自然控制血液在静脉与动脉中流动过程的高超技艺:她使血液在一种血管中得到加速和促进,又在另一种血管中趋向缓和。奇静脉的作用。(边码第277页)

8. 人手,手的结构,及其难以胜数的多种用途。(边码第278,279页)

9. 脊骨,脊骨的形状,为什么脊骨分成许多根椎骨?(边码第282,283页)

为了使骨骼的运动便捷而快速,其关节处配备了两种液体。第一种是油性的,由脊髓提供;第二种是黏液质的,由位于骨骼结合处的特定腺体供应。(边码第284,285页)这些液体对骨骼末端的膏泽非常有用,其一是使运动便捷,其二是防止磨损。(边码第286页)

为什么骨骼被制造成中空的?(边码第287页)

为什么腹部由肌肉构成,而不是像胸部那样由肋骨覆盖?(边

码第 288 页）

肠道的运动。（边码第 289 页）　肝脏，以及胆汁的用处。（边码第 289 页）

膀胱，膀胱的结构与用处，肾脏与腺体，以及输尿管，这些器官的构造与用途。（边码第 289 页）

一切骨骼、肌肉与导管都与其各自的用途相匹配，而且彼此间结合得极其紧凑。（边码第 290 页）

肌肉的几何构造，使其适于进行多种运动，而且符合最精确的力学定律。（边码第 290 页）

众多不同的部分相互穿插，紧密结合在一起，以至于全身上下没有任何多余的空隙，各部分之间也不会产生冲撞，而是相互协作，令人赞叹。（边码第 290 页）

膜状物具有惊人的延展性，膜的用处，女人怀上双胞胎时的情形，等等。（边码第 291 页）

看似没多大用处或全然无用的部分，例如脂肪，也被证明大有用处。（边码第 292 页）　脂肪如何从血液中分离出来，并重新溶入血液中。（边码第 293，194 页）

考察子宫内胚胎的形成。（边码第 295，296 页）

种子的塑造与形成过程之精妙，以及，为什么孩子酷似父母，有时还酷似先祖？（边码第 296 页）

供子宫中胚胎使用的一组临时器官的建构，明显证明了神的设计。（边码第 297 页）

不存在自发生成，一切动物都是由同种的亲本所生。（边码第 298，299 页）　很可能一切植物也都是由种子生成，没有哪种是自

发产生。对此进行的论证与辩护，以及对驳论的答复。（边码第300—307页）

古代人所说的木蠹蛾（Cossus），在我看来并非一种甲虫的幼态六足虫，而是一种毛虫，李斯特博士认同这一点。（边码第307页）

虱子寻找污秽肮脏的衣物来做避风港，并在里面生育后代，这很可能是神的安排，意在防止人们过于邋遢，不事洒扫。（边码第308页）

驳斥自发产生说的另一条极其有力的论据；亦即，没有新的动物种类产生。（边码第308，309页）

德尔哈姆亲眼所见的一件事例表明，旱季过后大雨初停时观察到的大量小青蛙，很可能是出自何处。（边码第316，317页）

在木材内部或大石块中间发现的蟾蜍。（边码第323，324页）

关于第一部分中遗漏的某些动物器官之结构、行动与用处的若干观察。以及兽类表现出某些本能行为的原因。（边码第325，326页等） 猪嘴适于挖掘植物的地下根茎，这是猪的天然食物。类似地，海豚用猪嘴翻找沙鳗。

动物的呼吸方式以及呼吸器官与其体温相适应。三种呼吸方式显示出动物生活的场所与生活方式：1. 肺呼吸。体热较高的动物心脏具有两心室。（边码第327页） 2. 肺呼吸，有且仅有一个心室。3. 靠鳃呼吸。心脏仅有一个心室。（边码第329页等） 为什么有些两栖类动物的卵圆孔始终是张着的？（边码第330页） 有些动物的会厌非常大，为什么是这样？（边码第331页） 为什么大象没有会厌？以及这种生物是如何保护自己，防止老鼠通过

它的长鼻子潜入肺部。(边码第332页)

两条观察,论乌龟的机敏,一则关于陆龟,另一则关于海龟。(边码第333,334页)

刺猬和犰狳的武器装甲,以及它们将身体缩成一团的能力,这是表明设计是为了保证动物性命与安全的一个重要例证。(边码第335,336页)

鸟兽瞬眼或瞬膜上的帘子展开和收拢的方式与用处。(边码第338,339页)　眼部的水状体不会凝结。(边码第343页)

骆驼蹄子的形态,骆驼胃部有储水囊用以满足其需求。(边码第344,345页)

捕食性动物捕食鸟兽时囫囵吞下一些皮毛和羽毛,这有何作用。(边码第344,345页)

对软骨鱼类在水中上升或下沉方式的推测。(边码第346页)

自然采用一切化学方式和工艺来解析物体,使其组成部分相互分离;自然的技艺超出化学家之上;详细举例。(边码第347页)

有关食道与横膈膜的观察。(边码第348页)

盖伦提到的一则令人惊叹的故事,关于从母羊子宫内取出,通过人工养大的一只小羊。对此作出的评论。(边码第349,353页)

膜状物天然具有极强的拉伸性,这在女性妊娠期起到重要作用,而且是必需的。(边码第353页)

神意的一则重要例证:心脏附件静脉管和动脉管的形态。(边码第354,355页)

就有人对神的智慧提出的反驳意见作答:关于神制造低等生物的用意。(边码第357页)

在尘世一切组成部分的形成上,无神论者为回避我们用来阐明神意的必要性的全部论证与例证时,用到的主要遁词和借口:是事物产生用处,而不是用途决定事物。对此进行的反对与驳斥。(边码第357,358页)

水中生养众多的小虫,有何用处?(边码第363,364页)

有人对"神的智慧"提出的一条反对意见:神为什么创造出如许众多无用的昆虫,而且有些昆虫对人类和其他动物来说是有毒的、有害的?对此作答,并指出这类昆虫的各种用处。(边码第368,369页等)

众多实践方面的推论和观察。(边码第375页至本书结尾)

献　词

献给一位可敬并具备真正宗教精神的女士：
剑桥温迪家族的
莱蒂斯·温迪(Lettice Wendy)女士

夫人：

出于以下两三个原因，我谨将这篇论著献给您，并选择您来做它的赞助人：首先，我非常感激您可敬的兄弟，多亏他的慷慨与大度，才让我有闲暇来写这本书[①]。其次，您对我多次明显的关照，A2 我无力回报，因此我觉得至少要公开表示一次致谢，而本书的献词正好给了我这个机会。其三，就这类著作而言，我不知道在哪里还能找到一位比您更有资格的鉴定人，或者说比您更合适的读者。我深知您向来极其厌恶阿谀奉承之流——您过于谦逊，因而无法忍受听到别人对您的赞美，尽管那原本就是你应得的；因此，倘若

---

① 指威路比(Francis Willughby,1635－1672)。威路比是约翰·雷在剑桥三一学院任教时的学生,1663－1666年间曾陪同约翰·雷前往欧洲大陆各地进行博物学考察。威路比英年早逝,在遗嘱中给约翰·雷留下一笔60英镑的年金。威路比逝世后,以他的名义出版的《鸟类志》(*Ornithologiae Libri Tres*,1676;英文本 *The Ornithology of Francis Willughby*,1678)和《鱼类志》(*De Historia Piscium Libri Quartuor*,1686),均由约翰·雷编撰而成。——译者

我再多说几句，我知道那也只是费力不讨好的举动。

的确，您的善举并不是为了人们的赞颂，而是出于更高尚的动机：神的青睐，内心的宁静，以及对未来永恒幸福的期盼。因此，我更愿意将您的事迹呈现给别人，激励他们去效仿这样一个完美的榜样，而不是为您本人写作并促使您继续追随基督之旅，在您同最强大的世俗罪恶，即肉身的痛苦与烦恼抗争时增强您的力量；尽管我不知道，为什么您在长期承受沉重压力的情况下始终拒绝任何援助。就天性纯朴的人而言，这种痛苦与烦恼，对真正的荣誉，亦即一个人的品格在此世得到的证明与认可而言，绝不是微不足道的。就连圣奥古斯丁也曾疑惑，身体所能承受的极端痛苦，是否就是人性所能罹患的最大的恶，他如是说道：

A3

> 像塞尔苏斯(Cornelius Celsus)一样，我有时不得不认可这一点；他的理由在我看来也并不荒谬。我们是由两部分复合而成，灵魂和身体，其中前者较优良，后者较低劣：最大的善，必然属于较优良的部分中最好的事物，也就是智慧；而最大的恶，则伴随着较恶劣的部分(即身体)而来，那就是痛苦。

尽管我不知道这个理由是否可靠并令人信服，但是我与他的观点一致：在我们所能感受到的世间一切罪恶中，身体上的痛苦居于首位；哪怕最坚韧的耐心，也会被这种痛苦所瓦解，“被迫屈从于它的淫威”，并举手归降。与此同时，灵魂也无法解脱出来，只能一味沉浸在痛苦中。因此，虽然斯多葛学派吹嘘他们的圣人在“佩利鲁斯的铜牛”(*Perillus*’s Bull)[1]中自得其乐，但我认为这完全是一种痴人说梦的表现；因为他们中间从未出现过这样一位智者，或者说事实上也不可能出现。然而我并不是说，一位善良人的耐心最终经不起最惨痛的折磨，以至于他会被迫拒斥或亵渎神以及他的宗教，或是埋怨神的不公——尽管他或许会像约伯一样，在妻子的促使下，开口诅咒生他的日子，而不是诅咒他的神。

那位最伟大的督战者[2]，最公正的裁判与颁奖者，将会十分乐意稍许减轻您所遭受的痛苦，以免痛苦超出了您的耐受限度；或者他会赋予您一种高度的基督徒式的刚毅，使您能应对最极端的痛苦；当您走完此世的旅程，他将指给您一条通向彼世的宁静而平坦的大道，让您作为他的凯旋者之一，恰如其分地获得一顶代表永恒荣耀和幸福的桂冠。我为您祈祷。 A4

您衷心的仆人，

约翰·雷

① 关于“佩利鲁斯的铜牛”(又名法拉利斯的铜牛)，见于《古罗马人记事》(*Gesta Romanorum*)第48个故事：“迪奥尼索斯记载，法拉利斯是一位残忍而专制的国王，他使这个王国的人口大为减少，而且犯下了许多滔天的罪行。佩利鲁斯想成为法拉利斯的一名设计师，于是他把自己刚设计出来的一头铜牛献给了法拉利斯——这位国王的手段本来就已够残忍了。铜牛的体侧有一个暗门，法拉利斯把犯人从这里送进去，活活烧死在里面。被烙者在里面哭叫，听起来就像铜牛的叫声一样。这样人们不会觉得刺耳，也不会产生丝毫恻隐之心。国王对他的发明大加赞许，并说道：“朋友，你这项成果的价值还有待验证：这比别人对我的评价还要残忍。那请你本人来做第一位受害者吧。”——译者

② 原文中 *Agonothetes* 和 *Brabeutes* 均为“督战者”的意思。——译者

序言

在每个学问昌盛的时代，对于写作成瘾的癖好，以及三流作家们用来充斥世界的大量垃圾著作，都会有不少怨言："无论是博学还是胸无点墨的人都在写作"；"很多人对写作有着无可救药的热情"。我深知，这本小册子很可能被指责为多余无用的东西，我本人也很抱歉给读者带来不必要的麻烦，因为，在这个主题上已经有很多写得极好的著作，作者也都是我们这个时代最渊博的人：摩尔博士(Dr. Moore)[1]，古德沃斯博士(Dr. Cudworth)[2]；已故沃塞斯特(Worcester)主教斯蒂林弗利特博士(Dr. Stillingfleet)，已故牛津主教帕克博士(Dr. Parker)；且不说别人，还有可敬的波义耳先生(Robert Boyle)；所以我有必要向读者作出解释。本书存在的一个理由是：我希望书中有某些他人未曾涉及的新话题。在这点上，如果是我弄错了，我深表歉意；其次，本文的演说和表达方式或许更适合某些人的领悟能力，更便于他们理解。如果这一点

① Henry More(1614－1687)，神学家，剑桥柏拉图学派成员之一。其著作《无神论的解毒剂》(*An Antidote Against Atheism, or, An Appeal to the Natural Faculties of the Minder of Man, Whether There be not a God*)出版于1653年。——译者

② Ralph Cudworth(1617－1688)，神学家，剑桥柏拉图学派的代表人物。其著作《真正理智的宇宙体系》(*Intellectual System of the Universe*)出版于1678年。——译者

也站不住脚，我自认还有第三点理由：本书中的所有例证，据我所知，是在任何一部著作中都没有全部收集到的，那些材料都散见于很多书籍中；因此，这本书或许能帮助那些不愿花费气力去四处搜寻的读者：或者，可能有人既没有足够的经济能力（无论他们多么勤俭）去购买这些书籍，也没有机会去借阅别人的图书，但是他们却可以省下足够的钱来购买这样一本微不足道的小书。

如果以上辩解都不足以使我免于责难并排除一切偏见，我还可以提出两条理由，我认为这些理由将是中肯的，也会为我这本书提供辩护：

首先，在这个世界上，所有胆敢写作而且至少还有出版商肯冒险替他出书的人，都多少有些名气；在他们写作的地方，或者在他们曾经生活并与人交谈过的地方，都有他们的朋友和熟人圈，这些人认识他们，也看重他们。很可能，哪怕是为了作者的利益，这些人也愿意买下作者写的任何一本书——否则，他们原本是不会去读这类书的，哪怕有比这好上十倍的书；本书也是一样；无论它与之前已经出版的著作相比有多么低劣，也可能会碰巧起到很大的好处。

其次，鉴于我的职业，我认为自己有义务写一些神学方面的东西，我在其他方面已经写过很多：由于我失去了通过言语布道来为[3]教会服务的资格，我想，或许我的职责就是通过双手写作来为它服务。我之所以选择这个主题，是因为我认为这是最适合我本人去写的。如果我的这部作品受到欢迎，我会再接再厉地写下去；此外如果神赐予我生命和健康，读者还能看到我的更多作品。如若不然，我必将安然地看着这部小书被弃若敝屣，并满足于自己作出了这次尝试。

在这篇论著中，我通常很小心，我不认可任何事实或实验，除非它确实是真的。这样就避免我的论证是建立在一堆沙子或是废墟之上；或是使之与错谬混杂，写出一些实际上可疑的东西。

我本来还想增加更多的细节论证；在本书中，我可以详细论及神的一切可见作品，并在其中每一件（以及我所挑选出来的那些对象）的构造、秩序、和谐和用处中探寻神性智慧的踪迹。然而，一则，这项工作将会超出我的知识和能力；甚至超出现在以及一千年后（如果世界能延续这么久的话）所有人能力与精力的总和。因为没有人能清楚地知道神从起初到末日所做的全部工作（《传道书》3：11）。二则，我非常清楚读者（确切地说，是人类普遍的）弱点。我们在短时间内局限于一种食物之后，通常很容易厌倦，而那些不怎么健康的食物，初见时也似乎是最香甜可口的。因此在我预计读者已经倦怠不堪之前，我应当适当缩减我的著作，以便及时收尾。

现在我想多说一两句，谈谈这些论证的用处，或者说是这篇论著的意义，以及除上述理由之外我选择这一主题的其他原因。 4

首先，对神（Deity）的信仰，是一切宗教的基础（宗教无非就是对神的一种虔诚的膜拜，抑或心灵中一种臣服于神并膜拜神的倾向）。但凡一心向神的人，都必定认为自己是坚定不移地全心信服这个主要的观念——这是个至关重要的问题，这个观念必然能通过从自然之光以及创造作品中得出的论证来证明：正如其他一切学科一样，神学并不证明其对象，而是预设其对象，并想当然地认为，自然之光足以劝服人们去相信神的存在。对于这种根本性的真理，确实也存在超自然的证明，但是这类证明，就像心灵中的灵光乍现，一种能预言和预测未来偶然性的精灵（Spirit），引人注目的奇迹或是诸如此类的东西一样，并不是在一切时候对一切人来说都是常见的，而且很容易遭受到无神论者的指摘与非议。然而那些从效果（Effects）与行为（Operations）中得来的证据，是人人都可见的，也无人能否认或提出质疑，因而也最具有效力，足以说服一切心中有异议或是疑惑不决的人。这些证据不仅能说服最强硬、最擅长诡辩的反对者，而且足以令理解力最弱的人明白：你会听到一些来自社区最底层的不通文墨的人声称，他们不需要任何证据来说明神的存在，因为每一丛禾草、每一穗谷物，都足以证明这一点。他们说：世上所有的人都不能制造出任何一件这样的东西；如果他们不能，那么除了神，还有谁能——或者说确实已经——制造出这些东西？如果你告诉他们物体是自发生成或是由盲目的随机事件产生，他们都会觉得荒谬无比，就像最伟大的哲学家一样。

其次，这篇论著中的具体例证，不仅是为了阐明神的存在，而且是为了阐述他的某些主要属性；也就是说他无限的能力和智慧。为数众多的创造物，那些极其微小的，还有那些极其庞大的，太阳和月亮，以及天上所有的星宿，都是他的强大力量所产生的成果与作用。“诸天诉说神的荣耀，穹苍传扬他的手段。”（《诗篇》19：1）。在这一切事物中，每一事物的构造都令人称道，动物身上各部分适合于不同的功能，神为了保证它们的生存繁衍而给予了大量的关照，这些在《圣经》中都十分常见。《诗篇》145：15，16 写道：“万民都举目仰望你，你随时给他们食物。你张手，使有生气的都随愿饱足。”《马太福音》6：26 写道：“你们看那天上的飞鸟，也不种，也不

收，也不积蓄在仓里，你们的天父尚且养活它。”《诗篇》147：9：“他 6
赐食给走兽和啼叫的小乌鸦。”最后，万事万物互为裨益，共同致力于宣扬和施行共同的善（Publick Good），并清楚明白地阐释出神至高的智慧。

最后，万事万物有助于激发并增强我们心中敬慕、谦卑与感恩的情怀和秉性。《诗篇》8：3 写道：“我观看你指头所造的天，你所陈设的月亮星宿，便说，人算什么，你竟顾念他？世人算什么，你竟眷顾他？”圣歌作者们在陈述和思考神的作品时，极其频繁地提到这些目的，这不仅意味着我也可以这么做，而且表明，这样一篇论著从主体上来说并非是哲学的，而是神学的。

[注：标题中所谓“造物”（Works of the Creation），是指神最初创造出来的作品，而且依靠他的力量，这些作品至今仍保持着初创时的状态与处境；而哲学家与神学家双方均认为，保持（Conservation）是一种持续的创造。]

第 一 部 分

《诗篇》104,24."耶和华啊,你所造的何其多! 这一切都是你用智慧造成的。"

这些诗句中含有两个从句,在第一个从句中,圣歌作者赞叹神造物的数量之多:"耶和华啊,你所造的何其多!"在第二个从句中,他称颂了神在创造时展示的智慧:"这一切都是你用智慧造成。"

18

对于第一个从句,我不想多说,只想简单概述这个有形世界中的一切作品,并大略猜想它们的数量;由此我们会看到,这些事物值得引起人们的赞叹,它们的数量是我们无法弄清的;同时,它们也给我们提供了证明性的证据,充分表明造物者具有无限的技能,以及多产的智慧和力量。有形造物的数量多得难以数计,唯有造物者本人了如指掌;我们或许可以一一列举:首先,所有人都赞成,恒星的数量仅次于无穷:其次,从目前公认的假说来看,每颗恒星都是一个太阳,或类似太阳的物体,并且都以类似方式为周边运行的一组行星[①]所环绕;恒星并非分布于同一凹形天球表面并都与

① 原文为"*a Chorus of Plantets*"(一个行星合唱团),在17世纪和18世纪早期,人们常用合唱团(Chorus)一词来指称围绕一颗星体转动的所有行星。——译者

我们等距——尽管表面看起来是这样——,而是分布状态各异且无序,或远或近,就像长在一片丛林或森林里的树木;正如伽桑迪(Gassendus)所阐述的那样。尽管丛林里的树木从来不是排列得规整一致,然而从观察者的角度来看,无论他站在哪个方位上,也无论他朝哪边移动,他所看到的都是树木围成的一个圆圈;在繁星构成的丛林中,同样也永远是这种情形,我们所描述的将只是其中一个球形的面。其三,这些行星就像地球一样,每一颗上都有着多种多样有形的造物,包括有生命的和无生命的。它们的本性也像它们的分布位置一样,不仅与地球不同,而且彼此之间也相异。如 19 果接着追踪下去,星体上的事物必定比星体本身的数量更趋于无穷。我所谓"无穷",并非哲学家所定义的绝对无穷,只是说它们相对我们而言是无穷的或不可胜数的,或者说数量大得惊人。

恒星是不可胜数的,这一点或许不难推算:那些为肉眼所见的,据最保守的估计也在1000颗以上,其中还不包括那些靠近南极,因而也不在我们的视线范围之内的。此外,通过望远镜观察并探测到的,更是多得无可比拟;据发现,银河(正如以前所猜想的)无非就是一大群或者说一大堆不可见的微小星体,仅仅是因为它们相互间紧密混合在一起,光线集中汇聚,所以才看起来像是璀璨的星云(lucid Clouds)。很可能,如果我们有了精确1000倍的望远镜,我们还会发现成千上万颗星星。然而无论如何,看不见的星星仍然数目惊人,因为其间辽阔的距离超出了一切视域,哪怕我们有可能凭借天使的智慧和技艺发明或改造出最好的望远镜。因为,如果世界是无限延展的(就像笛卡儿所说的那样),那么,只要没有出现人类智慧所能想象的任何世界边界,我们所看到的,或者我们将看到的，就必然只是我们所未曾发现的事物中极少的一部 20 分，整个宇宙不断延展，延展到比我们所能辨识的最遥远的星光还要远上几千倍的地方。恒星就是众多的太阳，这种假说似乎更合乎神的庄严宏伟。然而促使我对宇宙的宏大以及恒星与我们之间辽阔的距离产生诸多疑惑的，是彗星产生的惊人现象：它们大片地骤然出现，拖着长长的尾巴，运行速度极快，然后逐渐变慢、减弱，直至最终消失。笛卡儿基于一个错误的出发点[即物体所表现出的速率不过是长度、宽度以及空间上的延展，抑或占据“相互空间”（*partes extra partes*）；物体和空间只是同义词]，声称宇宙是无限延展的；但即便是这样，星体的数量也可能是有限的，就像将恒星置于同一个天球表面的旧假说一样。依据旧的假说，我们也可以用同样方式来证明恒星是无以数计的，只不过改用恒星的微小，而不是它们的距离来说明它们为何是不可见的。

撇开天上的物体不说，现在我将谈谈地上的物体；它们要么是有生命的，要么是无生命的。无生命物包括各种元素（Elements）、金属和化石，这类事物的数量到底有多少，我无法给出任何或然的猜想：但是如果某些审慎的哲学家所提出的定律是对的，那么我们可以推算一下。

21 在所有的存在物中，越是不完善的属（Genus）或者类（Order），下面包含的物种（Species）数目就越多：例如，鸟类是一种比鱼类更完善的动物，因此鱼的种类比鸟的种类更多；出于同样的原因，鸟类多于四足动物，而昆虫多于其他任何一种动物，植物又多于动物；大自然在生产更完美的作品时表现得更有节制。如果这条定律是对的，那么化石，或者宽泛地说，无生命物体的种类，就会比植物体更多。我们有理由怀疑这一点，除非我们承认一切种类的“有形状的石头”(formed Stones)都是独立的物种。

有生命的物体被划分为四大类(genera)或等级(Orders)，即兽类、鸟类、鱼类和虫类。

兽类的种数，包括蛇在内，数量也不是很大：就那些已经确定为人所知并被记录下来的而言，我敢说不超过150种；而且我相信，在世界上已知的区域内，体量达到一定大小的种类，未被好奇的探索者发现的并不多。[我估计所有的狗都属于一个“种”，它们世代杂交，因此繁殖出如许众多不同类型的后代。]

已知且已有记载的鸟类数目约计500种；排除贝壳鱼类，鱼的数目与鸟类数目相当：但是如果算上贝壳鱼类，鱼类数目就比鸟类多5倍还不止。每一属(genus)中究竟还有多少未被发现的，我们既无法确知其数，也不能作出近似估测；但是我们可以设想，鸟类和兽类的总数，比已知的物种多出两倍，鱼类总数则比已知物种多出一倍。

22

至于昆虫，如果我们把陆生和水生的无血类动物(Exanguious)全部算上，可能就会打破先前的定律：昆虫数量几乎可与植物媲美：单就无血类动物来说，根据一位博学而具有批判精神的博物学家——我可敬的朋友李斯特博士(Dr. Martin Lister)[①]的观察和描述，我猜想不下于3000种，甚或更多。

---

① Martin Lister，动物学家，生于1638年或1639年，逝于1712年。雷终生与李斯特保持着通信往来。李斯特为《哲学汇刊》(*Philosophical Transactions*)提供了很多论著，不过，他最重要的作品是关于贝壳鱼类的著作，即《贝壳鱼类志，或分类方法概述》(*Historia sive Synopsis Methodica Conchyliorum* [1685])。——译者

蝴蝶和甲虫这一族类的数量极其众多，我相信，单单在我们这个国家，每一类的种类就达到150种以上。如果我们将毛虫（Catterpillers）和六足虫（Hexapods）——蝴蝶和甲虫正是这些动物生长变化而成——视为单独的种，就像大多数博物学家所做的那样，数目将会翻倍，这两类动物中将会有600种；但是如果我们认可这些动物是独立的种，我看不出有什么理由不把它们的蛹（*Aureliae*）也视为毛虫和蝴蝶之外的独立种，这样一来就又会多出300个种。因此，我们将这些动物都排除到种的级别之外，视其为同种昆虫的幼态（*Larva*）或不同生态型（Habit）。

飞蝇类，如果将所有其他飞虫，无论具有四个翅膀还是仅具有两个翅膀的（这两类下面都各有众多属类），全部归入这一类，种类将会极其众多，即便不超过前面提到的那些动物，也不相上下。

23　永远不会生出翅膀的爬虫类，在种类上可能逊于飞虫类或有翅类，然而数量也不少；我所考察过的几种我能轻易证实的爬虫，就已经说明这一点。那么，假设在英格兰岛以及附近的海上有1000多种昆虫，如果世界其他地方的昆虫与英国本土昆虫相比，相当于海外植物与本土植物的比例（据我猜想高达10倍之多），整个地球（包括陆地和海洋）上昆虫的种类将达到10000种，而且我完全相信，它们的实际种类不会下于10000种，而且可能远不止这个数。

从动手写作这本书的时候，也就是1691年的夏天开始，我尽力考察了英国的昆虫，而且收集了每一族群中的一些种类，不过主要是蝶蛾类，其中包括夜行性的与昼行性的。我发现，单只那些生活在邻近区域[埃塞克斯的布莱恩与诺特利附近]的种类，就超过了我去年统计的整个英格兰的蝶蛾种类，我本人已经观察并描述过约 200 种大大小小的蝴蛾，而且我有足够的理由相信，还有很多未曾被我发现的种类。这一点我在实践中已经深有体会，自我动笔以来，每年观察到的新种类都不在少数：而且我认为，如果我还能再活 20 年，竭尽我一切力量和精力去搜寻，也无法穷尽所有种类。那么，如果在方圆一两千里的小范围内就能找到这么多的种类，按照最保守的估计，英格兰岛屿上所有的本土蝴蝶种类无疑不少于 300 种，这比我去年夏天猜想的数目多出一倍。因此，依此类推，英国所有昆虫的种类将达到 2000 种，整个地球上则会达到 20000。鲍欣(C. Bauhin)的《纵览》(*Penax*)[①]中大约包含 6000 种植物，这些种类全都是前人描述过，或他本人观察到的；在这部著作中，除去错误和重复的条目之外(在创造这样一部作品时，最谨慎、最博学的人也无法避免这类问题)，还有很多——我敢说有数百种——在其中被列为不同的种，但在我看来那只是些“偶然性的变种”(accidental Varieties)：我这么说，并不是要贬低那位渊博、审慎而勤奋的本草学家卓越的成就，抑或诋毁他理应得到的名声，我只是想指出，他受本草学家中普遍流行的观念影响太深，这种观念就是：花叶[②]的不同颜色或重瓣现象，以及类似偶性，都足以构成一种“种性差异”(specifick difference)。然而，假设当时已为人

24

① Caspar Bauhin(1560－1624)，瑞士植物学家，其著作《植物界纵览》(*Pinax Theatri Botanici*)出版于 1623 年。鲍欣在林奈之前采用了一种双名分类法。其兄弟 Jean Banhin(1541－1613)也是一名植物学家。——译者

② 当时并没有花瓣这一术语，而是称之为“花叶”。约翰·雷在其后来的著作中才引入“花瓣”这一说法。——译者

所知并记录在案的种类共有6000种，我也只能说，全世界的种类
25 比这个数目多两倍还不止；在辽阔的美洲大陆上，物种的多样性与我们本土不相上下，而那里的物种只有极少数是欧洲的常见物种；非洲和亚洲的情况可能也是如此。如果在赤道的另一边还有大片无人涉足的领域——这是很有可能的——，我们必须假定植物的种类还要多得多。

从中我们能推出什么结论？如果创造物的数量是如此巨大，创造这一切将需要何等壮阔无边的力量与智慧！因为（我将借用一位可敬而卓越的作者[①]的话），正如一位能制造钟表、空气泵、磨粉机以及手榴弹（granadoes）和火箭的工匠所体现和展示的技艺，要远远超过只能制造出其中一件器械的工匠；同样，造物者制造出如此多样的创造物，而且各类创造物无不具备令人惊叹、无可指摘的技巧，就比他仅创造出少许几件更能淋漓尽致地体现出他的智慧。因为这证实了他强大且无止境的理解力。此外，正如知识的高超还表现在以不同风格来建构同种器械，抑或具有同种功能的不同器械——例如，采用弹簧替代重力来推动钟表或其他器械，具有至高智慧的创造者也展示出很多例子，表明他并不局限于用特定的工具来达到特定的效果，而是能经由不同方式产生同样的事物。
26 因此，虽然羽毛对于飞行来说似乎是必要的，但是造物者同样能让一些生物无需借助羽毛飞行，例如两种鱼类，一种蜥蜴，以及蝙蝠，还有无数种飞虫类生物就更不用说了。类似地，尽管鱼鳔对于鱼类

① 指波义耳（Robert Boyle，1627—1691）。雷采用不同的称呼来表明波义耳的地位。——译者

游水似乎是必要的，但有些种类却无需鱼鳔也能游泳。首先，软骨鱼类(Cartilagineous)是凭借何种技能保持平衡、自如地上下并持续逗留在深水区中，这些尚且不为我们所知。其次，鲸类(Cetaceous)或海兽类除了无足之外，几乎与四足动物毫无二致。它们通过呼吸将空气吸入肺中，这或许有助于使它们的身体与水保持平衡；很可能还有助于它们借助鳍的轻微推动在水中上升和下降。

此外，尽管水是一种寒冷的元素，但是最智慧的神对鱼类的身体和血液作出了如此巧妙的安排，使得它们只需要一点热量，就足以保持必要的稳定性与行动并维持生活；然而，神为了表明他能使一种生活在海上，甚至是海上最寒冷区域的生物也像四足动物一样保持较高的体温，他创造出了种类多样的鲸类动物。这些动物主要出现在北海，它们的整个体表包裹着一层肥厚的脂肪或鲸油(这层脂肪能反射和增强内部的热量，同时隔开外部的寒冷，就像 27 我们的衣服一样)，可以抵御最冰冷刺骨的海水。我猜想，这些鱼类之所以乐于频繁出现在北部海域，不仅是因为它们很享受那里的宁静，而且是因为它们吸入的北部空气中充满更多富含营养的粒子，也就是火养料(Aliment of Fire)。这些粒子最适于保持动物行动所需的热量，以便它们能足够快速地移动庞大笨重的身体；同样，较之更温暖、更稀薄的空气，那里的空气或许也能让它们在水下逗留更久。

神能以不同的方式制造出同样的效果，另一个例子就是不同种类的生物从养料中攫取营养汁液的各种途径。

1. 对人类和哺乳类四足动物而言，食物由唾液浸润后，首先在嘴巴里经过咀嚼，接着被吞进肚子里，在那里与某些具有溶解力的消化液混合，并在热的作用下被调制、软化并分解成一种乳糜或浓厚的汁(Cremor)，而后被输送到肠道内，与胆汁和胰腺分泌液融合，经过进一步的稀释、炼制，变得极具流动性和穿透性，以至于其中较稀薄和精细的部分能顺利地通过乳糜管的小孔。

28 2. 鸟类进食时并不需要在嘴巴里咀嚼和加工食物；对非肉食性的鸟类而言，食物被直接吞进嗉囊，或至少是某种前胃(Antestomach)(我曾在很多鸟类，尤其是以鱼类为食的鸟类身上观察到这类器官)，里面的小腺体分泌出的某种特定消化液将食物浸润、泡软，随后，食物被输送到砂囊(gizzard)或肌性胃(Musculous Stomach)中，通过胃室侧壁肌肉的收缩作用，并借助胃里的小石子(生物会为此故意吞些小石子)，就像在磨石上一样，被碾磨成圆圆的小颗粒，然后被输送入肠道，并在我们之前提到过的胆汁和胰腺消化液作用下，变得愈加稀软细致。

3. 卵生四足动物，例如变色龙、蜥蜴、青蛙，以及各种蛇类，都无需咀嚼和咬碎食物——无论是在嘴里还是肚子里；不过，虽然它们能将昆虫或其他动物毫发无伤地囫囵吞下，但是它们有一种足够强大的热(Heat)或是精气(Spirits)，可以不伤及猎物表皮，而从中吸取出所需的汁液；巴黎学者是这样告诉我们的。我本人不敢保证这种观察是否完全正确。在此，顺便说一句，我们注意到，蛇的咽喉或食道具有惊人的膨胀性或伸缩性：我曾亲手剖开一条蝰蛇(Adder)的肚子，从中取出两只丝毫无损的成年老鼠，而那条蛇的脖子还不及我的小手指头粗。这些动物无需将食物嚼碎，甚至 29 不必弄破一点皮，就能从中吸取营养液；借用巴黎哲学家的比喻来说，这就好比在木桶里榨葡萄汁，汁液被吸出来了，葡萄皮还保持完好。

4. 鱼类既不在嘴巴里咀嚼食物,也不在胃里进行碾磨,而是借助大自然给予它们的一种溶解性液体来腐蚀并分解猎物,从皮肤到骨骼以至全部,逐一消解成一种乳糜或稠汁;然而(似乎极为神奇的是)这种液体尝起来并不辛辣:然而,它虽然尝起来极其清淡柔和,却能令人惊异地逐渐腐蚀食物,就像强酸或类似的腐蚀性液体对金属的作用一样。这一点我们不难看到,我曾亲眼观察到大鱼肚子里一条部分被腐蚀掉了的小鱼——首先是表面部分,然后逐渐深入到骨骼。

现在我将谈到那句话的第二部分:"这一切都是你用智慧造成的"。在谈论这一点时,我将尽力从具体事例来阐述圣歌作者们在此对神的作品所做的普遍声明,即,这些作品都是凭借高度的智慧设计出来的,它们不仅适于特定的具体目的,也适于普遍的目的。

但是在进入这个话题之前,我将以序言或前言的形式,对那些试图通过机械论的物质假说来阐释宇宙构成的学说体系发表一些 30 看法。在机械论假说中,物质的运动要么是不确定的,要么是依据某些普遍定律(Catholick Laws),而无需任何高级的非物质作用者(Agent)的干预和帮助。

没有什么证据,能比庄严整饬的天上与地上一切部分与成员的组成与结构、秩序与分布、目的与用处中体现出的惊人技艺与智慧,更有力地——至少不会是更明显、更具说服力地——证明神(Deity)的存在。因为,如果一件艺术品,比如一幢奇特的建筑或是一架机器,其整体框架及各个不同的部分在筹划、设计和建造上都是朝向某个目的,就必然预示着一位有智慧的建筑师或工程师的存在和作用，那么，在大自然的作品中，那些显而易见的宏伟壮观之处，那些体现出美感、秩序以及功用的匠心独运之处，都远远高于人工的技能（恰如无穷的力量和智慧超越有限的力量和智慧），为什么就不能预示出一位全能、全智的创造者的存在与作用呢？

为了回避这一论证的力量，同时对世界的起源作出解释，无神论者提出了两种假说。

第一种假说由亚里士多德提出，他声称世界从永恒中来，其最初状态就是现在这样，世界经历了无限个世代的延续；亚里士多德学派还说，世界是“自在”(self-existent)的，并非由外物制造而成。亚里士多德并没有否认神是世界的动力因；他只是断言神从永恒中创造出世界，从而使神成为必要的原因；世界通过流溢的方式从神而出，就像光线从太阳中出来。

这种假说表现出某种理性的成分，因为必然存在某种依靠自身存在的事物；如果某物能够依靠自身存在，为什么不会所有事物都能依靠自身存在呢？我认为，这种假说已经被推翻了：受人尊敬而且博学多识的蒂罗森博士(Dr. Tillotson)——已故的坎特伯雷大主教，也是整个英格兰的最高阶主教——首次出版的布道文，以及已故的切斯特(Chester)主教谈自然宗教原理的论著第一卷第五章中，都已经说得十分清楚而且透彻。我没什么可多说的：我建议读者去读他们的著作。

对伊壁鸠鲁主义假说的反驳

第二种假说是伊壁鸠鲁学派的观点，他们认为只有两种自在的本原(Principles),其一是空间或虚空;其二是物质或物体;两者都具有无限的持久性和延展性。这种无限的空间或虚空既没有开端,也没有结束,也不存在中间位置;空间中没有界限或边界,物质被划分成无数微小的物体,这些物体被称作原子(Atoms),因为它们具有完美的硬度,是真正不可分的——因为它们不具有任何可 32 分的成分。世界上存在的只是散布着物质的虚空,原子形态各异但种类却是有数的,它们重量一致,垂直下落,并通过随机的组合形成复合物,最终构成世界本身。然而这样一来,如果所有的原子均以相同速率下落(依据原子论的学说,它们必须如此),而且全都具有完美的硬度和不可入性,虚空也不会阻止其运行,那么它们将永远不会出现相互超越的现象,而是像雨中的雨滴一样始终保持着同一距离,因而不会产生聚合或融合现象,最终也就无法形成任何事物。部分是为了避免这种毁灭性的结果,部分也是为了阐释自由意志(与德谟克利特的命定论相反,伊壁鸠鲁学派声称自由意志是存在的),他们捏造出一个荒谬的理由,声称某些原子产生了偏移,这显然没有任何理性的色彩。出于前一种动机而提出的辩护,可见于卢克莱修的《物性论》I. 2.,他写道:

> 当原初物体自己的重量把它们
> 通过虚空垂直地向下拉的时候,
> 在极不确定的时刻和极不确定的地点,
> 它们会从它们的轨道稍稍偏斜——
> 但是可以说不外略略改变方向。
> 那么,原子在下落运动中必然要偏移, 33

稍稍偏离最准确的路线；
因为若非它们惯于这样稍为偏斜，
它们就会像雨点一样地
经过无底的虚空各自住下落，
那时候，在原初的物体之间
就永不能有冲突，也不会有撞击；
这样自然就永远不会创造出什么东西。
从而没人会相信自然界中存在始基。

出于第二种动机，他们必须引入原子无缘无故的偏移运动，这一点同样可见于卢克莱修的诗篇(*Lib.* 2)：

再者，如果一切的运动
永远是互相联系着的，
并且新的运动总是从旧的运动中
按一定不变的秩序产生出来，
而始基也并不以它们的偏离
产生出某种运动的新的开端
来割断命运的约束，
以便使原因不致永远跟着原因而来，
如果是这样，那么大地上的生物
将从何处得到这自由的意志，
如何能从命运手中把它夺取过来？[①]

① 部分译文参见：卢克莱修，《物性论》，方书春译，商务印书馆，1982。——译者

对于这种荒唐而无根据的主观臆断的愚蠢与非理性之处，我所能找到的最有力的论述与驳斥，莫过于西塞罗在他的第一卷《论善与恶的界限》(*de finibus Bonorum et Malorum*)中所说的话。他写道，偏移现象纯粹是可笑的人为捏造，然而即便是如此，同样也无法完全解决问题抑或达到预期的效果：首先，他们声称原子产生偏移，却没有给出任何理由。对一名自然哲学家(turpis Physico)来说，最丢人、最无意义的事情，莫过于声称某物的行为是无缘无故的，或是对此说不出任何理由。另外，这也违背了他们自己从常识中得来的假说，即一切重物在自然状态下都会垂直下落。 34

其次，就算我们假设，这种说法是正确的，原子确实存在这样一种偏移，那也无法达到原子论者预期的效果。因为，要么一切原子都产生偏移，那样一来，比起原子全部垂直下落的情况，聚合的机会并不会更多；要么有一些原子产生偏移，另一些垂直下落，那样原子就被赋予了独特的功能和职务——这更为荒谬，因为原子本来都具有相同的性质和硬度。

此外，在《论命运》(*de Fato*)中，西塞罗巧妙地嘲讽了这种异想天开的观念；在自然界中有什么原因能使原子产生偏移？抑或，原子之间是通过掷骰子来决定哪些该偏移，哪些不该偏移？再或者，为什么它们只产生小距离偏移，而不是更大范围内的偏移？为什么产生偏移的是一个最小单元(minima)而不是两三个呢？这种假设是无法检验的(Optare hoc quidem est non disputare)，因为原子既不会依靠外力推动来偏离正常路线，虚空中也不可能有任何原因能使其移动，所以原子没理由不作直线运动；原子本身不会产生任何变化，在其自身重量或重力作用下，原子不可能会改变 35

自然运动。

无论是伊壁鸠鲁学派还是德谟克利特学派，就整个原子论假说而言，我不想、也无需花费时间来予以驳斥；很多有学问的人已经作出了确凿而充分的反驳，尤其是古德沃斯博士《真正理智的宇宙体系》，以及已故沃切斯特主教斯蒂林弗利特博士（Dr. Stillingfleet）的《神圣的起源》（*Origines Sacrae*）。只是我不能忽略了西塞罗针对原子论的驳斥，我想首先引用他的《神性论》（*de Naturâ Deorum*）第一卷和第二卷中的言论，因为对于我接下来要讲的具体事例，这些话似乎就是一篇总体的导言。

他说道，原子之间这种混乱的聚合，永远不可能组成如此美丽有序的世界（hunc mundi ornatum efficere）；在希腊语和拉丁语中，世界都是因其美丽与有序[*ab ornatu et munditie*]而得名。在《神性论》中，他再次作出更全面、贴切的论证：如果说艺术品必然是理性的产物，而大自然的作品又比人造艺术品更精确、完美，那么，同样也无法想象大自然的作品不是理性的产物。因为那将是荒谬而且不合时宜的：当你目睹一幅雕像或是奇特的图画，你一定会认可其中凝聚的艺术；当你看到舟行水上，你绝不会怀疑船的运行受到了理性和艺术的协调与指引；当你观察日晷（sun-dial）或钟表时，你马上就会明白，时间是由艺术展示出来，而不是毫无目的地随机组合的结果；而世界，囊括了一切艺术（arts）和技艺（artificers），你如何能想象或相信其构成中没有决策与理性的成分呢？我们的朋友波塞冬尼乌斯（Posidonius）最近制造了一个球体模型，其中太阳、月亮和五大行星的运行无不与实际情况相符，由此我们可以清楚地看到天上昼夜交替的运作过程。如果有人将这样

36

一个模型带到锡西厄(Scythia)[1]或是不列颠(Britain)[2],试问,那些野蛮人中有谁会怀疑说这样一个球体模型不是出于理性与艺术的成果呢?如果有人如此愚蠢、如此不顾理性,以至于非要对自己说这个如此美丽动人的世界可能是原子随机组合的产物,那才真是咄咄怪事。要说一个人能相信这一点,那我觉得他也没理由不承认:用金子或其他金属铸出 21 个字母并打造成无数个不同形状的小块,搁在一起充分震荡、混合,然后从高处倾覆在地上,这些撒落一地的字母块也可能形成一行字,使人得以从中读出恩纽斯(Ennius)的《年鉴》(*Annals*);然而实际情况是,即便他要从中找出一行诗句,那也是极其不可能的事情。因为,如果原子的组合能构成整个世界,为什么在地球上某个地方,不会偶尔形成一间庙宇、一所美术馆、一道门廊、一所房子,或是一座城市呢?迄今为止未 37 曾发生过这种事,也绝不会有人相信这种事:假设我们中间有某个人流落到一座孤岛上,发现岛上有一幢富丽堂皇的宫殿,其构造之巧妙无不合乎严格的建筑法则,内部的装潢和设计也是别具一格,他绝不会以为这是一场地震的结果,抑或是建筑材料随机混合所成;他也绝不会以为这座宫殿从世界形成之初抑或原子最初聚合之时就矗立在此;反之,他会当即作出结论:当时这里必定有某位有智慧的建筑师,这座宫殿正是借助这位建筑师的技艺与技能而建成。或者,假设此人只找到一张羊皮纸或普通的纸张,看到上面写着一篇使徒书(Epistle)或是演说词(Oration),其意义深刻,措

① 指斯基泰人或塞种人生活的地方。斯基泰和塞种都是古代诸文明中心对欧亚草原一带游牧民族的称谓。——译者

② 此处当指除英格兰之外的其他地区。——译者

辞严谨，表达得当，且辞藻优美而华丽；但凡有脑子的人，就绝不可能相信这是由一支笔自发地肆意涂鸦、胡乱将墨水洒在纸上、或是任意掷出一大堆字母所形成的；反之，只要看到这些证物，他马上就会相信这里不仅有人，而且还有学者。

对笛卡儿假说的考察及驳斥

在推翻了伊壁鸠鲁和德谟克利特的无神论假说之后，我本可38以继续举出一些具体事例来说明宇宙中若干部分及组成中都明显体现出技艺和智慧，从中我们或许就能像圣歌作者那样得出总体的结论："这一切都是你用智慧造成。"然而还有一类自诩为有神论的人——我是指像笛卡儿先生及其追随者——极力想让我们解除这种天然自成的武器，并抛弃和根除设计论论证（在各个时代中，这一论证一直极为成功，它证明了神的存在，加强了人们的信仰，并说服或压倒了一切持无神论观念的驳斥者）。那些人采用了以下几种方式：

第一，他们从自然哲学中排除并杜绝了一切关于终极因的考虑，所基于的理由是，无论就总体而言还是就具体事例来说，这些目的都是我们无法探知的；我们只是出于自身的轻率与傲慢，才自以为能弄清神的目的并参与制定他的决议。

> 单单出于这个原因，我认为，一切从目的中推出的此类因素，在自然事物中都没有任何用处；因为我必定是出于自身的轻率，才会自以为能弄清神的目的。（《形而上学沉思录》

[*Meditat. Metaph.*])

在《哲学原理》中,他再次写道:

> 在关于事物的解释中,我们绝不能接受由"神或自然在制造物体时想要达到的目的"推出的任何原因;因为我们不应当如此狂妄自大,以至自以为能参与制定他的决议。

笛卡儿在对伽桑迪的异议所做的第四条答复中更为明确地说道: 39

> 也就是说,我们既不能,也不应当臆断或是想象神的某些目的比其他目的更为清楚;因为一切都是以同样方式蕴含或隐藏在神深不可测的智慧之渊中。

对于笛卡儿这种自信的宣言,可敬而卓越的波义耳先生进行了全面的考察和驳斥,可见于他的《自然事物之目的因研究》(*Disquisition about the Final Causes of Natural Things*)第一节,自第10页至末尾。因此我无需多说,仅做概述,即:在我看来,这种观点不仅是错误的,而且会造成邪恶的后果,因为这会诋毁神的荣光,并危及人们对神的认可与信仰。

首先,举例而言,我们看到,人类以及一切动物都用眼睛来看外界事物,眼睛的构造对于人与动物来说是必要的,没有眼睛他们就无法生存;神非常清楚这一点。此外我们还看到,眼睛的构造令人惊叹，它是如此的适于其用途，以至于人类和天使的一切智慧与40技艺，都无法设计出比它更好的作品。如果是这样，那么，无论是声称眼睛并非为此目的而特意设计出来，还是断言人类不可能知道实际情况是否如此，都必将是极其荒谬而且不符合理性的。

其次，神赋予人类四肢和意识，并赐予他维持生存所需的动物，如果人类无法肯定这些都是为他而制造的，他如何能感激并赞美神呢？如果他不知道这些事物的目的，他很可能会滥用神的馈赠，并将其用于其他不应该的目的。

其三，正如我之前暗示过的，笛卡儿摒弃了我们用来证明神之存在的最好工具（the best Medium），使我们别无其他具有说服力的论证，而只能依赖于“先天观念”（innate Idea）。如果说“先天观念说”构成一种证明，充其量也是晦涩不清的，连很多有学问的人自身都不能信服，民众自然也会觉得过于微妙、过于形而上，以至难以理解。因此先天观念说对他们没有任何说服力。

第二，他们极力取消和废除强大的目的论的另一方式，就是声称要借助一套虚弱无力的、关于物质的分割与运动的假说，来解释一切自然现象，并阐释宇宙及其中一切有形存在物（无论天上还是地下，也无论是生物还是非生物，包括动物本身）的产生与构造。41这种假说可见于笛卡儿《哲学原理》的第2部分。他写道：

人们认为，有形世界中所有的物质，最初都被分割成大小近乎相等的部分，其平均大小与如今组成天上物体的物质相仿。物质全都处在运动中，就像如今我们在世间所看到的那样。有一些物质各自围绕自身中心做匀速运动，并彼此间产生相互运动，从而组成一种流体。也有很多物质结合在一起，或共同围绕另一些点运动，这些点彼此相隔遥远，并像如今恒星运动的中心点一样分布。

因此，神必须要做的，无非就是创造物质，将物质分隔成一个个小块，然后使这些小块依据若干条定律运动起来。这样，物质本身就会制造出世界，以及世间的一切生物。

作为对这一假说的拒斥，我想推荐读者去阅读古德沃斯博士《体系》(*System*)第 603 页和 604 页。然而为方便起见，我将转引在此：

"神大部分时间都像一位无所事事的旁观者一样，袖手看着这种 *Lusus Atomorum*，即原子好玩的舞蹈，以及由此产生的种种后果。那些机械论的有神论者已经超越了原子论有神论者本身，较之后者，他们更加肆无忌惮；因为公然的无神论者(professed Atheists)从来不敢冒昧地宣称，如此规整的事物体系最初是由原子的随机运动造成，在一段漫长的时期内，原子会形成众多其他拙劣的组合，或是各种特定事物及众多无意义整体体系的集合，而后才产生出现有的体系；他们(指机械论有神论者)还设想，现世中事物的规律性也不会永远持续下去，在某个时刻，混乱和无序将再次出现。不仅如此，在我们的世界之外，同时存在着无数其他的不规则世界，在这无限多个世界中，只有千分之一或万分之一个世界具有规律性。原因在于，通常人们想当然地认为，并且视之为共同观念(common Notion)——用亚里士多德的话来说，即，这些事物中没有任何一种是因机遇或各种偶然而出现的。但是我们那些机械 42

论的有神论者既不会让他们的原子在运动中胡乱摸索，也不会制造出任何拙劣的体系，抑或任何不调和的形式，而是从一开始就找到了各自的位置，而且排列得如此井然有序、有条不紊且主旨明确；看起来，即便有最完美的智慧指引，它们也不可能做到更好。因此，这些原子论有神论者最终摒弃了从事物呈现的精妙构造来推出神之存在的宏大论证，而在各个时代中，设计论论证曾经坚不可摧，而且通常在民众或无神论者心中留下最强烈的印象。面对原子论有神论者的做法，那些无神论者在暗地窃笑，而且非常得意地看到，有神论的主旨遭到表面上的盟友与宣扬者的背叛，有神论的宏大论证也彻底被忽视了。这些所谓的盟友所做的，似乎正中无神论者下怀。

43

"设计论论证"揭示出了"自诩的有神论者"心灵中最迟钝的地方，或者说他们愚蠢的地方：他们丝毫不曾留意事物规则而精巧的框架，或其中体现出的神性技艺与智慧，也没有以任何超离牛马之上的眼光来看待世界；自然界中有很多现象，部分超出于机械力的作用范围之外，部分则恰好背离了机械定律，这些现象不仅是他们永远无法解释的，而且不得不借助目的因和某种生命原则来说明。例如重力或物体下落的倾向，以及呼吸作用中横膈膜（Diaphragm）的运动和心脏的收缩和舒张，这无疑是肌肉的收缩与放松，因而就不是机械运动，而是生命运动。我们还可以增加很多其他的例子，比如，赤道面与黄道面的交角，或者说地球的周日运转轴，既不与黄道带平行，也不与黄道面垂直。为此，笛卡儿必须设想我们的地球曾经是一颗太阳，而且本身也处在一个小漩涡的中心，其轴心指向当时就是这样，由于有槽痕的粒子找不到合适的孔

洞从中穿过，只能沿着这个方向运行，因此至今依然保持着同样的 44
位置或态势。然而笛卡儿本人承认，地球的两种运动，即周年运动和周日运动，绕两条平行轴线运行将会更为便利，因此依据力学定律，两条轴线将逐渐越来越趋向平行，直至赤道与黄道的轴线最终达到平行。然而这种情况并没有发生过，最近两千年来（依据天文学家最细致的观察和最准确的判断）两条轴线也没有出现任何趋向平行的迹象。因此，地球的周年运动轴与周日运动轴始终不平行，这一现象只能用一种终极的智慧因来解释，因为这理应是最佳的状态：全年的季节变换正是依赖于此。然而在一切特定现象中，最具有说服力的是动物身体的形成与构造，其中包含着如此丰富的多样性和种种令人称奇之处，以至于机械论的哲学家们根本无法用不受智慧因指引的物质的必然运动来加以解释。他们明智地认识到，在动物问题上，机械论体系难免要被打破，因此他们索性绝口不提动物。我们承认，笛卡儿有一部名叫《论胚胎的形成》（*De la formation du Foetus*）的遗稿（据称是笛卡儿写的），其中确实也做出了一些努力，试图去挽救这种盲目随机的机械论。但是，正如这种机械论理论赖以建立的基础是完全错误的——哈雷在 45
《生殖之书》（*Book of Generation, that the Seed doth materially enter into the composition of the Egg*）中已经充分驳斥了这一假说——整个理论本身也岌岌可危，漏洞百出；它不仅全然没有涉及动物身上的差异，也完全未曾谈及为什么一种动物不会从另一种动物的种源中产生出来。”以上就是古德沃斯博士的论证，我大体上同意他的看法。

我只想补充一点：当自然哲学家们试图用自身“预成的原理”

(preconceived Principles)来解释自然界中一切作品时，他们多数会被经验弄得晕头转向；[就拿在简单的解剖学问题中所犯的那类错误来说]，寻找世界形成的原因，很显然远远比试图对其形成做出解释要容易；例如心脏的搏动，哲学家将其归因为心室内血液的迸发和突然膨胀，这就好像牛奶，被加热到一定程度后，就会骤然涌起，从容器里溢出。这种迸发要么是由一种主要滞留于左心室内的含氮硫酵素(Nitro-Sulphureous ferment)引起——酵素与血液混合，激起沸腾反应，正如将某些化学液体(例如硫酸油与稀释的酒石盐溶液)混合后产生的现象；要么就是血液在生命之火的炙烤下沸腾起来。

但是，他的这种设想既违背了理性也背离了经验：首先，想象并认定寒冷的静脉血会在短短两次脉搏的间隔，即不足5秒的时间内急剧升温，这完全不合理性。其次，对冷血动物，例如鳗鱼(Eels)而言，其心脏被取出数小时后仍会继续跳动，尽管心室已被打开，体内血液也完全流干了。其三，组成心室侧壁的纤维，是螺旋形从心脏顶端一直延伸到底部，部分纤维沿着正方向，另一些则沿着相反方向。这确实清楚地表明，心脏的收缩只不过是肌肉的紧缩，正如朝相反方向扯动纤维线，就能使一次脉动终止。这也能得到经验证实：如果切除掉心尖，将一根手指插入一个心室内，心脏每次收缩时，手指都会明显感觉到来自心室侧壁的挤压。不过，为了全面推翻那种离奇的观念，我还是建议读者去读劳尔博士(Dr. Lower)的《论心脏》(*Treatise de Corde*)第2章，以及笛卡儿有关从一个运动物体到另一个运动物体或静止物体之间的运动传递定律，经验证实其中大部分内容都是错误的；有人已经做过试

46

验，并且得到了确证。

古德沃斯博士认为，心脏的脉动必然是一种生命运动而非机械运动，这在我看来似乎是极有可能的，因为这种运动并不受意志的掌控，我们也并未感知到任何推力或阻力，而往复运动却依然在 47 我们无意识间持续不断地进行；这种运动也不可能由任何外力的推动所致，除非是经由“热”的作用。然而，如果没有一种生命原则的指引，精气（Spirits）如何可能在热的激发下产生这样一种规则的往复运动呢？如果说心脏以及上面的纤维在心舒期所处的位置对它们来说是最自然的，那么（看起来似乎是这样）为什么心脏还要再次缩回，而不是停留在那个状态呢？如果心脏在心缩期因精气的输入而一度紧缩，那么为什么，精气持续流入而不流出，心脏却不会始终停留在收缩状态呢？[因为心缩期就好似一根产生弹性弯曲的弹簧，在心舒期，弹簧就会弹开并重新回到自然位置。]推动这种往复运动的弹簧与主要作用因是什么？是什么在指引并协调精气的运行？精气只是蠢笨且无意识的物质，如果没有某种有智慧的存在物（being）实施引导与控制，精气本身并不能持续保持规则的恒定运动。有人会问：你想让何种作用力来实施这项工作呢？感觉灵魂无法胜任这项工作，因为它是不可分割的，而动物心脏被从体内完整取出后，仍然能跳动很长一段时间；而且当心脏完全停止跳动时，朝上面吐一口温暖的唾沫，或是用针轻轻戳一下，心脏就会重新跳动起来。对于这类情况，我的解释是，散布于心脏各处的残留精气，在一段时间内可能会被热量激活，从而产生微弱的跳动。不过，我宁愿将这种现象归因于一种“具有塑造力的白

48 然”(plastic Nature)[1]或生殖原则，植物的营养繁殖必定也是因为这一点。

不过，进一步说，我也无法完全认同之前提到的那位可敬且名不虚传的作者所提出的假说；他在《漫谈通俗自然观念》(*Free Enquiry into the Vulgar Notion of Nature*)第77和78页中如是说道：“我认为很有可能，当那位伟大而睿智的造物者最初将宇宙和无法辨识的物质变成世界时，他确实让世界的各部分处于不同运动中，由此它们必然被划分为无数个部分，体积、形态和位置均互不相同：在事物形成之初，他凭借无限的智慧与力量，指引并督管(over-rule)着这些不同部分的运动，使它们(无论是在一段更短的时间内，还是在理性无法判断的一段更长久的时间内)最终组合形成一个美丽而有序的体系，也就是我们所谓的世界。在这些组成部分中，有一些具有极其奇巧的设计，以便充当植物和动物的种质(Seeds)或生殖原则(seminal Principles)。进而我设想，他将那些位置运动定律或法则植入了宇宙的各部分内部，这样，他只需进行日常的维护工作，完善的宇宙中各个部分就应该能保持这种伟大的结构或系统，以及世间万物的经济体系。”在同书的124和125页中，他再次提到了这一假说。

49 我无法完全认可这种假说，因为在我看来，要实施这种运动定律，一种智慧的存在物是必不可少的。首先，运动是一种连续的过程，在这整个过程中，每一小段都彼此完全独立，我们不能从某物

① “塑造力”又称“自然精神”，是一种源自斯多葛主义和新柏拉图主义的概念，这种观念假定物质中存在一种能自生和自组织的能动力量。——译者

此刻的运动就推出它下一刻必然会继续运动;除非它未来确实还会运动——但这是个悖论;它同样需要一个作用力才能维持目前的运动并持续下去,就好像最初被造出来的时候一样。其次,就算物质被分割成我们所能想象的最精微的小块,而且你尽可以想象它们的运行速度极快,它们也仍旧只是一种无意识的、蠢笨的存在物,并不比先前离意识、知觉或生命能量更近一步;只要阻止物体各部分的"内部运动"(internal Motion),使其静止下来,哪怕最精细、最微妙的物体,也将如钢铁或石头一般生冷、沉重和坚硬。

在任何外在的定律或人为建立的运动法则面前,蠢笨的物质根本没有能力去遵循或是产生丝毫感触,它们沉默寡言,就好像那座被穆罕默德下令向他移过来的大山一样无动于衷;那些定律也无法自发执行。因此,在物质与定律之外,必定有某种作用力。这种作用力要么是物质固有的一种性质或力量——这很难想象——抑或某种有智慧的外在作用者;要么就是神自身的直接作用,抑或某种塑造力。 50

近来我碰巧读到《基督教学者》(*The Christian Virtuoso*),这本书与《漫谈通俗自然观念》出自同一位作者(即著名的波义耳先生),里面有这样一段话:"那些被称为神的特殊神意(special Providence)的作用力,也不能完全被排除出去。按照某些理神论者的说法,在宇宙最初形成后,一切事物的行动都将受神制定的自然定律支配。尽管主张这类观念的人非常自信且极力渲染,但是我承认,我并不满意这种说法。因为在我看来,定律是一种道德原因而不是自然原因,因为定律实际上只是一种观念上的事物。一种有智慧的自由作用者必须依据这些定律来规范其行为。但是无生命的物体终究不可能理解这种定律是什么,抑或定律有哪些要求,再或者,它们的行为何时遵循定律,何时又不遵循定律。无生命体不可能促发或协调自身行为,因此,它们的行为是由真正的力引起,而不是由定律造成的。”

看起来,这与我在上文中对这位可敬作者的假说所提出的驳斥十分一致,为公正起见,我必须承认我本人误解了他的观点;从这段话中可见,他认为全能的神不仅制定了宇宙物质各部分之间位置运动的定律和规则,而且,神自身也会亲自执行法则,或依据法则与定律来移动各部分物质:因此我们的观点大体上一致,分歧主要在于施行定律的作用者是谁。波义耳认为是神本人直接执行,而我们认为是一种“有塑造力的自然”;古德沃斯博士在《体系》第 149 页中提出了主张这种塑造力的理由:

51

第一,因为按照普遍人的理解,前一种观念将使神的庇佑显得辛劳、勤勉而零散;从而给人对神的信仰制造更大的困难,使无神论者有机可乘。

第二,如果神必须事必躬亲,一切最细枝末节、微不足道的事情,也要直接去料理,以至于成天忙忙碌碌,而不调用任何低级的或从属的执行者,这对于神来说是不太得体的。这两点似乎是有道理的,但是还不能令人信服。以下几点会更有说服力:

第三,如果作用者是全能的,那么事物的生成(Generation of things)中那种缓慢且逐渐的过程,看起来就是多此一举的浮华做派,抑或是无足轻重的繁文缛节。

第四,物质的愚笨或顽劣常会导致一些错误与蹩脚之处,亦即所谓的怪物之类。这表明执行定律的作用者并不是不可抗拒的;

自然就是这样一种事物：它像人工技艺一样，并不是全然不会偶尔因物质的捣乱而陷入沮丧与失望；与此相反，一种全能的作用者将会始终准确无误且不容置疑地行使工作，物质的呆笨或麻木根本 52 不可能阻碍其行动，也不可能使其在任何事情中出错或是手忙脚乱。

就我个人而言，我应当毫无疑虑地将植物的形成、生长与营养摄取方式归功于植物体中"营养灵魂"（vegetative Soul）；类似地，动物的形成，应当归功于其灵魂中的"营养力"（vegetative Soul）；然而，从某些植物上截取的片段或插条，哪怕是植物主干、枝条或根系上剥下的一小条或是最微小的片段，本身也能长成完整的植物，因此，如果说营养灵魂是"设计者"，那么它将是可分的，从而也就不是什么灵性的或有智慧的存在物；而正如我们已经指明的，"有塑造力的自然"必定是灵性的，或者有智慧的：因为这种原则必须监管植物的整个生态体系，它是一种单一的作用者，关照着整株植物的结构与形态，以及根、茎、枝、叶、花、果等所有部分及其一切导管和汁液的位置、形态与质地。因此，我倾向于赞成古德沃斯博士的观点，即，神调遣一些具有塑造能力的下级执行者来代劳；正如他在提供神意的时候会出动天使一样。关于这方面的描述，读者可以去阅读古德沃斯博士的《体系》。

其次，我尤其难以相信的是，如何能不借助某种智慧存在物的直接监管、指引和控制，仅通过将物质分割开来，并采用我们所能想到的那些定律使其运动起来，就会构成动物的身体。假设，人类 53 的身体最初从一种液态物质（不过不是一种同质的液体）中产生时，唯一的物质作用者或者说动力就是一种温和的热。那么，这种热是如何通过引发物质粒子的内部运动来形成人体的呢？可想而知，那些粒子除了形态、大小与重量上的差异之外别无不同，因此，依据粒子的本性，不仅异质部分会相互分离，同质部分也会集合成团块或系统，而且它们不是每种各自形成一个团块，而是彼此联合形成许多种物质，就像许多个军队一样；在每个军队中，特定的粒子占据自己的位置，从而凝聚成一种形态；例如，人体内大约有300块骨骼，每块均形成不同的大小与性状，它们各自独立并相互连接，形成数百种作用或功能。而且，若干块骨骼协同合作完成同一个动作。就身体的形态构造而言，这一切显然违背了比重定律：骨骼的组成成分更重，理应位于某些更轻的肌肉成分之上；不仅如此，头部居然位于最上面（相对于大小而言，头部是人全身上下最重的部分）。我敢说，这是我无论如何也无法想象的。我可以列举出人体所有的同质部分（无论是这些部分所处的位置，还是它们的形态），然后询问一下，我们所能想象得出的所有运动定律中，有哪种定律能促成这些部分的质地、形态、位置与关联？我们如何解释54心脏的瓣膜、血管与大动脉，以及身体各处导管的分布？我们又如何解释眼睛里所有液体和黏膜的形态与一致性？——眼部一切结构协同合作，正好最便于观望。我之前已经稍稍提及这个问题，在后文中还会详细展开论述。

你会问我，是谁，抑或是什么东西在操控人类与其他动物身体的形成过程？我会回答，是感觉灵魂本身，条件是感觉灵魂必须像我一向认为的那样，是一种灵性的非物质实体（Substance）。但是如果感觉灵魂是一种物质的东西，相应地，动物的整个身体也就不过是一台机器或自动装置。我很难认同这一点。因此我们必须诉诸一种有塑造力的自然。

野兽的灵魂是物质性的,而动物的整体,包括灵魂和肉身,都只不过是机器。笛卡儿、伽桑迪、威利斯博士(Dr. Willis)等人都曾公开宣扬并主张这种观念。从逍遥学派(Peripateticks)的学说,势必也会推出如下结论:他们认为感觉灵魂是通过物质的力量显现出来,因为没有任何事物能不借助物质得以显现,除非这些事物是先前就已存在的(what was there before)。而这种先在的事物,必定是物质抑或物质的某种变形。因此,他们无法确保感觉灵魂是一种灵性实体,除非他们声称它能凭空显现出来。我自认为很难理解这种观念。我宁愿相信动物具有一种较低程度的理性,也不愿将它们视为单纯的机器。我可以举例来说明,野兽表现出的很多行为,如果说不是出于理性和推论,那几乎是很难解释的。例如,我们常常看到,狗在主人前面跑,每到岔路口它们就会停下 55 来,直到看清了主人选择哪个方向,它们再继续行进;当它们捕获到一只猎物时,由于害怕主人将猎物拿走,它们会跑开去将猎物掩藏起来,稍后再回去取。此外,一条狗在试图跳上桌子时,如果它认为桌子太高,很难一下子跳上去,而桌子边上碰巧摆着一把椅子,它就会先跳上椅子,然后从椅子上往桌上跳。这又如何解释?如果说它是一台机器或者是一架钟表,而这种行动只是由弹簧的伸缩引起,那就很难想象有什么理由能说明,弹簧在被设置好后,为什么不会不论桌子高矮,直接带动机器朝向目标物运行?正好相反,我观察到的情况是,动物通常会先跳上椅子,而不是直接往桌上跳。它们采取一种迂回的路线,逐步靠近目标物,或是桌子上它们想站上去的地方。

类似的行为很多,我就不浪费时间一一列举了。如果兽类真的是自动装置或者机器,它们将会没有快乐或痛苦的意识或知觉,这样一来,将任何行为加诸于它们都不为残忍。但这既不吻合动物在受殴打或折磨时发出痛苦叫声的表现,也不符合人类的常识——所有人都本能地怜悯动物,因为我们意识到动物和我们一样有伤心和痛苦之类的情绪与感受;而另一方面,没人会费神去关注一棵受到剪刈、戕害或砍伐——或是你所能想到的任何行为——的植物;最后,这似乎也不符合圣经中所说,因为《箴言》12:10 写道:"义人顾惜他牲畜的命,恶人的怜悯也是残忍。"(*A righteous Man regardeth the life of his Beast;but the tender Mercies of the Wicked are cruel.*)前半句常被英国人说成"一个好人会体恤他的牲畜"(A good Man is merciful to his Beast.)这是对原文真实的再现;而从与之相对的后半句,即"恶人是残忍的",我们必须得出的结论是:人对兽类的行为也有可能构成残忍。如果说动物只是机器,这何以可能呢?我想不出还能如何作答,除非声称圣经言论是为了迎合普通人的常识以及错误观念——普通民众以为动物能感觉到疼痛,而且认为有些行为对它们而言是残忍的。然而这种说法显然不符合事实。不仅如此,动物和我们一样具有感觉器官,因此它们非常有可能也像我们一样具有感觉和知觉。

对此笛卡儿的答复是,实际上他也无以作答;但是如果动物也像我们一样能够思考,它们就会像我们一样具有不朽的灵魂:而这绝不可能,因为如果相信某些动物具有灵魂,就没理由不相信一切动物都有灵魂。然而有许多动物,比如牡蛎和海绵之类,身上的缺陷实在太多,很难让人相信它们是有灵魂的。对此我的回答是,它们并不必然非得是不朽的,因为它们有可能被摧毁或消灭。不过我不想更深地 57 涉入这场争论,因为这超出了我所要讨论的范围之外。此外,这方面的著作已经有很多,其中包括我之前提到过的摩尔、古德沃斯、笛卡儿和威利斯等人的作品,他们都从正反两方面进行了论证。

论神有形的作品及其划分

现在我将审视造物者的作品,并从这些作品的形成过程、秩序与和谐,及其目的与用途中,探寻某些可以辨识出的智慧。首先我将进行总体概述,主要关注点在于那些一目了然、就连最漫不经心的观察者也不会忽视的地方。

其次,我将选取一两件具体的例子来进行更细致的审视。不过,即使是在此类例证中,也还有很多地方是我们不曾注意到,而且只有通过最细致入微的审视才能发现的;因为我们的眼睛和感觉,无论借助多么精密的仪器,都始终过于粗糙,无从辨识自然作品的奇特之处,或是那些使自然界得以运行、使身体赖以构成的微小粒子;我们的理解力过于迟钝和不稳定,无法探察并理解无比睿智的造物者当初设计它们时的一切目的与用意。

然而在进入主题之前,由于提及辅助视觉的装备,我突然想到,有一点普遍的观察事实是我无法忽视的,那就是自然作品相对 58 人工作品所体现出的奇特之处。关于这个问题,我将引用已故切斯特主教(《自然宗教论著》第1部第6章)的说法:“最近一段时间,在显微镜的帮助下——因为我们已经学会使用显微镜并不断加以改进——观察到的现象中,我们发现,自然物与人工物之间存在极大的差异。但凡自然之物，放在显微镜下，构造必定显得格外精巧，而且具备我们所能想象到的一切优美雅致。最微小的植物种子有着无可模仿的精细，而尤为引人注目的是动物头部的构成，抑或是一只小苍蝇的眼睛；在最小的生物，例如虱子抑或小蜘蛛的身体构造中，那种精确、秩序与对称感，是任何不曾见过它们的人都无法设想的。”

“反之，最奇特的人工物品，最尖锐、最精细的针，（在显微镜下）看起来也如同从熔炉或炼铁厂取出的一根粗笨无比的铁棒；最精准的雕刻或装饰作品，看上去也是粗制滥造、漏洞百出，就像用鹤嘴锄或瓦刀糊弄出来的一样；可见，自然技艺与粗糙而不完善的人工技巧之间存在着天壤之别。另外我还要补充一点，对于大自然的作品而言，光线越强，所用的镜片质量越好，它们的构造会显得越清晰、越准确。而人工技巧的产物呢，审视观察得越仔细，它们就会呈现出越多的缺陷。”

59 以此为前提，为了进一步清晰、具体地展开我们对创造物走马观花式的概览，我将把这个可见物质世界中的组成部分归为几类。物体要么是无生命的，要么是有生命的。无生命物要么是天上的，要么是地上的。天上的有如太阳，月亮和星星。地上的要么是简单物体，例如四元素，火、水、土、气；要么是混合物体。混合物体又分为不完善的，例如流星；或者较为完善的，例如石头、金属、矿物之类。至于有生命的物体，则要么具有一种营养灵魂，例如植物；要么具有一种感觉灵魂，例如动物体，其中包括鸟、兽、鱼、虫；再要么具有一种理性灵魂，例如人类的身体，以及天使的“载体”（Vehicles）——如果这类事物存在的话。

我之所以采取这种划分，是为了吻合普通人通常接受的观念，同时也是为了便于理解与记忆；(事实上)我认为这并不符合哲学上的正确性与精确性，我反倒是倾向于原子论的假说。因为我们称之为元素的那些东西，实际并不是组成混合物的唯一成分。就世间存在的元素而言，它们本身并不是绝对简单纯净的。我们可以尝出，海水中含有大量的盐；无论海水还是淡水，都足以供养很多种鱼类，因此其中必定含有构成鱼类身体的各种成分。而且我认为，有很多种被亚里士多德学派称为混合物的东西，其成分也像元素本身、金属、盐类以及某些种类的石头一样纯净。

因此，我宁愿像格鲁博士等人一样，将无生命体呈现出的各种类型，归因于构成物体的小粒子形态上的不同；至于为什么世界上无生命体种类固定不变，既不消失也不产生新种，我认为是因为物质最初被分割成小块时，小粒子的形态数是一定的，不会发生变化。 60

其次是因为，那些微小的部分是不可分的——并非绝对不可分，只是相对于一切自然的力量而言——这样一来，它们的数量将不会增多也不会减少，而且只能这样。因为如果它们能被火抑或任何其他自然因素分割成许多形态各异的微小部分，自然界中的物种必定会相互混合，这样一来，某些种类可能会消失或灭绝，与此同时无疑也会产生新种——除非我们假设，这些新的小粒子可以重新集合，自行整编并复合成与先前形态相似的粒子。我认为这是不可能的，除非粒子受到某种“神性力量”的指引。这些无生命体也不可能完全由一种原子构成，但是其成分(bulk)，基本上或者说大体上，是由同一类原子构成。然而有人可能会反驳说，金属

(相对于其他物体来说,它们似乎是最单一的)可以从一种变成另一种,因此同一物种并不非得一定是由同种形状的原子构成;对此我的回答是,我并不完全相信这一事实;但是如果这类转变的确是61 有可能的,那么所有金属很可能属于同一物种。之所以呈现为多样形态,可能是出于不同物体与金属原则(Principle of the Metal)的混合。如果有人问我,为什么不同物种的原子不会共同组成一些物体?而且,尽管最初始的原则只有少数几种,但是它们不会形成无数多种复合物吗?就好比24个字母的各种搭配组合,有可能产生出无数多个单词?我将会回答,当异质的原子或原则在同一种液体中混合起来时,从其天然的倾向来说,它们不会融合黏附在一起;反之,同质的原子或原则将很易于产生融合现象。

我并不认为原则或不可分粒子的种类极其众多,只是认为,直接构成动植物体的那些粒子,很可能本身也是复合物。

论天上的物体

在具体谈及天上的物体之前,我将给出一个普遍的前提:整个宇宙中的事物共分两类,一类极其稀薄,且富于流动性;另一类更为稠密,坚固且持久。稀薄流动的物体就是以太,其中包括空气,或是环绕在特定恒星与行星周围的大气。为了使整个宇宙保持稳定、一致,神性的智慧与神意(Providence)在那些坚固且稳定的组62 成部分上施加了双重的力:一种是重力,另一种是环形运动力。第一种力使物体得以保持原样,不至瓦解或消散。与之相反,第二种能力恰恰会导致这种结果。因为哲学家们公认,一切物体都具有一种内在属性:物体围绕某一中心作圆周运动时,就会产生逃离或努力逃离运动中心的倾向,而且运行越快,逃逸倾向越强烈。由于恒星和行星均以极大的速率作漩涡运动,如果没有任何牵制作用,它们将会突然地——至少是在极短的时间内——分崩离析,四散在以太之中。而重力作用将使物质牢牢地联合、绑定在一起,阻止其中的组成部分散佚开来。我不想争论重力是什么;我只想补充一句:就我曾经听说,或者曾经读到过的内容看来,迄今为止机械论哲学家们并未对重力作出一个清楚的、令人满意的说明。

第二种力使物体绕自身轴心作环形运动,也有可能是围绕其他圆心运动——如果我们承认恒星假说,即每颗恒星都是一个太阳或类似太阳的物体,它们周围都簇拥着一群行星,运行方式与太阳周围的行星类似。我们有理由相信,这些星体如同地球一样,运动是完全等速不变的。如果存在丝毫随机运动的可能,或者要是没有一个监护者来始终如一地监督并杜绝一切变化或干扰,这种匀速运动将是不可能的。因为物体自身的组成部分所产生的内在变化,抑或由外在因素引发的偶然事故,都难免时而造成影响。63 如果没有地球的自转,我们将无法在地球上生活:一半的地方将注定永远处在寒冷与黑暗中,另一半则始终备受阳光炙烤带来的煎熬。我们可以合理地认为,这种环形运动对于大多数其他星体也是必需的,就像地球一样。至于恒星,如果它们是某种类似于太阳的物体,那么它们很可能也围绕自身轴心做环形运动,就像太阳一样。我必须承认,我自己也尚未弄清,这样一种运动形式对于我们了解星体的属性有何必然性。但是我毫不怀疑,这与恒星及其周围物体的属性都有着极其重大的关系。

首先，就天上物体而言，其运动的等速不变性，运转周期的稳定，排列与分布中的合理性，都体现出智慧和理解力安排与调控的痕迹；无疑，这种智慧超出人们所能轻易猜测和理解的范围：因为我们看到，天文学家的假说越是简单、越是符合理性，就越是能清楚地阐述天体的运行过程。据说（我不知道是真是假），当阿拉贡（Aragon）的阿尔方索国王（Alphonsus King）看到旧假说为解释天体现象而引入的众多偏心轮、本轮、本轮上的本轮以及星体的天平动与反向运动时，他大言不惭地声称，宇宙是一件拙劣的作品；64 如果他曾参与决策神的营造，他或许能指导神将宇宙造得更好些。这种言论既是大胆的、亵渎神灵的，也是鲁莽而无知的。

因为，仅仅是出于对自然界真正进程的无知，旧假说的缔造者才会提出那些极其荒谬的假定，致使阿尔方索国王误以为真，并视之为推动天体运动的伟大创造者的成果。在现代天文学提出的新假说中，我们看到，那些荒谬或反常之处均已得到修正和更改；而且我丝毫不怀疑，如果我们真能发现行星运行的方式，以及其中的自然进程，所有反常之处都将最终消失。因为通过观察我们所谈到的自然作品，我们发现以下公理总是正确的："自然不走弯路"，在应当做直线运动时，大自然从不需要指南针；以及"大自然中既不会生出多余的东西，也不会缺乏必要的东西"。就天体而言，我们还可以合理地推断，鉴于我们观察到星体的运行在时间上极为精确——它们按照同样周期如期而至，精度达到一百分之一分钟；考察行星的运行，我们可以证实其中绝无反例——这种运动形式无疑是最简单、最便捷而且最有利于天体展示自身的方式。

65 在这些天体中，首先来谈论一下太阳。太阳是个巨大的火球，据古代以及最近的计算,太阳估计比地球大 160 倍还不止。对尘世间的生命而言,如果没有太阳光有益且富于生机的照射,不仅动物的一切生命活动和自然活动都将立即停止,整个地球上也将只剩下一片黑暗和死寂。一切动植物都会在极短的时间内死亡,并且连同地面与水体一起冻结,变得如同燧石或磐石一般坚硬。因此,在世界上一切造物中,古希腊人最有理由尊为神灵的就是太阳。不过这并不构成真正的理由,因为太阳并不是生物,也不是神灵。基督徒认为,神创造太阳的目的之一,就是服务于生活在地球上的动物,尤其是人类;因为如果没有太阳,就不可能有任何生物。依据古老的假说,太阳以令人难以置信的速度绕地球做周日运动,其升落带来地球上的黑夜与白昼;随着太阳靠近某些地带,地球上出现寒暑,以及宜人的季节变化;阳光照亮地球上各个角落,并用它的热量使大地欢欣。太阳的位置与运行都是为月下世界(很可能也是为太阳周围的一切行星)而考虑,任何技艺或决策都不可能将它设计得更好。我认为,无论从所处位置还是从运动形式上来 66 说,目前这种状况都是最便于太阳发挥作用的。我只要列举一些假想中太阳所处的位置与运行形式带来的不便,就能轻而易举地证明太阳的分布与运行中体现出的伟大智慧。

其次是月亮。从各方面来说,月亮可能都很类似于我们所居住的地球。月亮持续而规则的运动,有助于我们划分农时,并为我们反射太阳光,照亮黑暗的天宇,在一定程度上驱散寒夜的凄冷与死寂。它带来(或者至少是控制着)海水的涨落,促使潮水奔流不息并保持纯净不腐,从而给水上生物的生活带来诸多便利,与此同时也更有利于人类的渔猎与航海。通常认为,月亮给一切潮湿物体以及动植物的生长和繁殖带来重大影响——人们普遍通过观察月龄来决定何时种植各种树木、播种谷物、嫁接果树并进行接芽和剪枝、采摘果实以及收割庄稼或禾草；月相变化也预示着天气的好坏。姑且不说这些，因为这些观察在我看来似乎并不可靠。月亮是否别无其他目的与作用呢？我相信它还有很多别的用处，尤其是维持生物的生活——月亮上很可能生活和栖居着一些生物，关于这一点，我建议读者去读威尔金斯主教那本富于创见的论著，以及丰特奈尔先生(Monsieur Fontenelle)的相关著作。不过，仅以67 上所述，已经足以表明月亮是一种神性智慧和力量的产物。

其三是其他的行星。它们都具有自身特定的用处，对此我们无从得知，或者只能猜测。此外，许多个世纪的观察记录表明，它们的运行和转动、滞留与逆行表现出最稳定、最确切的周期性。这充分证明了，行星的运动是经由策划、智慧与理解力确立并加以控制的。

其四，类似的还有恒星。恒星的运行规则、匀速且恒定，在天空中，我们看不到任何可能表现出机会或是错误的迹象。相反，我们看到的只是规则、秩序和一致性，以及智慧的效果和证明。因此，正如西塞罗那段绝妙的论断所说："如果有谁认为天体及其运动中体现出的令人惊叹的秩序与令人难以置信的一致性——一切事物的养护和福祉都依赖于此——不是受到心灵和理解力的掌控，我们只能说，这个人本身缺乏这样一种秩序和一致性。"

接着他又说："当我们看到一件人工制造的机械，例如一只球68 或是一个日晷(Dyal)之类的东西，我们不是一眼就能认出这是一件出自理性与技艺的作品吗？"以及"当我们看到诸天以令人惊叹的速度运行和旋转，并最为恒定地产生周年变换，给一切事物带来至高的福祉和养护时，我们如何能不相信这一切只能是理性所为，而且只能是一种无与伦比的、神性的理性所为？”

就此，我要再补充一点（我承认，这是从我们之前不止一次提到过的那位可敬的作者那里借来的）：即便日蚀与月蚀现象，虽然在迷信观念看来十分可怕，而且会给人带来噩运（如果我们相信那些同样迷信的占星学家），那些有知识的人也能巧妙地加以利用。在他们看来，日蚀和月蚀大有用处，这可能是那些头脑平庸者永远意想不到的。日蚀与月蚀现象不仅在很多情况下有助于我们调整历法，修正多年前历史学家们留下的错误；而且还有一点用处（虽然不是那么引人注目，但却更有实用价值）：这些现象对于准确标定地表某处或某点的纬度是必需的，而纬度测量不仅对地理学具有极为重要的意义，而且是最有用、最重要的航海技术。对此还有 69 必要补充一点：这些现象还有助于证明地球的圆球形结构（我稍后将会提到这一点）。因此，我可以用圣歌作者的《诗篇》19：1 来完美地作结：“诸天诉说神的荣耀，穹苍传扬他的手段。”

论地上的简单无生命物体

接下来我将要考察的是地上的物体。我将不对地球整体作出概述性的谈论，因为我把它作为具体例子之一，留待后文中来进行更详细、更认真的考察。

地上的物体，依据我们之前阐述过的分类方式，要么是无生命的，要么是有生命的。而无生命物要么是单纯的，要么是混合的。

纯净物,有如四种元素水、火、气、土:正如我之前曾指出的,我所谓元素,是依照普遍认同的元素观念而言;而不是我所认为的元素(即一切其他地上物体的原则或组成要素)——对此我将称之为四大同种物体组成的聚合体,或者说是各自形成巨大聚合体的四种物体。尽管它们具有相反的性质,而且总是彼此渗透,但是这些聚合体具有极好的平衡性,始终保持在稳定状态,既不会一方压倒另一方,也不会一方侵入迫使另一方退出。

首先,火依靠热量带来活力与生命,没有火,一切将了无生气,70 寂然不动。换言之,没有火就没有生命。正是隐藏在血液中的生命火焰促使那些"肉体机器"(bodily Machine)运动,并使之成为一种能够听候灵魂调度的器官。火(在此我所说的并不是亚里士多德学派那种存在于月球洞穴中的元素火,那纯粹是出于臆想。我所说的是日常烹饪所用的火)的用法之多,从某种意义上来说是无限的:例如用来调制和烧制饭菜,煎、煮或烘焙食物;用来冶金和提炼矿物;熔制玻璃(玻璃的用途极其广泛,很难逐一列举:我们可用它来给屋子安装窗户,制造饮水导管和玻璃器皿,并用来盛装和保存各类发酵的液体、蒸馏水、烈酒、油类、液体萃取物或其他化学用剂,用来制造蒸馏和配制试剂时使用的容器;此外还可以用来制造透视镜、眼镜、显微镜和望远镜,这些器具不仅能使我们看东西更为便利,而且能神奇地帮助我们作出罕见的发现);或用于制造各类农具、机械艺术与手工作品,以及战争中各类用于进攻和防御的装备与武器;用于焚烧石灰,烧制砖块、瓦片以及各种陶器或东方器皿,铸造和熔制"麦德莱"(Metaline)导管与器具;还可以用于之前说到玻璃的用处时提及的蒸馏等各类化学操作;在冬夜里,火给我们带来光明，使我们能从事劳作或进行其他活动；用于挖掘矿场 71 并探察黑暗的洞穴；最后，温暖的火苗使我们不受冻馁，或者在我们被冻伤和冻僵之后缓解我们的痛苦。除了一位具有无限的智慧与力量的创造者之外，还有谁能发明和制造出一种具有如许多样用途的东西或工具？

其次，气能供我们以及一切动物呼吸，并为我们所说的生命火焰提供燃料。如果没有气，生命之火将会很快衰微、熄灭；气体对于我们和其他陆地动物都是必需的。如果没有气体，我们将活不过短短几分钟。鱼类和其他水生动物离开空气同样也无法存活。如果你把鱼儿放进一个装满水的窄口容器里，它们会在里面生活、游动，不仅仅是几天，而是几个月，甚或几年。但是如果你用手或者其他东西严严实实地盖住容器口，不让空气进入，或是阻隔水面空气的流通，鱼儿会突然窒息。朗德勒(Rondeletius)曾多次进行试验来证实这一点。

如果你并没有将容器完全灌满，而是在上方留出一些空间，那么，当你用手堵住容器口时，鱼儿会立即争先恐后地簇拥到水面上，以便享受剩下的那点新鲜空气。夏天池塘即将干涸时，我也曾亲眼见到这种情形。这是因为溶解在水中的空气已经不够鱼儿呼吸了。昆虫也像其他动物一样，没有空气就无法存活。不仅如此，72 那些体内具有更多气管的昆虫更需要空气：其体侧有很多进气孔，倘若你用油脂或蜂蜜将这些小孔堵住，昆虫很快就会一命呜呼，再也无法醒转。古人早已观察到这种现象，不过他们并不清楚其中的道理（普林尼写道："一切昆虫在身上被涂上油脂后都会死亡"）。实际上并没有其他的原因，仅仅在于空气被隔绝了。在将昆虫身上涂满油脂时,只要不堵住呼气孔,它们就会安然无恙。但是如果你在一部分输气孔及其周围部分涂上油脂,而将另一部分留出,昆虫也会逐渐产生抽搐,很快软瘫下来并失去活动能力,剩下未被堵住的那部分依然能维持其生命。实际上,不仅如此,植物也有自己的呼吸作用。植物内部布满大量导管,可将空气传输到植物体各处;已经有人观察到这一点,而首次观察到这点的是那位伟大而且富于探索精神的博物学家马尔比基(Malpighius)。

空气的另一个用处是支持鸟类和飞虫的飞行。不仅如此,空气重力还能将水泵、虹吸管以及其他装置中的水压上来,并产生各种不可思议的现象。早先哲学家们不清楚这些现象的动力来源,因而归因于一种目的因,即“自然厌恶虚空或真空”。空气具有弹性和膨胀性,因此在受压时(事实上,下面的空气由于受到自上而73 下的重力作用而始终处于压缩状态),它会向外膨胀。利用空气的这种性能,人们已经制造出常见的晴雨计、风枪,以及很多巧妙的喷水装置。无疑,很多自然现象也与此不无关系。

我们之前已经说过,空气是维持生命火焰的必要要素。对此有人可能会反驳说:子宫内的胚胎是活的,它的心脏能跳动,血液也能循环;然而它根本不需要吸收空气,空气也无从进入其中。我的回答是:胚胎实际上是通过子宫胎盘(placenta uterina)或者胎盘母面绒毛小叶(Cotyledons)从母体血液中吸收空气,只要这些空气足以满足其当前状态下的需求即可。大体上,我所认同的观念是,母体的呼吸过程对胚胎也能起到作用,并且能为其提供足够的空气。这种观点是我在书本上看来的。不过更详细的论证,要数我那位博学多识且名不虚传的朋友爱德华·胡尔斯博士(Dr.

Edward Hulse)的著作。通过对照我本人的解剖观察，我发现他的观点极其合乎理性，而且具有高度的可能性。因此我只能坚定地予以赞同。子宫里的小牛(我经常进行这类解剖)能通过胎盘母面绒毛小叶进行血液循环——类似人类子宫胚胎通过胎盘进行血液循环。这种循环的主要作用，似乎就在于使空气融入血液中，以便为生命之火供应燃料。因为，如果仅仅是为了满足营养需求，何必要用两条如此巨大的动脉来传输血液呢？我们可以合理地认为，更有可能的情况应当是：就像在任何动物的肚子里一样，子宫内也应当形成一些乳糜管，从胎盘或胎盘母面绒毛小叶开始，交会于一个共同的管道，最终将里面的东西全部倒进腔静脉(*Vena cava*)。 74

其次，我曾观察到，小牛的脐带管末端形成许多个肉状的乳头(carneous *Papillae*)——姑且这样称呼它们——，而生长在子宫内胎盘母面绒毛小叶上的众多小孔，正好能将那些肉状乳头吸进去。我们可以轻轻松松地将肉状乳头从小孔中拔出，根本不会撕裂小孔。那些乳头看起来非常类似于鱼鳃上的鬚(*Aristoe*)或者小刺(*Redii*)，而且非常有可能同样具有摄入空气的作用；因此，母体血液流入胎盘母面绒毛小叶，并围绕这些乳头流动，通过它们与胚胎中血液进行交换，与此同时母体血液中携带的空气也融入其中。这恰如水流经鱼鳃内的肉状小刺时，同时也将空气带入其中。

其三，流入女性子宫胎盘内的母体血液极其充盈，产妇分娩后随之而来的大出血足以证明这一点。

其四，在胃和内脏形成后，胚胎似乎完全依靠嘴巴来获得营养。在小牛的胃里通常能找到大量液体(羊膜囊内充满了这类液

75 体,小牛就浮游在里面),以及肠道内的粪便,尿囊中还有大量的尿液;因此胚胎在子宫中成长,就像鱼儿在水中生活一样。

最后,如若不是这样的话,为什么胎儿一旦脱离子宫就要马上呼吸呢?

我知道,如果将胚胎连同裹在外面的胎膜(Secundines)一起从子宫中取出,它会继续活着,血液循环也会持续相当长一段时间。哈维博士(Dr. Harvey)曾观察到这种现象。我猜想原因在于,此时胎盘或胎盘母面绒毛小叶暴露在空气中,从而能获得足够的供给,因此环绕在其周围的血液依然能缓慢流动,并为生命之火提供燃料。然而,在幼体刚出生时,脐带管被剪断,无法再像原来那样为幼体提供空气。为了维持动物的生命,有塑造力的自然(Plastic Nature)会让幼体的肺部迅速扩充起来并吸入大量空气,从而使血液中突然涌入大量的空气;因为此时要维持生命,所需的空气远远多于维持先前那种柔弱火苗所需的空气。

这样,我们可能就做出了一个最便利、也极有可能的解释。因为胎儿一旦无法再通过父体或母体交换空气,就必须立即从某处76 获得供给,否则它就会因窒息而衰弱而死;在没有空气的情况下,初生儿并不会比成体存活的时间更长。

在此请允许我偏离主题,就空气融入水中的现象略谈几句。空气——至少是其中一部分,也就是火养料,以及动物体内生命之火的燃料——能轻而易举地渗入水中并扩散至各处。这就是为什么我们能在地下河流中找到鱼,甚至在陆地(Earth)上也能找到一些鱼。在这些地方,就像在开阔的水域中一样,鱼儿没有空气就无法生存。也正是因此,矿工只要找到水,就可以免受瓦斯的危害。

你可能会说，空气如何进入地下河流的水体中？又是如何进入土层中供那些后来变成化石的鱼类呼吸？我的回答是，与水的渗透方式如出一辙。我猜想是通过地表上层：水通过孔隙向下渗透，沿着裂缝和矿脉蜿蜒而行，并经由许多道水流的汇聚，逐渐形成一条溪流。在这一系列持续的过程中，空气如影随形，相伴而至。

化石鱼类中有一些是沿着朝向河堤处开口的水脉进入大地中。它们在那里静静地生长，由于长得太大而无法沿原路返回。水脉中的空气足以满足它们生长变化所需——因为它们待在那里几乎纹丝不动，所以需要的供给也不多。还有一些化石鱼类是在洪水退去时被搁浅在草地上，随水流一同渗入大地中，并停留在被 77 水流寻隙而入或是冲刷而成的小孔穴中。在那里它们一样能得到空气。之所以矿工靠近水边就能免受瓦斯危害，我猜想是因为，一旦滞留在矿井中的空气溶化到水中，上面的新鲜空气就会接踵而至；同样，采风井中空气的溶解，使空气保持自由流通，并将矿工呼出的浊气以及瓦斯一同带走。否则的话，这类气体就会滞留在那里。实际上，那里虽然没有瓦斯气体，但随着矿工的呼吸，空气中的营养成分被消耗殆尽，剩下的将是完全不适合呼吸的，除非又有紧随而来的新鲜空气。

我认为，在这里似乎必须引入某种具有高度目的性的智慧生命的作用，无论它是一种塑造力，还是任何其他的东西——就看你愿意怎么说。因为，还有什么能使横膈膜以及所有促成呼吸作用的肌肉，在胎儿落地的那一瞬间突然运行起来？为什么这些器官不会保持静止状态，就像在子宫里的时候一样？它们必须振奋起来以获得空气来维持生物的生命，然而这对它们来说有何好处？

为什么它们不耐心地听任生物死亡？空气不会自动涌入，这很显然。反之也就是说，必须有某种力量来驱逐里面原有的空气，使外 78 界空气得以进入。你可能会说，在这一时刻，是精气(Spirits)流向呼吸器官、横膈膜以及其他促成呼吸作用的器官，并使这些器官运动起来。然而，又是什么激发了精气？当胚胎还停留在子宫内时，精气是潜伏不动的(quiescent)。除了外界空气之外，别无其他明显的推动因素。胎儿的身体也只是发生位置上的变化，从它狭小而温暖的囚笼中出来，进入开放而凉爽的空气中。然而这为什么、又是如何会对精气带来如此大的影响，以至于促使精气有选择性地涌入那些肌肉之中？我无从参透其中的奥秘。至于雏鸟在卵中的呼吸，我猜想是因为不仅蛋白中含有空气，而且蛋壳与薄膜也可以让空气进入。

其三，水是维持我们生命的一部分要素，而且并非微不足道的一部分。水在所有物体的成分中占绝大部分的比例，它(就其在世间存在的形态而言)并非一种单纯的物体，其中含有构成一切物体的微小粒子。关于水的用处，姑且不去说那些低级的层面，例如洗涤、沐浴、盥洗或制备食物饮料之类。如果我们思考一下水体的大量汇合与聚集，以及遍布各处的泉水与河流，我们将会发现，那是对智慧与理解力的绝佳证明。海洋滋养了多少种类各异的鱼类！《诗篇》104:105 中紧随我之前提到那两句之后如是写道："遍地满 79 了你的丰富。那里有海，又大又广，其中有无数的动物，大小活物都有。……"海面何以能水平一致，并使地球成为圆球形结构？海水如何能形成恒定的涨落，以及海浪和海潮，同时始终保持其中的盐分，不仅极大地便利海洋生物的生存，而且能为人类的航行以及海运所用？为何江河湖海均以海滩湖岸为界？要知道，起初水体本应该漫溢出来，覆盖在大地之上。这些具体现象都表明，在水体的原初构成中有着丰富的智慧。在同一章的第6、7、8、9节诗句中，圣歌作者注意到了最后一点。在谈到地球起初的创生时，他写道："你用深水遮盖地面，犹如衣裳，诸水高过山岭。你的斥责一发，水便奔逃；你的雷声一发，水便奔流（随山上翻，随谷下流），归你为它所安定之地。你定了界限，使水不能过去，不再转回遮盖地面。"然而有人会说，有什么必要将海洋造得如此辽阔无边？既然海面不会超过陆地，表面高度为何要一致？创造者制造出广阔而无用的大海，只留下极少的陆地，而陆地会给人类带来更大的利益与好处，试问他的智慧何在？至少一半的海域不都应该归为陆地，以便供人类消遣与生活吗？人们不断奋争，努力扩张边界，并相互侵占对方领土，不都似乎是空间不足带来的压力所致？ 80

对于这种针对神在划分海洋和陆地时的智慧提出的异议，基尔先生(Mr. Keil)在评价本纳特博士的地球理论中第92、93页的内容时如是答道："如同无神论者的大多数其他观点一样，这种论点也是出于对自然哲学的极度无知；因为如果地球上的海域只有现在的一半，那么水蒸气的量也将减半，随之我们的河流将只有现在流经各处陆地的河流的一半，而陆地面积将是现在的一倍半；因为空气中水蒸气的总量，与水体总面积成正比，同时也与热量成正比。因此睿智的造物者极其审慎地做出了安排：海洋应当大到足以为所有陆地提供充足的水蒸气，如果海洋面积比现在要小，它将无法满足需要。"

然而有人可能会反驳说，为什么所有的水蒸气都要从海洋上升腾起来，然后再变成雨水降落下去呢？从地上蒸发出来的水蒸气也会被带回海上，正如海上升腾起来的水蒸气被带到陆地上，这不是同样合理吗？如果说有些水蒸气被风从海面上吹到陆地上，那么也有一些会被从陆地吹到海上，如此达成平衡，最终落在海上和陆地上的水分总量将会持平；这样一来，海洋就与地球上的降水或者河流的储水量毫无关系。

81

对此我的回答是，说到地球上的降水，这根本无需海洋的补充，陆地上本身就能蒸发出足够的水蒸气。通过降雨返回到大地上的水量，并不会多于从大地上升腾起来的水蒸气总量。

然而河流却需要通过其他途径来得到补充。我们认为河水是经由降雨和水蒸气得到补充。可问题是，这些水蒸气是从何处带来的呢？回答是，来自海上。然而又是什么将水蒸气从海上带来？我的回答是风。这样一来我们就谈到了主要的困难之处。为什么风将海上升腾起来的水蒸气刮到陆地上，与此同时不会将陆地上蒸发出来的水蒸气带到海上呢？或者，总体来说，为什么风不会毫无分别地朝海陆方向随意乱吹？对此我必须承认，我本人并不清楚其中的缘由。《诗篇》135：7 中确实提到神“从他的府库中带出风来”。然而实际情况非常清楚：风从海上带来的水蒸气，要远远多于它从陆地吹到海上的水蒸气。

原因首先在于，如若不然，就无法解释洪水的成因。很显然，我们所见到的洪水都是来自雨水，而洪水通常会携带着大量水流涌入大海。形成这些雨水的水蒸气来自何处呢？我估计，那位从大深渊中带来泉水与河流的作用者，是不会带来那些水蒸气的。水蒸气凝结成水滴，也会形成雨水降落下来。如果水蒸气仅从陆

82

地上升腾起来，陆地上将很快就会彻底干涸，比利比亚沙漠还要燥热。如果没有从海上重新循环回来的水蒸气，我们将很快再也看不到洪水，也看不到雨水。更不用说，在这种情况下，海水必定会冲上海滩，扩大它的疆域。

然而也可以有一种简单的阐释方式：很显然，太阳的确同时从海洋和陆地上蒸发水蒸气；当太阳温度达到一定高度时，海洋和陆地表面生成的水蒸气足以形成雨水、河流和洪水：因此，只需要风从海上吹来大量水蒸气，就足以形成洪水；也就是说，足以让水流重新回到大海。

有人可能会问，洪水的目的是什么呢？这能起到什么作用？我回答，是为了在大地吸饱雨水后让多余的水流回大海。接着又会有人问，降落到地上的雨水超出了大地所需的，这又是何必呢？我回答，雨水从山峰和高地上带来的大量泥土，在洪水退去时覆盖在草地和平地上，就能使土壤变得肥沃而多产，无需人工开垦或施 83 肥。因此我们看到，埃及的沃土要归功于尼罗河每年一度的泛滥：印度恒河边上的那些国家，很可能也受到了洪水的恩泽。不仅如此，所有雨水中都含有丰富的土壤沉积物，搁置一段时间后就会产生沉淀。雨水并非一种单纯的元素水。这些土壤物质可以为植物带来营养，而不是对雨水本身有什么好处。雨水只是一种载体，能将其中的营养物质带到植物体各处：因此雨水越是充沛，大地上沉积的营养物质就越多，土地也就越是富饶。除此以外还有一种并不是不可能的情况：雨水可能具有某种生长力量或塑造力量（来自于雨水中含有的某些盐粒子或者油粒子）。因为我们看到，水生植物完全生长在水里，但在夏季干旱时期，如果没有天降甘露的润泽，它们同样无法茁壮成长。

其次还有一点可以证明，那就是，风从海上吹向陆地的水蒸气之所以比从陆地吹往海面的更多，是因为海风确实比陆风更为盛行。这一点从生长在整个英格兰西海岸线沿岸的树木就可以看出，我观察到，在风的作用下，那些树的树梢与主枝都偏移陆地方84 向，远远地伸向大海，看上去就好像靠近陆地的一侧被砍伐削平了一样。

人们还观察到，就英格兰来说，在所有的风中，西风是最猛烈、最狂暴的，它来自辽阔的大西洋，具有最强的持久力。尤利乌斯·恺撒(Julius Caesar)在他的《高卢战记》(*Commentaries de Bello Gallico*)第5卷中写道："它通常全年大部分时间在这些区域肆虐。"他的观察如今仍然是正确的，西风盛行的时间至少占全年的四分之三。由于风的运行是恒定的，其背后无疑也有着一种恒常稳定的因素，这值得最富有洞察力的博物学家们深入去探究，并通过不懈地考察弄清来龙去脉。不过，无论风是因何而起，从海上吹向陆地，可能始终比从陆地吹向海洋更为容易，因为海面水平如镜，风行海上可肆意千里；而在陆地上，不仅有树林，还有高山的阻拦与隔挡。

我本人曾饱览英格兰、大部分低地国家以及意大利和西西里海岸线附近的海底景观，因此我有必要坚持自己提出的观点：在海底并非岩石质，而是土壤或泥沙质的地方，绝大部分区域都在水的冲刷下(只要海水的往复运动能到达海底)变成了平面；即便此刻85 凹凸不平，也迟早会再次被夷平。我所谓"平面"，并不是指没有坡度(因为海水的往复运动使坡度始终存在，洪水会阻止海底的持续下降），而只是说，从海岸向海底深处下降的频度是均一不变的。目前来自潜水者的所有叙述，都仅仅涉及他们曾经到过的地方。那些地方通常是岩石质海底，因为他们没什么理由要潜入平坦的沙质海底。海水的运动可以一直下延到深水区，我可以用那些长在海底最深处的植物来证明这一点，因为那些植物通常都长成扁平状，好似螺旋桨一般，全然不像树木那样朝四面八方伸出众多枝丫；这种构造是出于大自然的庇护，因为边缘长成这种形状，就最便于划开来回往复的水流；扁平叶面在受到激流冲击时，会在水力作用下迅速翻向侧面，因为在这种状态下叶片所受到的水的冲力最小。反之，如果这些植物的分枝长成圆形的，每朵浪花都会使它们摇摆不定。不仅草本和本质的海底植物，就连 *Lithophyta*，即化石植物本身，也表现为这种生长方式。我观察到各种珊瑚与滨珊瑚（Pori）均是如此。因此，我对有关树木在海底生长并结出果实的全部叙述都持怀疑态度。至于马尔代夫松果（Maldiva Nut），86 在获得更可靠的信息之前，我认同加西亚（Garcia）的观点，与之相关的介绍可见于克卢修斯（Clusius）的著作。不仅如此，我还相信，在一定深度的海洋里没有任何植物生长，海底距外界空气过于遥远，即便空气能渗透到水下这个深度，我也很怀疑这点空气是否足以维持植物的生长：没错，我们都听说，在那些深不见底的海洋中根本没有鱼类，然而这并不是因为这里没有供它们摄食的植物和昆虫（因为它们仅依靠海水就能生活，隆德勒曾在玻璃箱中喂养鱼类，他的实验证明这一点确实毋庸置疑），而是因为，鱼类的卵将会遗失在这些海域中：海底太冷，致使鱼卵无法孵化成形；再要么是因为鱼卵比深海的海水更轻，因此它无法沉到海底，只能顺水上升至海面，漂流到浅滩中。

此外，众多泉水、小溪、河流以及大小的湖泊给人们带来极大的便利，它们美丽且形态丰富多样，广布于地球各处；大地上不可能大面积缺水，因为要是没有江河湖海，同时也没有其他水源，大地上将会一片荒芜，了无生机。这些都极好地证明了神的智慧与谋略：泉水应当从山体最靠近海洋的一侧冒出来，河流应当能找到穿越峡谷和岩石以及地下穹隆的通道——有人会以为是大自然特意开出一条道供河流通过，免得河流漫溢出去淹没了整个陆地。87 河水流经地脉，就会变得纯净而可口，而我们采取的任何过滤方法都无法做到这一点——除非将其中的盐粒子过滤十次。某些地方会喷出富含金属和矿物质的泉水，以及热泉。泉水的流动十分恒定，数百年不断；此外这些泉水极便于用来治疗各种疾病。其中的机理，或者说是治病的方式，至今仍无法确知。仅从大体上来说，普林尼的说法可能是对的："土地具有什么性质，从上面流出的水就有什么性质。"因此泉水有冷、热、香、臭之分，有的能通便、利尿，有的含铁、含盐、具有石化能力(Petrifying)、含有沥青、有毒，或是具有其他的性质。

最后来说土(Earth)。土是一切动植物赖以存在的基础与支柱，它构成动植物体中坚实的固态部分，并为我们带来食物和生活资源，同时部分为我们提供衣物。因为我认为，水并没有给人类以及其他动物乃至植物本身提供营养，而主要是作为一种工具，将营养粒子输送并分配到动植物体内各处。水，就其在世界上的存在状态而言，并非一种单纯的物质，而是含有很多组成动植物体的固态要素：单纯的元素水根本没有滋养能力。地球表面丰富多变的丘陵、峡谷、平原与高山地貌，形成了多少怡人的风光？神奇的大地上装点着令人赏心悦目的碧草与庄严的树木，它们或是错落分布于各处，或是聚集成树林与灌丛，而且都能结出美丽的花果，正如图利(Tully)[①]所说："这一切多得令人难以置信，变化之多使人无以辨识。"因此，我们可以用《箴言》3：19 所罗门的名言来做总结："耶和华以智慧立地，以聪明定天。" 88

但是接下来，当我们从单纯物体过渡到混合物体，我们会发现更多令人惊叹的事实，以及对神性智慧更好的证明。首先我们要考察的是那些所谓的"不完全混合物"，或者"天象"(Meteors)[②]。

论"天象"

首先要说的是，天上下的雨，无非就是水。它们在太阳炙烤下分散成极其微小且肉眼无法见到的小水珠，并在空中向上升腾，直到遇到冷空气并逐渐凝结成云团，形成水滴降落下来。雨水最初是从海上蒸发出来的盐水，但是经过这种自然的蒸馏过程，它就会变得纯净而可口。迄今为止，人工蒸馏技术几乎还难以达到这个水平；不过，最显著的用处可能是在航海方面，以及可能给那些试图从盐水中过滤出新鲜饮用水的人带来的好处。云层被风吹到各处，几乎完全均等地散布开来，这样地球上任何地方都不会缺乏甘 89

① 即古罗马演说家马库斯·图留斯·西塞罗(Marcus Tullius Cicero)。——译者

② "Meteor"一词在当时还不具有现在所指的意思。"Fossil"一词的用法同样如此。——译者

霖(除非神为了惩罚一个民族,通过神意的介入来制止雨水降落),或者,如果某个地方需要雨水,当地人会通过其他途径获得供给。正如在埃及的土地上,虽然极少下雨,但是每年河水的泛滥都会带来丰富的补充。在我看来,云团和雨水的分布有力地证明了神意以及神性的部署;否则,我看不出为什么不会有某地常年持续干旱,直到那里变得杳无人烟;而另一些地方又大雨滂沱,直到那里沦为一片汪洋;如果云团随意移动的话,这种情况应当会时有发生;然而有史以来,在最古老的记载中,我们从未见到,也从未听说过这类干旱或洪涝现象发生——塞浦路斯(Cyprus)可能除外:康斯坦丁在位期间,那里曾 36 天未曾下过一滴雨,直到岛屿几乎完全荒芜;然而出于某些强大的理由,这无疑并没有违背神意的睿智部署。

此外,考虑一下雨水降落的方式:它是一滴一滴地逐渐滴落,如此最便于滋润土地;相比之下,如果雨水像河流一样绵绵不绝地倾泻而下,它将会给大地带来损害,将植物连根拔起,并冲垮房屋。即便不会导致动物窒息而死,也会给它们带来极大不便。我要说的是,思及于此,再想想更多其他可以信手拈来的例证,单单从这方面来说,我们也应当同使徒们一起喊出:"哦,神的智慧与知识都是何其丰富!"

其次,另一种天象是风;很难说清风的用处到底有多少。但是在很多情况下,它确实能促进空气对流,驱散浊气和有害的气体。否则,浊气滞留不动,就可能引发动物身上的多种疾病。因此,在英格兰有一条相关的观察记录:"英格兰多风,若无风,则瘟疫肆行。"风将云团从一处吹送到另一处,以便更及时地给大地送来雨水。风还能适度降低温度，在巴西、新西班牙及其邻近的岛屿，以及赤道附近其他类似的国度，当地人都能享受到扑面而来的凉风。风还能鼓起船上的风帆，将船只一路带往遥远的异国。这给人类带来的最显著好处，就是促进和维系相隔万里之遥的民族国家间商贸往来，将文明之光播撒到世界各个角落，并使地理学和博物学日臻完善。这一点对所有人来说都是显而易见的。在地球上南北纬 30 度以内，各处的季风与信风极其恒定且有规律，而且极少越 91 界，也不会离边界太远。这个问题值得最伟大的哲学家去思索。此外还可以补充一点：风推动风车转动，可用于碾磨谷粒、榨取油料、排干水池、抬水、锯木头以及漂洗衣物等等。风极少(或从不)过于激烈狂暴，否则就会吹塌屋舍，乃至摧毁整个城池；将树木连根拔起、将森林吹得东倒西歪；并卷起滔天巨浪，淹没低地国家。如果风是随机的产物，或者并不受某种更高的力量督管而完全由自然因素影响，那么上述情况极有可能会经常发生。飓风、水龙卷(Spouts)以及洪涝将比现在频繁得多。这一切都证实了神的智慧与善，是他“从他的府库中带出风来”。

论无生命的混合物

接下来我将讨论一类无生命体，它们被称为 *Perfecte Mixta*，即完全混合物。这种叫法不够恰当，因为其中有很多(据我所知)与所谓的元素一样简单。这类物体就是石头、金属、矿物和盐类等。

说到石头，有人可能会认为这是一类遭到忽视的事物：它们有哪些种类？有哪些美丽精妙之处？它们在质地上有何种稳定性？92 在形状与色泽上又有哪些恒定特征？首先我会论及一些石头所具有的显著特征。其次要说的是石头对人类的重要用处。在我所要列举的性质中，首先是颜色。有些石头的色彩非常鲜艳，耀眼而且美丽；红玉或者红宝石发红光，青玉发蓝光，祖母绿发绿光，黄玉或者古老的橄榄石，则散发出黄色或金色的光芒，紫水晶看上去就像用葡萄酒浸泡过一样，蛋白石在不同的光线下像塔夫绸一样色彩多变。其次是硬度。一些石头的硬度超出其他一切物体，其中金刚石硬度最大，以至于达到了任何人工技术都无法仿造的程度。寻常的玉石匠人都能轻而易举地分辨出哪些是用化学方法仿制出的人工赝品。其三是形状。很多石头呈现出规则的形状，例如，水晶与巴斯塔德宝石（bastard Diamonds）为六边形；另一些石头形态更为精致复杂，例如，有很多石头看上去就像各种各样介壳鱼类外壳和鲨鱼牙齿与脊椎骨——如果说它们真的像我们偶尔以为的那样原本就是石头，或者说是大自然仿贝壳或鱼骨之类制成的原初产物，而不是由贝壳和鱼骨石化形成。有些石头像植物一样具有生长能力，外形也酷似植物。例如珊瑚，滨珊瑚，菌类（Fungites）等。它们像灌木一样生长在岩石上。另外我还想补充我们常见的星石（Star-stones）与茎板（*Trochites*），对于此类，我也视之为岩生植物。

93 其次是石头的用处。有些石头能用来建造房屋和各种材料与设施；用作庙宇上的柱子与台基，以及其他浮雕工艺，或是用作宫殿、门廊、柱廊和喷泉装饰等；有些石头能用来烧制石灰，例如白垩与石灰石;有些能与苏打灰[1]或海草灰混合用来制造玻璃,例如威尼斯人所谓的*Cuologolo*。还有常见的燧石(*Flints*)可用来生火;有些能用来盖房顶,例如板岩。有些能用来做标记,例如“摩洛石”(*Morochthus*),以及上文中提到过的白垩(能用于肥田,以及某些医用目的);还有一些能用来制造耐火的器皿,在普鲁斯(Plurs)附近的基亚文纳(Chiavenna)可以见到这类器具。除此以外,我还可以举出一种有用的石头,即在康沃尔(Cornwall)挖掘出的“试烤石”(warming-stone)。只要把这种石头放在火上烧热,它就能长时间保持温暖。有人还发现它能减缓或消除某些疼痛和疾病,尤其是血栓内痔(internal Haemorrhoids)。此外我还想补充一句:某些石头具有一种“电性”或“磁性”。

我那位可敬的朋友罗宾逊博士(Dr. Tancred Robinson)在他的《意大利旅行日程》(*Itinerary of Italy*)中提到,佛罗伦萨附近及意大利其他地方的矿场、洞穴以及岩层中曾发掘出一些石头,他观察到,这些石头表面印有很多天然形成的图案。其中不仅有形似城市、高山、废墟、云彩、东方文字、河流、树林以及动物的图形,某些种类的石头上还印着精致的植物图案(例如常春藤、苔藓、银杏、蕨类以及其他生长在类似地方的植物),看上去就像是技艺精湛的版画家或雕刻师绘制上去的一样。罗宾逊博士还观察到,那些化石呈现为各种神奇的形状与色泽,几乎酷似自然界中各种事物。在他看来,这很难说有什么理由和原理。他相信单只就黄铁 94

① 原文为 beriglia,疑为 barilla。——译者

矿(Pyrites)而言,他在本土和外地所看到的就有一百多种,而他本人还自认只是一位粗心的观察者。

就收藏在托斯卡纳大公爵、红衣主教基吉(Cardinal Chigi)、塞塔利(Settali)、莫斯卡尔迪(Moscardi)的橱柜里,以及那个神奇国度的其他收藏馆与博物馆中的透明化石(如琥珀、水晶和玛瑙等)而言,罗宾逊注意到,其中包裹着很多令人吃惊的天然物体,例如飞虫、蜘蛛、蛇、蝗虫、蜜蜂、蚂蚁、蚊蚋、蚱蜢、水滴、毛发、叶子、灯心草、苔藓、种子以及其他草本植物。这似乎表明,那些化石曾经处于液体状态。亚平宁山脉发掘出来的博洛尼亚石头(Bononia Stone)以闪闪发光而著称。石棉以不可燃性著称。水蛋白石(Oculus Mundi)以色彩的多变而著称。玉(lapis nephriticus)、异极石(Calaminaris)、多孔石(Ostiocolla)、瘤状矿石(Aetites)等,则均具有医用价值。

95 我将花一点时间来谈谈磁石最为奇特且难以解释的性质与力量。这种物体曾激起最敏锐、最富于创见的哲学家们的才智与文思;然而他们为了解释磁石的神奇现象而提出的假说,在我看来都是站不住脚的,而且都很难令人满意。我们如何解释磁力微妙的穿透性?没有任何障碍能切断或阻挡磁力。磁力可以穿透各种物体,无论这些物体是坚固抑或柔软,致密抑或稀疏,重抑或轻,透明抑或不透明。也就是说,磁力能透过真空或虚空(或者至少是没有空气以及其他有形物体的空间)。古代人已经知道磁石对铁的吸引力;磁石的向磁极性,以及指向地球磁极的性质,则是较晚近才被发现的。这给人们带来了远非此前两三个世纪所能比拟的优势:航海上取得巨大进展,最遥远的国度之间变得畅通无阻,从而大大促进了通商与贸易;人们取得了对一块辽阔的大陆或新世界及众多未知王国与岛屿的伟大发现;通过实验解决了地球形状、对跖点(antipodes)以及赤道地区居民等方面的古老问题;并得以绕整个水陆地球做环球航行;大量事实证明,此前人们通常只能沿着海岸航行,在海岸边上逶迤而行,极少有人敢冒险远离陆地。即便 96 有人敢于尝试,他们也只能借助极星(Cynosura 或 Pole-Star)及其周围星座为向导,碰上多云的天气就什么也看不见了。

金属对人类的用处也很多,这些都是人所共知的,自不必细说:要是没有金属,我们就不会有任何文化或文明;既无耕作也无农业;无法收割或剪刈;无法犁耕或翻地、无法剪枝、嫁接或切条;没有机械行业;没有家用物品;没有便利的房屋或大厦,也没有航海和运输。我们必将过着怎样一种野蛮而堕落的生活!北美印第安人就是一个显著的例证。对于金属,我们只需指出一点,亦即,那些用处最广泛而且最为重要的金属,例如铁、铜和铅,是最常见,而且最充裕的。另一些金属更珍贵一些,其分布也更稀少。然而正因为此,它们才能被用作通用的衡量标准,用以计量一切其他商品的价值。所以我们可以用这类金属来制造货币。各个时代的文明都采用贵金属来做货币。

关于货币对人类的重要意义,博学多识的科伯恩博士(Dr. Cockburn)已有说明。他在论基督教信仰性质的散论中写道:“无论货币的使用始于何时,这都是一件值得称道的创举。它给商业 97 带来好处,促进了商业的发展。因为货币使商贸变得可靠、便利且迅捷,使所有人必须合理支配自己的财物,以便获得共同的利益。它还使每个人都能毫无偏私地交换自己特定的劳动所得。贪婪,或者是对金钱的过度热爱，都是邪恶的，并且是众恶之源。我们应当打消这种贪欲。然而使用货币却是必需的，而且还能带来诸多优势。在货币尚未通行，人们还不曾引进货币的地方，不仅艺术和科学尚未形成，一切使人们的气质变得文质彬彬、消除生活中种种不安的活动，也都不曾存在。那里的人们野蛮而粗鲁，他们不关心任何事情，除了吃喝以及其他野性行为。他们的思想所达到的高度，仅够维持其生命与呼吸；他们像野兽一样成天走来走去，从一个地方转移到另一个地方，仅只为寻找食物。如果所有人都能表现出极其慷慨并且真正富于慈爱的行为，或许还可以另当别论。然而无论如何，就人类目前的状况而言，我们无疑需要借助某种交换方式或手段，例如货币，来达成所有人共同的利益。”

金银因其稀有而极其适于用来对各种商品进行等价交换，或98者制造货币。反之，如果金银变得如同稻草、麦茬或石头与沙粒一般常见易得，它们就不会比后者更适于用来进行交换和贸易了。

科伯恩博士进一步阐述了其中体现出的神意：尽管数世纪以来人们开采出大量的金银，但是神保住了这些金属的价值，使其始终适于用作铸币材料。以上参见科伯恩的原文。

金以令人赞叹的延展性及沉重而著称。在这两点上，它超过了目前已知的任何其他物体。关于金属，我只想补充一句：金属顽固地抵抗一切变化；有时人们以为一种金属变成了另一种物质，然而实际上它们就像是潜伏在一种伪装的面具之下，即便经过伏尔甘(Vulcan)[①]或腐蚀性液体的百般磨炼，也仍能回复其本来形态

① 古罗马神话中的火与锻冶之神。——译者

与性质。注:这段话写于三十多年前,那时我就认为,我们有理由去怀疑一切关于金属从一种变成另一种的报告或记载。

关于其他金属,以及盐类和土壤,我将略过不谈。因为对于它们的用处,我所能说的,无非是与人类相关的。然而我不敢确定地说,它们之所以形成,就是为了这个唯一的,或者说主要的目的。确实,从总体上来说,大地上这些无生命的物体,并不像动物体那样形成各个井然有序的部分,在质地上也没有那么微妙多变。但 99 是它们的形成机理,似乎也能用一种假说来说明:物质被划分为天然不可分割的微小粒子或原子,这些小粒子或原子具有各种不同的形态,但种类数目是一定的。小粒子在大小上可能也有分别。它们一旦被推动,就会按照预先确立的某些规律或法则持续运动下去。我们无法洞悉这些物体被创造出来是出于何种目的,不过可能的结论是:造福人类以及其他动物,是其中的目的之一。稍后我将更为详细地论述这个问题。在这里,需要注意的是,依据我们的假说,每种具有同样形态与大小的原子,在数量上并不是近似相等的,而是某些种类远远多于其他的种类。正如气、水和土的巨大聚合体也是由原子构成,但是这类原子,比起组成金属和矿物的那些原子来说,就要多得多。其原因很可能在于,前一类事物对于人类及其他动物的生活与生存来说是必不可少的,因此必须触手可及;而后者仅仅对人类有用,而且更多的是为人类提供奢侈品,而不是必需品。鉴于之前已经提到过的某些原因,我敢说那些构成物体的微小粒子是天然不可分割的,无论我们采用何种自然手段,甚至是火本身(这是唯一一种普遍的分解手段。其他分解性的溶剂(Menstruums)都只是工具而非动因,它们的组成部分具有特定 100

的形态与大小，正好能切入其他物体中并使之分开，就好像楔子将木头劈开一样。然而这些溶剂都需要火或者热量的激发，否则就毫无功效，这也正如楔子必须在槌子的敲击下才能发挥作用一样）。我将举出一种始终保持着微小的组成部分，连火的力量似乎也无法使之分解的物体，那就是常见的水。无论是蒸馏、烧煮、循环，还是用火进行的一切工序，都只能将水分解成蒸汽。一旦作用停止时，蒸汽就会轻而易举地重新变回水。蒸汽无非就是水中微小的组成部分，借助热的激发彼此分隔开来了。还有一个例子：一些最博学而且训练有素的化学家证实水银是不可转换的，因此他们称之为“永恒的液体”（Liquor aeternus）。我个人认为，有一点对一切纯净物来说都是一致的，即，它们的组成粒子非任何自然作用所能分解。

在此我们要顺带提及金属和矿物在生长中体现出的秩序与方式：它们极其规则地伸展、发酵（ferment），就如同生物的生长与再生；盐类则具有特定的稳定形态；我们富有创见的同胞乔丹博士（Dr. Jordan）曾在他那篇论温泉浴池（Barh）和矿物水的论著中广泛提到这类观察。

论植物

现在我已经论述了简单和复杂的无生命物体。就生命体而101 言，首先是那些只具有一种营养灵魂的物体，它们通常被称为植物。考察一下植物的高矮与形态，抑或其生长年限与存活时间，我们会发现它们极其神奇。比方说，为什么有些植物能长得很高，另一些却匍匐在地上，而它们可能会具有相同大小的种子，更确切地说，很多时候矮小的植物会结出更大的种子。为什么每种特定的植物都极其符合其属类的特征，叶片的形状、裂片以及边缘均保持稳定的一致性，并且具有同一种花，同一种果实和种子？即便你将一株植物移植到原本不长这类植物的土壤中，情况也是如此。这要么是因为某种生殖形式，或属性(vertue)的影响，要么是源于某种有智慧的塑造力；正如我们前面所阐述的那样。如果物质的运动不受某种高级作用者的监管与指引，那么仅按照这种机械原理，我们如何解释植物的生长过程，及植株的最终大小所体现出的稳定性？为什么树木不会高耸入云？再或者，如果有人声称是上层空气的寒冷阻止植物进一步生长，那么，即便树木不会长到那么高，为什么侧枝也不会远远扩散开来，直至在重力作用下垂落到地面上？如何解释，通过栽培和培植，树木的高度可以大为改进，增加到原来的两倍、三倍，某些部分的大小甚至远远超出其他部分，但这种改进却始终停留在一定的范围内？

植物的生长存在一个不可逾越的相对限度(*maximum quod sic*)。你无法靠栽植或培育来使一株茴香苗长得像一棵橡树那样高大粗壮。此外，为什么某些植物可以生长很长的时间，另一些植物却只能是一年生或两年生的呢？如何能想象，仅仅出于某种运动定律，就能决定叶片的着生方式是对生、互生，抑或轮生；花是单生抑或簇状着生，是从叶片与枝干基部伸出，抑或开在枝干和茎的顶端？就叶子的形态而言，它们会形成很多锯齿状或者扇状裂片，边缘还有奇特的锯齿；花叶(Flower-leaves)的数量与分布，雄蕊及其顶端(Apex)的形态与数量，花丝和果皮的形态，还有果皮分裂 102

成的小室的数量,也无不是如此。一切都十分完备,而且所有部分之间都有严格的比例关系。这里似乎必然存在着某种有智慧的"塑造力",它了解植物的整个生长状态(Oeconomy),并时时加以调控。这种"塑造力"不可能是营养灵魂,因为营养灵魂是物质性的,且与植物本身相伴而生;这一点是显而易见的,因为我们观察到,从植株上切下一根枝条,就能生根、成长,自身发展成一株完整的植物。我差点忘了说,某种植物种子的子叶(seed-leaves)结构也极为奇特,谁也不会相信物质的运动能产生这种效果,无论是依据某些定律,还是我们所能设想出的任何法则。有些子叶紧紧地103 挤成一团,形成细密的褶皱。它们在种子膜内共同生长,使人极难描绘其形态。与此同时,它们又无一粘连或长合在一起;因此我们可以轻而易举地将其拽出,甚至能用手指使其舒展开。

其次,如果我们考察一株植物的各个具体部位,我们会发现各部分都大有用处。根部有固定作用,还能从土壤中吸收养分。根部纤维有助于涵养并传输树液。一种极粗大的导管,可以用来储存植物特有的汁液。此外还有用于输送空气的导管,这是植物进行呼吸作用所必需的;我们之前已经谈到过这点。树木的内外两层树皮,有助于防止树干和主枝受到极寒极热或干旱天气的戕害,同时也起到传输树液的作用,使树木得以逐年增长。实际上在某种意义上,每棵树都可以说是一株一年生植物,无论叶片、花朵还是果实,都是来自上一年的木头上新增的皮层。同样,这个新皮层也再不会长出叶片和花果,而是同旧皮层一道,作为一种"形"(Form)或者砧木,供来年的皮层生发。

叶片在花蕾尚未绽放时起到包裹和保卫花果的作用,甚至在花果完全形成后也仍是如此。此后，叶片能防止枝干、花朵和果实受到夏日阳光的伤害，如果枝条和花果毫无遮蔽地直接暴露在强 104 烈的日光下，就会因失水过多而枯萎。叶片不仅能适度降低热量，而且有助于防止雨水过于猛烈地浇灌根部。不过，叶片最主要的用处——正如我们从马尔比基(Seignior Malphigii)、佩罗先生(Monsieur Perault)，以及马里奥特先生(Monsieur Mariotte)那里所学到的那样——是调制和预备树液，以便为果实及整棵植物提供营养。叶片中不仅含有经由根部吸收来的养分，而且富含从露水、湿润的空气以及雨水中合成的物质。他们的证据是，很多树木在叶片被摘掉时就会死亡。桑树(Mulberry-Trees)上的叶子全被摘来喂养丝蚕时，偶尔就会出现这种情况。此外，在夏季，如果你捋掉一根葡萄藤上的叶子，上面的葡萄将永远不会成熟；但是如果你没有捋掉藤上的叶子，你即使把它暴露在阳光下，葡萄也仍然会成熟。植物中存在一种自上而下的逆行汁液。这股下行的液体，首先是为了替果实乃至整株植物提供养料。这一点已经得到清楚的证实，具体可见于马尔比基的实验，以及我们本国一位有创见的同胞托马斯·布拉泽顿(Thomas Brotherton)那些巧妙的实验(见《哲学汇编》第187页)。我将只提到其中一点，亦即，如果你沿着一棵树的树干将树皮切掉一圈，整棵树上位于切环之上的部分将继续生长壮大，以下部分则不然。

然而植物中究竟是否存在这样一种循环流动的汁液(就像动 105 物体内的血液循环一样，我们似乎很容易产生由此及彼的联想)呢？我们有理由表示质疑。

在此我要补充的是，在夏日里，树木给人带来舒适愉快的清新荫凉；热带国家的居民十分认同这一点，他们习惯于惬意而悠然自得地坐在树荫下，感受室外习习的凉风。因此，在圣经中经常出现这类表达：每个人都“坐在自己的葡萄藤以及自己的无花果树下”；他们吃饭的地方，也经常如亚伯拉罕款待天使的时候一样，是在一棵树下。“当天使们吃饭的时候，他就站在树下”（《创世纪》18. 8）。不仅如此，平滑的叶子极其美观且华丽。正如摩尔博士等人所深刻体会到的那样，植物的叶片与花、果之间的比例，具有极大的美观与雅致。这一点是得到人类普遍认同的。一个明确且不容置辩的证据就是，植物历来被用于装饰与美化宫殿与房屋。更为常见的是，建筑师多采用叶片和花果图案来修饰自己的作品；正如罗马人喜欢用叶形装饰，犹太人喜欢用棕榈树与石榴树：这些图案比五种正多面体中任何一种都出现得更为频繁，因为它们看起来更美，更加赏心悦目。如果有人提出反对，声称比例与美所显示出的优美只是一种主观臆断，一切事物在某些眼力与旁人一样好的人看来，都是同等的美丽；审美则是因时尚的变化而形成。确实，人们的喜好会因时尚和潮流而变，一切在当前看来极为美丽动人的东西，一旦过时就会显得可笑、粗笨而且荒谬无比。对此我的回答是，对于那些本身鲜有比例与对称感的事物，抑或那些表面看来美丽动人的东西而言，习俗和流俗确实会起到重大影响，促使世人抑此而扬彼。然而事物之间是存在等级的。引用摩尔博士的话[①]来说：任何人，只要他没有陷入这样一种无望的堕落状况，以至于在这些事物面前如同最低等野兽一样呆笨无知，我都敢质问

106

① 参见《无神论的解毒剂》[*Antidote against Atheism*]1. 2. c. 5.

他:是否一块切割整齐的正四面体、立方体或正六面体,并不比野外或大路上随处可见的粗砺和乱石更美观?或者,任意列举一种立体图形,例如圆锥体、球体或是圆柱体(虽然它们准确说来并非正多面体,但是也具有确定的理念与性质),看到这类物体,是否也并不比看到那些随手切割下来的毛坯石料和肆意裂开的石片更能让人感到内心的愉悦?它们在形态上也不显得更为雅致?后者是泥瓦匠随手敲下来的,而且目的只是为了用来填充墙壁中间,恰好能免于让人看到它们的丑陋。因此,显而易见,只要自然界中形成 107 的任何事物近乎达到这种几何精确性,我们都会带着更大的欢欣与喜悦去注视,并贪婪地加以收集与珍藏。比如说,它要么完全是圆的,例如古巴以及英格兰某些地方发现的球形石头;要么侧面是平行的,例如在亨廷顿郡(Huntingtonshire)圣艾埃弗(St. Ives)附近发现的那些菱形透石膏。与此相反,日常那些形状粗鄙且毫无章法的石头,我们会一概忽略,不屑一顾。不过,虽然这些物体的形状能使人类的心灵感觉到愉悦舒适,然而(正如我们已经观察到的),树木的叶、花与果实更是如此。很显然,在众多树叶、鲜花、果实与种子的空间分隔作用下,大自然体现出一种规则的形态。关于自然界中的五边形或五点式分布,洛里奇的托马斯·布朗(Thomas Brown)在其论"梅花点式"(Quincunx)的著作中给出了一些例子。只要人们善于观察,无疑还能举出其他规则图形的例子。

花朵的作用是滋养并保护最初萌生的幼嫩果实。此外我要补充一句:也是为了保护雄蕊顶端雄性的、或者说具有生殖力的种子。除了形态上的优雅之外,很多花还具有丰富多彩的颜色,以及十分美妙芬芳的气味。确实,有些花朵是如此的美丽耀眼,以至于耶稣基督曾如是说到田野里的百合花(有些人毫无根据地认为他所说的是郁金香):“所罗门王在极荣华的时期,也没有像这些花中108 的任何一朵那样装扮自己。”斯皮格尔(Spigelius)观察到[①],即使技艺最高超的画家调配出的色彩,也无法精确模拟或仿造任何一朵花朵天然的颜色。

至于植物的种子,摩尔博士[②]认为,各种植物皆有种子,这显然表明了神性的庇护:种子绝非物质随机运动的产物(实际上植物的整体构造也不是随机产生的)。种子具有重要的影响和作用,它使物种得到延续和繁衍,同时也能满足人类在艺术、工业与必需品上的需求(大量畜牧与园艺活动都依赖于此)。因此,必定是深思熟虑的行为,才会令诸多种类的植物都能结出果实。

既然种子对于很多物种的保存与数量增殖来说必不可少,那么值得注意,为了确保种子顺利成长,上天给予了何等的关照——有时甚至是双重和三重的保护。例如,胡桃、杏仁以及各种梅李之类,果实最外面有厚实的果肉层,然后是一层硬壳,再往里才是裹在双重膜内的种子。肉豆蔻的果实中除这些防护之外还另有一层外皮,即豆蔻香料(Mace),它位于绿色果皮以及直接包裹果仁的硬壳之间。不过,外层果肉或外果皮也并不仅仅是为了在果实挂109 在枝头时保护种子的安全。在果实成熟并落地之后,外果皮还能变成肥料滋养土地,从而促进植物生长——尽管并不能促进植物

---

① 参见《论植物》[*Isag. ad rem Herbariam*]。

② 参见《无神论的解毒剂》l. 2. c. 6。

种子最初的萌芽。因此,正如彼得罗·克雷森兹(*Petrus de Crescentiis*)[①]告诉我们的,农夫们用葡萄叶子或者葡萄皮给葡萄藤施肥,能促进葡萄挂果;他们还观察到,用一株葡萄藤上结出的果实或叶片来给它施肥,藤上挂果最多。这一观察对其他的树木与草本植物而言也是正确的。不过,果肉或果皮除了用于保护和促进种子的生长之外,还有一个附属作用:自然界中很多果实都能为人类和其他动物提供食物和养料。

关于种子还有一点值得注意的(这也是对神意与设计的证明):很多植物的种子上带有具冠毛的翅膀,可以迎风飘扬,并借此四散开去,传播到很远的地方。

不仅如此,大多数种子内部都有一株完整成形的植物,就像动物子宫内的幼崽一样。有些种类的种子具有精妙而复杂的结构,简直令人叹为观止;以至于任何一个具有理性灵魂的人,都无法想象或相信这种构造和叠合不是借助智慧与神意而成。不过,我之前已经提到过这一点了。

最后,一些种子极其微小,肉眼根本看不到。因此有时候,同一株植物上会结出无数多颗种子。例如,香蒲(*Tipha Palustris*)、荷叶蕨以及多种蕨类结出的种子,可能多达一百万。这有力地证明,种子的构造中凝聚着无穷的理解力与技艺。 110

引人注目的是,那些长在墙壁、屋顶和其他高处的苔藓类植物,种子是如此微小,以至于摇晃一下它们的小管,里面就会飞出一股烟雾。所以,它们要么是自行漂浮起来,要么就是借助风力轻

① 《农事》(*Agric.*)1.2.c.6。

而易举地飞上屋顶、墙壁或岩石。我们不必奇怪苔藓是如何飞上去的,也不必臆想它们是从那里自发生长出来的。

关于植物,我还想提到很多其他的具体例证。首先,由于它们是为了给动物提供食物,因此大自然给予了它们更多的关照,并为它们的繁殖与增长提供了更多的手段,使很多植物不仅能通过种子繁衍,而且能通过根系繁殖。它们可以萌生根蘖苗,或是在地下蔓延。很多植物能通过茎或者卷须在地上匍匐生长,例如草莓之类。一些植物能通过扦插或插条繁殖,还有一些能通过以上提到的多种方式进行繁殖。对于那些只能依靠种子繁殖的物种,为保证其正常繁衍,所有种子都被赋予了一种长久的生命力。如果由111 于过于寒冷、干旱或是其他偶然因素的影响,种子在第一年未能发芽,它将会保持自身的繁殖能力——我说的不是两三年,也不是六七年,而是二三十年之久。一旦妨碍种子萌发的因素消除,碰到适宜的土壤和气候条件,种子就会生根发芽,开花结果,使其物种延续下去。因此有时候,在某些地方,先前分布极广的植物会突然消失一段时间;在若干年以后,又重新出现。它们之所以消失,要么是因为季节不适于种子萌发,要么是因为土地失去了活性,再要么就是大量杂草或其他禾草植物阻碍了植物的生长,再或是因为其他类似因素的干扰。一旦这些阻碍因素消除,它们就会重新出现。

其次,某些种类的植物,例如葡萄树、各种豆类植物、蛇麻、泻根(Briony)、所有结梨果的草本植物(Pomiferous Herbs)、笋瓜(Pumpions)、甜瓜、葫芦、南瓜以及很多类似物种,由于茎干柔弱无力而无法直立向上生长。然而它们要么具有一种缠绕茎,能够攀附在附近物体上;要么长有吸盘和卷须。借助这些器官(就像人的手一样),植物可以固定自身,并在树木、灌木、篱笆或柱子上蜿蜒爬行,占据较高位置,以确保自身以及果实的成长。

其三,另一些植物有皮刺和枝刺做武器,用来防止兽类啃食幼嫩的枝叶,同时也能庇护生长在其下面的植物。不仅如此,它们因此也对人类非常有用,就好像是大自然专程设计出来,好让人营造 [112] 出便捷又可靠的篱笆与栅栏。伟大的博物学家普林尼曾独具慧眼地指出大自然在赋予这些植物武器装备时体现出的神意与设计。他如是说道:“其中(指大自然中)形成一些令人望而生畏的棘手之物,这不仅彰显了它们桀骜不驯的本性,也似乎让我们看到其用处。生物能借以免遭走兽啃啮、人手攀折或肆意践踏,以及鸟类戕害;自然赋予它们毒针与螯刺之类的武器装备,让它们用作自卫的手段。因此即便是我们所憎恶的东西,也自有其存在的理由。”

值得指出的是,在粮食作物中,小麦是最好的一种。用小麦磨出的面粉,可以烘烤出最白净、最可口且最有益于健康的面包。这种作物耐高温,也耐极寒。它不仅能在温带国家生长成熟,而且从寒冷的北部,如苏格兰、丹麦等地,直到酷热的最南端区域,如埃及、巴巴里、毛里塔尼亚、东印度、几内亚、马达加斯加等地,一切气候条件,几乎没有不适于它生长的。

此外还有一点同样引人注目,而且无疑会令我们意识到神对我们的仁慈。那就是(正如普林尼正确指出的),没有什么植物比 [113] 小麦更为丰产。普林尼写道:“大自然(准确地说,是自然的创造者)之所以赋予小麦这种繁殖能力,是因为小麦是大自然用来供养人类的主要作物。一蒲式耳的小麦,如果播散在适宜的土壤,例如非洲拜萨西恩的土地上,一年就能增收 150 蒲式耳;据奥古斯都派去的代理人汇报,此地一颗麦粒能萌发出近400株麦苗(简直令人难以置信);同样,尼禄派去的代理人也声称,一颗麦粒能萌发出360株苗。"

作为一名希腊人,普林尼可以用小麦的繁殖力来证明神灵是多么厚爱人类:神灵为了人类而对这种最可口、最有益于健康的养料给予了大量关注。那么,我们基督徒在想到这一点时,无疑也应当心怀感激[1]。

对于植物的表征(Signatures),或者说植物体上某些暗示植物内在属性的标记(Notes),有些人极力强调,并且认为这有力地证实了,某种"可理解的原理"(understanding Principle),是自然作品的最高本原(highest Original)。如果确实如此,那么我们必须确定无疑地指出,植物上有这类特意印刻上去的标记。因为我所见的前人提及或收集到的那些类似特征,在我看来似乎全都是出于人的主观臆想,而不是大自然特意为之,以便表征或指示出那些人试图让我们相信的任何属性或特征。我已经在其他地方——我认为是基于充分的理由——拒斥了那些说法;而且迄今为止,我认为没理由改变主意,因此我将继续持反对意见。然而我不否认,的确有很多有毒和致命的植物会通过外观令人不快的叶片与花果来揭示出其内在的某些属性。因此关于这个话题,我不想完全略过不谈。在此我将补充我个人观察到的一条与植物属性相关的事实(我认为其中有一定的正确性),那就是,由于神意的高明部署,每个国家生长的植物种类,对生活或栖居在当地的人和动物来说,是

114

① 摩尔博士,《无神论的解毒剂》1.2.c.6.

最合适、最便利的食物与医药。所勒曼德(Solemander)写道,依据一个地区天然生长的常见植物,就可以轻而易举地列出当地居民容易罹患的地方性疾病。在坏血病多发的区域,例如丹麦、弗里斯兰省以及荷兰等地,确实生长着大片对治疗坏血病有特效的辣根草(Scurvy-grass)。

论具有感觉灵魂的物体,即动物

接下来,我将探讨那些具有感觉灵魂的生物体,即所谓的动物。对此我将仅给出一些普遍的观察事实,而不去详细考察各个特定物种的各部分,除非是出于举例说明的需要。

首先,由于是神意的伟大设计使一切物种得以保存和延续,我将着力于考察造物者为确保这一目的而提供的大量关照。正如西塞罗所说:"需要多大的力量,才能确保它们始终与原型一致呢?"一切生物都有雌雄之分,如果不是因为这个目的,还能有什么其他的理由?为什么两性都有一种与生俱来的机制促使其产生性欲?为什么妊娠期哺乳动物体内的营养会被输送到子宫内的胚胎,而在其他时期却并不朝这个方向流动?为什么当幼崽出生后,所有的营养又会撤离先前的通道,从子宫转移到胸脯或乳房部位,而在这一时期,母兽则通常变得消瘦而且憔悴不堪? 115

除这一切之外,作为对物种的保持与延续所受关注与照护的一个有力论据和例证,我想补充一点,即,女性和雌性鸟兽体内的种子和卵,都具有长久持续的生育力。我之所以说"种子",是因为在我看来,极有可能女性以及鸟兽中的雌性个体在最初形成时,体内就蕴藏着将来要孕育的一切幼体的种子。当种子彻底被消耗完之后(无论是通过何种方式),动物就会变得不孕而且衰弱不堪。就某些种类的动物而言,种子可以持续保持生育能力,在50年甚至更久之后,通过与雄性种子的混合而焕发生机。有些鸟类的卵生育力能保持80年甚或100年。

116 在这点上,我在西塞罗书中看到了一条引人注目的观察事实,这一点不容忽视。他说道:"我们会理解到,事物无一是随机产生,一切都是神意与神圣的自然所为;一胎多产的四足动物,例如狗和猪,都具有多个乳头,而那些一胎少产的动物则只有为数不多的乳头。"

较大型的飞行动物,即鸟类,都会产卵,而不是直接生出雏鸟。这显然证明了神性的庇护,如此安排是为了保全和保护鸟类,以便它们生养更多。猛禽、蛇类以及捕鸟人都不会对其繁殖带来太深重的影响。如果它们是哺乳动物,而且一次生养同样多的雏鸟,子宫承受的负担就会极大,以至于翅膀无力支撑,这样它们就很容易为天敌所害;再者,如果它们一次只生养一两只,它们也要整年为喂养雏鸟,或者为携带子宫里的雏鸟而烦恼[①]。

117 提到鸟类喂养雏鸟,又让我想起了两三条值得一提的相关的观察记录。

首先,鉴于鸟类采用乳汁喂奶会有诸多不便,而且雏鸟出生时饮食上骤然发生剧烈变化,即便不会致使雏鸟死亡,也会造成诸多不便。雏鸟摄入的营养突然从液体食料变为固体食物,其胃部的

① 摩尔博士,《无神论的解毒剂》,1.2.c.9.

消化能力还需要逐渐加强。只有通过在使用中不断碾磨和塑造，幼嫩柔软的肌肉才会变得适于吸收那些坚硬的固体食物。此外，雏鸟还需要一点点地习惯用喙来叼取食物。一开始它只能极其缓慢而且笨拙地完成这项工作；因此，大自然为每一颗卵都提供了一块极大的卵黄。在雏鸟孵化出来后，大部分卵黄会留在雏鸟体内，隐藏在其腹部，并通过一条特意形成的通道逐步被肠胃吸收，在相当长一段时间里替代乳汁为雏鸟供应养料；与此同时，雏鸟也需要试着用嘴巴进食。最初每次吃一点，随后慢慢增加。到此时，它的能力已经较为完备，也更习惯于摄取肉食。胃部的消化能力增强了，可以软化并消解食物；肌肉也变得结实，适于肉食的滋补。

其次，鸟类在喂养巢中的雏鸟时，虽然它们很可能并不具备计算雏鸟数目的能力，但是它们不会忽略或遗漏任何一只雏鸟（它们每次只能带回一点食物，而窝里的雏鸟总共不下于七八只。那些 118 小鸟一见到亲鸟回来，就全都热切地伸着脖子，嘴巴长得大大的），而是一只不落地逐个喂食；除非它们确实认真观察并且牢牢记住了哪些是已经喂过食，哪些还没喂过，否则是不可能做到这一点的。在我看来，这种行为极其奇特且令人叹赏，远非单纯的机械运动所能解释。

我将再列举一个事实来说明，鸟类虽然不具备真正的计数能力，但却能够区分多少，而且知道何时接近了一个特定数目。具体表现为：当鸟类产下的卵已经达到一定数目，正好便于它们覆盖在翅膀下进行孵化时，它们就会停止产卵，开始坐蛋。这并不是因为它们一定要确定在这个数目——很明显情况并非如此，因为它们有能力继续产卵，乐意产多少就产多少。就拿母鸡来说，如果你每天将它们的蛋取走,它们会继续生蛋,比原本可能生产的多出四倍(不过有些母鸡很狡猾,如果你只给它们留下一个蛋,它们会拒绝在那里生蛋,并抛弃原来的窝)。这种现象在家养与驯化的禽鸟中十分常见,因此有人可能会认为这是圈养的结果。但同样情况也出现在野生鸟类中。我那位德高望重的朋友马丁·李斯特博士 119 (Dr. Martin Lister)告诉我,他本人观察到,同样一只燕子,每天取走它的蛋,它会连续生出 19 个蛋,然后停止;我在其他地方也曾提到这一点[①]。

既然说到了鸟类产蛋的数量问题,那么请允许我再说两句题外话,补充一条与之相关且极为引人注目的观察记录。那就是,鸟类以及那些生长年限较长的卵生动物,一开始体内就孕育着很多卵,可以供它们生产很多年(很可能是其整个有生之年),每年生下一定数量的卵,孵出一两窝雏鸟;反之,那些一生仅生养一次的昆虫,则会一次性产下所有的卵,绝不会生产很多次。如果说这些都是受到机会的支配,我实在看不出有什么理由情况总是如此。

其三,鸟巢中的雏鸟在亲鸟抚养下,会以令人难以置信的速度成长,直到羽翼渐丰,几乎完全长成大鸟。在短短 14 天左右的时间里,它们就能达到这样的程度。这在我看来是对神意的一个明证:如此安排正是为了保全它们,使它们不致长时间处在危险的境况下。因为在此期间,万一被任何天敌发现,它们根本没有能力逃离或转移。

我们或许还可以得出一个同样有力的证据,那就是鸟类在孵

---

① 见《威路比的鸟类志》(*Mr. Willughby's Ornithology*)序言。

化和抚养雏鸟的过程中受到的关照与保护：首先，它们要寻找一个隐秘而安静的地方，在那里它们可以安全无忧地孵蛋；随后，它们各自按照自己的方式筑巢，让鸟蛋与雏鸟舒服而暖和地躺在里面，以便于雏鸟的出生与成长。有些鸟巢十分精巧，人工很难模拟或仿制。我曾见过一种印第安鸟（Indian Bird）①，它的巢结构极其巧妙，上面那些纤维——我想是某些植物的根部纤维——奇特地编织在一起，着实令人惊叹不已。鸟儿们将巢穴悬挂于垂在水面上的嫩枝末梢，确保它们的卵和雏鸟不会被大猩猩、猴子以及其他可能以此为食的野兽掠走。它们产下蛋之后，就极其安静而耐心地坐等雏鸟孵化出来，几乎不曾给自己留出一点飞出来觅食的时间。一种极其虔诚而热切的坐蛋欲望激励着它们，以至于如果你拿走所有的卵，它们仍会继续坐在空空如也的巢穴里——我们可不会觉得坐着孵蛋是什么很享受的工作。 120

有时候，雏鸟被孵出来后，亲鸟几乎始终将其护卫在羽翼之下，以免雏鸟受寒——有时也可能是受热。与此同时，亲鸟还要勤勤恳恳地劳作。它们为雏鸟四处觅食，然后把食物从自己肚子里吐出来给雏鸟。亲鸟宁可把自己饿得半死，也不肯让雏鸟吃不饱。除此以外，我们还观察到一点令人惊叹的现象：在这一时期，亲鸟表现出极大的勇气，它们甚至会冒着生命危险去保护雏鸟。最胆怯的禽鸟，例如母鸡和雌鹅，在此时也会变得极其勇猛，以至于胆敢直接冲向一个想要戏弄或惊扰它们幼崽的人。如果是出于自 121

① 可能是指缝纫鸟类（weaver family）中任何一种，它们大多以这种方式筑巢。——译者

卫,它们绝不会采取这种行动。这违背了一切有意识的行为,抑或自我保全的本能。如此明显的自我牺牲行为,只能是神意使然,其目的就是为了保全物种的延续,并维持世界的稳定。尤其是,我们可以想到,亲鸟将一切心血付诸一件事物,而对方却毫不知情,因此它们既得不到丝毫感激,也收不到任何回报与补偿。然而当雏鸟逐渐长成并且能自己行动后,亲鸟对它就没那么多感情(sorlē)了。亲鸟会像其他同类一样攻击它,毫无感情地啄它,而不再关心它。

除此以外,我将再补充三条与此话题相关的观察事实:

第一条是从古德沃斯博士那里借来的[①]。这一点对于物种的保全至关重要:世界上雌雄两性个体的数量比例始终保持稳定。由此可推出,其中必然存在神意的监督。因为如果仅依赖于机械定律,即使再好的设计,也难免在某个时期出现全都为雄性或者全都为雌性的情况。这样一来,物种就会衰亡。因此,我们想不出更122 好的理由,只能说其中存在一种神意,它凌驾于"具有塑造力或生殖力的自然"[②]之上,而自然本身并不具备如此丰富的知识与判断力,也无从控制这类现象。

第二条出自波义耳先生的著作[③]:季节(或时令)给动物的生产提供了极大便利,在这个时期,上天为它们准备了充足的食物与

① 见《体系》,第69页。

② "*Plastick or Spermatick Nature*",古德沃斯的"塑造力"理论意在允许自然界中存在神性干预,同时又有随机事件产生。包括雷在内,很多人认为这一理论并不十分具有说服力。——译者

③ 《对源于神的人类理智的高度尊敬》(*Treatise of the high Veneration Man's Intellect owes to God*),第32页。

娱乐活动。“因此我们看到，按照大自然通常的运行轨道，羊羔、小孩以及很多其他生物，都是在春季出生；这个季节有大量嫩草和其他营养丰富的植物供它们食用。类似情况也可见于丝虫的生殖（事实上还有所有其他的毛虫，以及更多的昆虫），依据大自然的体系，它们的卵孵化之时，正好是桑树开始暴芽并萌生新叶的时期，那些幼小的昆虫便以此为食：养料幼嫩可口，丝虫们也尚弱小；随着桑叶逐渐变得大而厚实，丝虫们也将越来越强壮有力。”

在此基础上，我将额外补充一个例子：黄蜂要一直等到夏至之后才开始繁殖，只有极少数是在6月之前（有人倾向于认为年初的太阳更富于生命活力，其热量会更快地促使黄蜂进行繁殖。我所说的可能会让他们听了不高兴，因为每个蜂巢都始于一只巨大的“母蜂”，它之前隐藏在一些中空树干或其他病巢［Latibulum］中 123 越冬），因为在这时，而且一直到此时，它们主要食用的那些梨和梅李之类水果才开始成熟。

第三条是我本人观察到的：一切昆虫，凡是不亲自喂养后代，也不事先为其储备粮食的，就会把卵产在一些特定位置。这些地方要么最便于幼虫出生，要么在幼虫孵化出来后就有足够的食物等着它们。例如，我们看到，有两种白蝴蝶把它们的卵固定在卷心菜叶子上，因为菜叶对于即将出生的小毛虫来说是合适的养料。要是它们把卵产在一株不适于它们食用的植物叶片上，那些小毛虫就注定要消亡——它们宁愿饿死也不会品尝这些植物。因为那种昆虫（我是指毛虫）具有一种敏锐而微妙的味觉，有些毛虫仅以一种特定的植物为食，另一些确实具有多食性，但是也只食用那些具有相同性质和属性的植物；它们从根本上拒绝那些具有相反性质的植物。

类似例子也可见于其他类属的昆虫;所有昆虫都始终如此,只要没有受到制约或监禁,它们就会有选择地将卵产在一定的地方。在那些地方,它们的卵极少会消亡和流失,而且幼虫一旦孵化出来,就能从周围获得所需的养料来源。反之,如果它们粗心大意且124漫不经心地随处产卵,大部分幼虫极有可能一出生就因食物匮乏而死亡。由此它们的数量将持续减少,整个物种不出几年就会濒临灭绝。不过我敢说,自世界最初创生以来,还从未发生过这类事情。

在此有一点非常引人注意的是,有一些昆虫,大自然并没有给它们的后代提供充足的粮食,但是它们自己会收集储备。就拿蜜蜂来说,其幼虫(即蜂蛆)最适宜的食物就是蜂蜜,偶尔也可能是蜂胶(erithace,我们英格兰人称之为蜂粮)。这两种食品在任何地方都不可能天然形成,也不可能积聚出足够供养幼虫的量。这些都是蜜蜂依靠自己不知疲倦的辛勤劳动得来的,它们在花间来回飞舞,采集花粉并将其储备起来。

在这点上,我将补充列文虎克先生的一条观察陈述。这一陈述是关于某些种类昆虫的骤然生长,以及其中的原因。

据他说,这是一件奇妙的事情,而且值得我们去观察:食肉蝇(Flesh-Flies),也就是一种蝇蛆,在孵化出来后,只需5天时间就能长成成体,并完全达到成熟。如果它从出生到成熟所需的时间长达一个月甚或更久(这对某些其他种类的蛆来说是必需的),那么在夏至前后,就不可能产出一只苍蝇。因为蝇蛆没有能力去搜125寻食物,只能坐享父母生它们时事先预备好的食物。这种食物可能是鱼肉,抑或是暴尸野外的野兽的内脏,在炽烈的阳光炙烤下最多只能持续几天为食肉蝇提供合适的养分,随后很快就会被烤焦,变干。因此最睿智的造物者赋予食肉蝇这样一种天性和体质,让它们在极短的几天时间里达到成体阶段。与之相反,其他蝇蛆,由于不存在这种食物匮乏的危险,将会延续一整个月甚至更久才会结束进食,停止生长。进而,列文虎克告诉我们,他每天给一些蝇蛆投喂新鲜的肉类,结果它们在 4 天时间内就达到了成熟。因此他猜想,在夏季高温下,苍蝇的卵(或者说里面的蛆虫)或许无需一个月时间就能经历全部变化过程,并转变为成体苍蝇,进行下一轮产卵。

其次,我将指出动物的各种奇特本能;这无疑表明它们的行为受到一个睿智的监管者引导,而这背后的目的是不为它们所知的。

具体论述如下:1. 所有的生物都知道如何保护自己,以及如何攻击敌人;它们知道自己天然的武器在哪里,也知道如何使用这些武器。小牛会摇晃它的脑袋,就像在用双角向前冲刺,即便它的角还没有露头。野猪懂得利用它的獠牙;狗会利用它的牙齿;公鸡会利用它爪上的距;蜜蜂懂得用刺;公羊则懂得用头抵撞,即便它从小就被圈养,也从未见识过那种战斗方式。 126

2. 一些弱小的动物既没有武器,也缺乏战斗的勇气,但是在大部分情况下,它们具备灵活快捷的腿脚或翅膀,而且生性极其胆小,它们不仅愿意、也能够靠逃逸来求生。

3. 家禽、松鸡以及其他鸟类一旦看到猛禽出现,就会马上发出一种特定的叫声,以此来提醒雏鸟,让它们迅速躲藏起来。羊羔知道狼是它的天敌,哪怕它之前从未见过狼——大多数博物学家都理所当然地认同这一点，就我所知这可能也是真的。这种现象证实了大自然提供的庇护，或者更准确地说，是自然之神的庇护：他为保证动物的生存，而给了动物们这样一种本能。

4. 小动物一出生，就知道食物在哪里。比如说，靠乳汁喂养的动物会自动找到乳头并开始吮吸，而那些生来就不需要这种营养的动物，就绝不会试图去吮吸，抑或去找寻这类食物。

此外还有5：那些全足(whole-footed)或蹼趾的生物，例如一些鸟类和四足动物，生来就是要下水去游泳的。因为我们看到，一群小鸭子，即便是由母鸡孵化并且带大的，只要母鸡把它们带到河岸或者池塘边，它们就会马上离开母鸡，跳进水去，哪怕它们从未见过这类行为；也哪怕母鸡咯咯叫唤着竭力想让它们留在岸上。普林尼曾注意到这种情形，他在《博物志》第十卷第五十五章中提到母鸡时如是说道："有一件事比其他所有事情都更令人惊奇：让一只母鸡来孵化鸭蛋，起先母鸡完全识别不出新生的小鸭；然后母鸡会发出焦虑的召唤，试图翼护这些古怪的子女；最后，当小鸭们受天性引导，自顾扎进水中去时，母鸡只能停驻在池塘边哀鸣。"由此可见，动物身上各部分都自有其用处，而且动物本身也能领会到这种用途。因为，不会有任何一种蹼足的禽类长久生活在陆地上或是畏惧下水，也不会有任何陆禽试图去游水。

6. 同一种类的鸟类，在筑巢时会采用同样的材料以及同样的建构方式，而且巢穴外形完全一样。因此通过鉴定鸟巢，我们就可以确定地弄清它属于什么鸟。即使生活在相距遥远的不同国度，而且从未见过、也不可能见过任何筑好的巢(也就是说，即便它们被从窝里取出，由人类抚养长大)，它们也能做到这一点；在我们观察过的鸟类中,同种鸟类绝不会筑出不一样的巢。这种一致性,再加上鸟巢奇特而精妙的构造,以及各种鸟巢相应为建筑者的栖居、孵卵活动以及卵和雏鸟的安全带来的舒适与便利,足以有力地证 128 明,在鸟类及其他动物的天性背后,有一位更高的作者。他赋予动物本能,使它们的行为看起来就好像是为了达到某些目的。而就我们目前所能察觉到的而言,动物本身并不会朝向这些目的行动,它们只是被引导向这个目的。因为(正如亚里士多德所观察到的),它们的行动不依靠任何技艺,它们也不需要这样,而且它们无需考虑自己的行动。因此,古德沃斯博士说得好:它们并没有自主地表现出那些行为所依据的智慧本身,而只是服从于印刻在它们身上的本能与特征。事实上,如果我们确认野兽在表现出这一切行为时具有自我意识,而且是自主的(且无需经过深思熟虑和认真商榷),那样一来似乎就给予了它们一种远远高于人类理性的、更完善的智力;然而很显然,野兽并非凌驾于神的安排之上,而是处在其下;它们所体现出的自然本能,无非是降临于它们身上的一种天命。

鸟类依据季节变换而迁徙,要么从炎热地区飞往凉快的国度,要么从寒冷地区飞回暖和的国度。其天性就是这样,我也不知该如何解释这种奇特而令人诧异的行为。是什么驱使它们转移栖息地?你可能会说是因为气候不适合它们的体质,或者是食物匮乏。然而它们会年复一年地飞往同一个地方,有时虽然只是极小的一 129 个岛屿——例如塘鹅(Soland Goose)每年都飞往爱丁堡海湾的贝斯岛(Basse),岛屿小得它们可能根本看不清,但却丝毫不影响它们返回那里,这又如何解释呢?寒冷或炎热的天气或许有可能驱使鸟类朝相反方向直线迁徙，但是怎么可能促使陆禽冒险穿越一片极其辽阔、几乎看不到尽头的海洋呢？这确实奇怪而且令人费解；有人可能认为，看到无边的海水，想到溺水的危险，它们应该会克服体内的饥饿感以及气候条件带来的不适。此外，它们是如何熟练地找到通往不同栖息地的道路？在罗盘仪发明之前，连人类都很难做到这一点。而且正如我之前提到的，在相隔如此遥远的地方，它们根本看不清那些目的地。比如说，我们会认为鹌鹑能看清地中海的对岸吗？可是很显然，它们能从意大利一路飞到非洲。很多时候它们在远航的船只上停歇，以便在飞得精疲力竭时休息片刻。这样四处迁徙，对它们来说无疑非常不便，但是我们看到，它们偏偏要这么做；这种事看起来是不可能的，除非鸟类本身具有理性，或者是受到一种高级的智慧因素的指引和支配。

类似的还有各种鱼类的迁徙。例如大马哈鱼每年都从海洋往130河口上溯，有时洄游长达四五百英里，仅只是为了产卵，产完卵后还要在沙堤上守护，直到鱼卵孵化成小鱼或是被摒弃，它们才会返回大海。这些生物在浩瀚的大海中漫游很长一段时间以后，竟然能重新找到同一条河流的河口并赶往那里，这在我看来极为奇特，如果不诉诸本能和一种更高级因素的指引，几乎是难以解释的。

鸟类没有牙齿来咀嚼和加工食物，因此，为了更便利地磨碎胃部或是砂囊里的食物，它们会吞下少许卵石或其他硬物。不过，由于并非所有东西都适于这一目的，它们会首先用喙视察一番，逐一检视这些东西是粗糙的，还是有棱有角的。如果它们发现眼前的东西不合适，它们就会弃之而去。当硬物在胃里被打磨光滑，或是因体量太小而不足为用时，鸟类就会将其排出，另寻其他材料。无疑，这对于鸟类消化体内的食物有很大帮助。我曾观察到，长期被豢养在室内的鸟儿，由于无法找到小卵石，产下的卵蛋黄颜色会发生改变，比那些自由自在生活在外面的同类所产的蛋要浅得多。

除此以外我还观察到，很多鸟类的食道在与砂囊相接处明显更为粗大，外壁也更厚。或者说，这段食管看上去就像是小颗粒状 131 的一样，上面具有大量小腺体。每个小腺体上都有排泄管，只需轻轻按压一下，就能从中挤出一些汁液或半流质的东西。这种东西起到的作用，就像四足动物的唾液一样，能将食物泡软并分解成食糜。因为，唾液虽然淡而无味，但却具有一种显著的属性，也就是将物体软化并分解。具体效果表现在，唾液能使水银失去毒性(killing of Quicksilver)，能像酵母与发酵剂一样使生面团发酵，还能消除瘊子并治愈其他一些皮肤病；有时也会使下颚形成溃疡，并腐蚀牙齿。

请允许我额外补充一条有关鸟类的具体事例——有人可能会认为这过于家常，也过于琐屑，不该在这样一篇论著中提到；然而这并不亵渎自然界中的神意，而且其本身的目的是为了保持清洁，有些伟大的人物也认为这是值得引起注意的，因此我无需感到难为情——那就是，在一段时期内，鸟巢中幼鸟排出的粪便极其黏稠，以至于裹成一大团，外面就好像包着一层薄膜一样。这样就非常便于亲鸟用喙叼起粪球，将其清理出去。除此以外，出于一种奇怪的本能，雏鸟在排泄时通常将尾部高高地抬起，从而总能成功地将排泄物从巢穴边缘清理出去。由此可见，为了保持巢内的洁净， 132 这里存在双重的保护机制。要是巢穴被粪便弄脏，最终必然会导致雏鸟生病死亡。

7. 蜜蜂是一种再低级不过的生物,没人会认为它具有任何值得称道的理解力,抑或懂得任何目的,更不用说表现出任何目的性行为。但是,蜜蜂能制造出精确符合几何学规律的蜂巢和巢室。因此,它的行为必定是出自一种本能——从睿智的自然创造者那里得来的一种与生俱来的本能。首先,蜜蜂将蜂巢与巢室均设定为垂直向下,巢室之间尽可能紧密贴合。它从最上面开始建起,然后一路往下。这样,蜂房里的空间就不会浪费,蜜蜂也能方便地进出所有的蜂巢与巢室。除此以外,蜂巢被建造成双层结构,也就是说,上下两边都有巢室,中间的底板或隔墙是共用的。再没有比这更便于收藏和储存蜂蜜的构造模式。蜜蜂将各个巢室也建造得极其精巧,而且完全符合几何标准。著名数学家帕普斯[①]在《数学汇编》(*Mathematical Collections*)第三卷序言中业已证实了这一点。他在谈到巢室时如是说道:首先,它们所采取的形状,十分便于彼此间紧密贴合;它们具有共同的侧面,要不然中间就会留下空隙,这些空隙不仅无用,而且万一有什么东西闯进去,还会危及整个工程的稳定性,并造成损坏。

133 因此,尽管圆形设计能容纳最多的蜂蜜,并且最便于蜜蜂进出,但是蜜蜂并没有选择圆形。原因在于,那样必定会留下许多三角形空隙。满足需求的只有三种直线等边图形(不等边或是杂乱无章的图形,必然使得蜂巢看起来不那么精致漂亮,各个蜂巢也会显得大小不一)[注:等边图形就是各边以及各个角均相等的图形。] 这三种等边图形,分别是正三角形、正方形和正六边形。因

① Pappus of Alexandria,公元前4世纪的希腊数学家。——译者

为任意一点周围的空间，都能被 6 个等大的正三角形、4 个等大的正方形，以及 3 个等大的正六边形完全填充。相比而言，3 个正五边形将会太少，3 个正七边形则又太多。在三种合乎要求的图形中，蜜蜂之所以采用正六边形，首次是因为在界域相同、耗费的建筑材料也相等的情况下，正六边形结构比其他两种容量更大；其次也是因为，正六边形结构最便于蜜蜂进出；其三是因为，如果采用其他构造，会有更多的角与边汇集于同一点。这样一来，工程也就没那么牢固结实了。不仅如此，蜂巢是双层的，位于隔板两边的巢室形成一种独特的排列方式，使得巢室的角正对着另一边巢室的底部中心，而不是角对角；这必然也有助于维持工程的牢固与稳定性。

蜜蜂在巢室中填满蜂蜜，以备越冬之需，并以一种奇特的方式，用厚厚的蜜蜡封住入口，防止里面的液体泼洒出来，或是为外 134 界因素所毁。波义耳先生曾见证过这一点[①]。

我还观察到，另一种蜜蜂，可能叫做“树蜂”(Tree-Bee)，它在保护幼蜂上表现出令人惊叹的勤勉。首先，它在腐烂或枯死的树木上挖出一个圆形的拱顶或是中空的(Cuniculos)洞穴，纵深极大。在里面，它建造或构建出圆柱形的巢穴或蜂室。蜂室的形状好比一个暗盒(Cartrages)，或是一个极狭窄的顶针，只是比例上更长一些。这种蜂室由蔷薇或者其他植物的碎叶构成，树蜂用口器将植物的叶片撕碎，然后用某种胶状物质将碎片紧密地编织并黏合在一起。它在蜂室里填充了一种红色的半流质食物。这种食

---

① 见《论终极因》(*Treatise of Final Causes*)，第 169 页。

物看起来比煎膏剂(Electuary)还要稀软,味道闻起来不佳。我也不知道它是从何处收集来这些东西。最引人注目的是,树蜂构建蜂室并在里面储备好食物之后,才会孵化幼蜂,甚至直到此时才开始产卵。它将卵产在半流质食物的上面,然后用一层叶子封住通道。封在里面的卵很快就会变成幼虫,或者说是蜂蛆。它们以蜂室内的半流质食物为食,直到达到成体,变成蛹,最终蜕变成蜜蜂飞出来。

还有一种昆虫,它似乎以勤勉而著称,在冬天到来之前它会储备大量粮食,因此所罗门王曾建议那些懒人向它学习[①]——这种昆虫就是蚂蚁,蚂蚁囤积谷粒以备越冬之需,这是一切博物学家所公认的。有人还声称蚂蚁会咬掉谷粒的胚芽,以免谷子吸收土壤中的湿气而发芽[②]。我认为这只是一种臆想。至于前一种说法,如果不是因为圣经的权威,我也不敢苟同,因为我从未观察到我们本地的蚂蚁有储存谷粒的现象。

然而有一种四足动物,就连普通人都注意到,它具有储备冬粮的习性。这种动物就是松鼠,我们经常能找到它们四处搜刮并储藏起来的松果。

据可信的目击报告,河狸确实能为自己建筑房屋,以便获得安全越冬的栖身之所[③]。

除以上所谈到的以外,在相关书籍,尤其是自然方面的书籍

① 《箴言》6:6—8:"懒惰人哪,你去察看蚂蚁的动作,就可得智慧。蚂蚁没有元帅,没有官长,没有君王,尚且在夏天预备食物,在收割时聚敛粮食。"——译者

② 见普林尼《博物志》,1.11.c.30.

③ 见波义耳先生《论终极因》,第173页。

中，还能找到100多条其他的事例。例如，狗在生病的时候会通过吃草来使自己呕吐；猪一旦感觉不适就会拒绝进食，靠禁食来恢复健康；朱鹮(Ibis)能教人如何施行灌肠法(Clysters)[①]；野山羊中箭后会借助“苦牛至”的作用来拔除箭矢并治愈伤口[②]；燕子依靠白屈菜[③]恢复视力等等。对于有些事例的真实性，我并不是十分满意，因此我就不多说了。

其三，我要谈谈上天对生灵的爱惜：它保护弱小者以及那些易于受到伤害的生物，同时防止那些有毒、有害的东西四处扩散。这证明了神性的力量与神的庄严宏大：他创造出如许多样的动物，其中既有庞大的，也有微小的，既有强壮勇猛的，也有孱弱胆怯的；这同样也有力地证明了神的智慧：他赋予动物以不同的装备，以及使用装备的能力与技巧，让它们得以保护自己免受攻击与伤害。有一些较弱小的动物，例如兔子，会在地下挖掘拱顶和洞穴，以便保全自己以及幼崽；另一些则用硬壳武装起来；还有一些具有针或螯刺。剩下那些全然没有武器的动物，则生来就极其敏捷，或是身含毒性；此外它们的眼睛也极其不同寻常。例如，野兔能丝毫不差地 136

① 见普林尼，《博物志》第8卷第27章。据说朱鹮能将喙插入肛门，往里注水，从而缓解肠道不适。——译者

② “Goats of Dictamnus”，即 *Origanum dictamnus*，为克里特一种本土植物，也被称作 Diktamos，Hop Marjoram，或者 Dittany。民间视之为一种有疗效的草药，顺势疗法中经常用到。这种野山羊是克里特独有的山羊 Kri Kri，也叫高地山羊(aegagrus creticus)。——译者

③ *Chelidonium majus*，据说这种黄色的花朵能恢复视力。白屈菜的英文名 Celandine 源自希腊语中的燕子(chelidòn)，原因有两点：其一，白屈菜在燕子刚刚飞回时开花；其次，人们相信这种植物具有医疗作用，将其汁液滴入小鸡的眼睛里，可改善小鸡的视力。——译者

留意到前后两侧的动静，因此它们总能看到天敌的一举一动；它们还有一对中空、能灵活转动的长耳朵，可用来接收和传达最微弱的声响，或是从远处传来的声音。这样，它们就不会在天敌来临时措手不及或是疏忽大意。

不仅如此，引人注目的是，就野兔以及家兔而言，它们的后腿肌肉相对于身体其他部分或是其他动物的腿部肌肉来说，显得格外的大，就好像是特意生成这样，以便迅捷矫健地逃离众多一直对它们虎视眈眈的天敌之口。另外要补充说明的是兔子后腿的长度，这种特征也给它们带来了很大优势。朱兰·巴恩斯夫人(Dame Julan Barns)曾在一段以诗歌形式写成的古老对话中指出这一点，对话发生在猎手与他的主人之间：这个人问他的主人，为什么野兔在筋疲力尽时就会往山上跑；主人回答说，大自然使野兔的后腿生得比前腿更长，借助于此，它就能更轻松地往山上爬。狗的四肢长度相等，因此会被甩在后面。很多时候，野兔都能逃之夭夭，免遭一劫。我必须承认，最后这条观察记录，是我从我那位可敬的朋友奥本雷(Mr. John Aubrey)论著中借鉴来的，他很乐意地让我拜读了他的著作。

在此我还要补充一些有关欺骗与伪装的现象。借助于这些手段，那些胆小的动物可以保全自身，并逃避捕食者。不过，我有些怀疑某些故事和传说的真实性，因此我将仅探谈我本人时常观察到的情况：一只鸭子，在一条穷追不舍的水犬威逼下，一头扎进水里以便逃命(如果不是被追得太急，眼看就被逮住了，它是绝不会这样做的，因为这对它来说是痛苦而且艰难的)；当它再次出现时，它并没有把整个身子露出水面，而是仅仅探出嘴巴，以及部分脑袋,其他地方仍停留在水下。这样,在它完全喘过气来之前,那条四处搜寻的狗就不会发现它。

至于羊,它们并没有天然的武器或手段来防卫或保护自己,既无擅长跑步的蹄子,也没有用来刨洞的爪子。因此它们被托付到人类手上,由人类来照看与管理。它们为人类提供各种生活所需,并从人类那里得到食料和保护。这样它们就能安然地生活一段时期,并在人类的照管下繁衍后代。因此可见,没有任何一种动物缺乏保存自身及其物种的手段。这些手段是如此有效,以至于尽管人类以及其他野兽千方百计地竭力去消灭它们,迄今为止历史上提到过的物种也不曾有哪一种销声匿迹。因此毫无疑问,起初被创造出来的那些物种,也没有一种灭绝的。 138

再来说那些猛禽以及肉食性动物,有一点颇为引人注目:亚里士多德观察到,"具有钩状爪子的鸟类从不聚群而居"。任何猛禽都不是群居性的。此外,这些动物"生养很少"。它们大多只养育一两只幼鸟,或者至少是每次只生养极少的几只;与之相反,那些孱弱胆怯的动物通常生养众多,或者,如果它们一次只生养一两只,就像鸽子那样,它们也会通过频繁的繁殖来予以补偿。比如说,全年中每两个月繁殖一次,每次仅抚育两只;通过这种方法,就能保证物种的延续。

不过,说到那些肉食性动物的生存之道,有一点值得注意的是,由于猛禽在捕猎时并不总能如意,难保哪天会失手,因此大自然给了它们持久忍饥耐饿的能力。当它们侥幸捕到一只猎物时,它们会贪婪地暴食一顿,这样就足以在相当长一段时间内维持体内营养。 139

其四，我将指出动物身体各部分与其天性及生活方式的严格匹配。一个显著的例子就是猪，我们都很熟悉这种动物。因此，我所观察到的现象，对所有人来说都是显而易见的。对猪来说，天然适合于它的食物以植物根系为主。因此它被赋予了一个长而有力的长鼻子：鼻子长，是为了让它能将嘴插进地下足够深的地方，同时又不伤害眼睛；结实有力的独特构造，则是为了便于拱土和翻找。除此以外，猪还具有一种显著的敏锐嗅觉，以便于它搜寻那些适于它食用的植物根系。因此，在意大利，通常寻找和采集块菌或地下蘑菇（意大利人称之为 Tartusali，拉丁语名称为 Tubera terrae）的办法，就是在猪的后腿上系一根绳索，把它赶到通常出产这类蘑菇的牧场上。人跟着后面，观察猪在哪儿停下脚步并开始拱土，在那里挖掘，肯定就能找到松露；人们挖到松露后，就会把猪赶 140 开，继续往前搜寻。我曾亲眼见到，在一些牧场上能找到花生的园地周围，尽管花生的根掩藏在地下深处，地上茎早就枯死了，但是猪凭借气味就能轻而易举地找到这些地方，并且专挑有花生的位置拱土。

猪在地上拱土的事，又令人想起另一个类似的例子，那就是海豚，它的英文名 Porpesse，顾名思义就是"猪鱼"（Porc pesce）。这暗示着它与猪相似，无论是在鼻子的力量上，还是在借助拱土来觅食的方式上。我们解剖过一只海豚，发现它的胃里充满了沙鳗或玉筋鱼——那些小鱼大部分时候都藏在很深的沙子底下，只能通过翻拱或挖掘才能把它们找出来；在康沃尔，我们曾看到，当海水退潮时，乡下人用特制的铁钩插进沙子底部，把沙鳗从里面勾出来。

不仅如此，猪身上还有一种遭人厌恶的行为，也就是在泥沼中打滚。正因为此，猪被视为一种不讲卫生、不洁净的动物。然而这种行为，恰恰是大自然中一种非常有益且有用的安排：这不光是为了降低体温，因为干净的水一样也能（或者说更能）解暑，而且在夏日里，泥浆和泥沼也通常是暖热的；更主要的是消灭和淹死虱子、跳蚤之类纠缠不休的臭虫，对猪来说，那些寄生虫不仅讨厌，而且有害于它的身体。出于同样的原因，一切家禽以及各种其他鸟类，141 在夏天以及炎热气候下都会在灰尘中沐浴，这对所有人来说都是显而易见的。

我将要提到的第二个例子同样十分引人注目，这个例子出自摩尔先生的《无神论的解毒剂》第 2 卷第 10 章，里面谈到一种可怜而可鄙的四足动物——鼹鼠。（他说道）首先，鼹鼠居住在地下，周围看不到任何东西。很难说大自然有没有赋予鼹鼠眼睛，甚至它到底有没有视力，博物学家们都很难达成共识。据我们观察，鼹鼠具有完好的眼睛，在其眼睛生长的地方，皮肤上还形成了一个孔。因此任何人只要认真搜寻，就能清楚地看到鼹鼠的眼睛，尽管事实上它们极其微小，不比一个大号的针头更大。不过，为了补偿这一缺陷，以便鼹鼠能保护自己并防御敌害，上天赐予了鼹鼠一项突出的能力：敏锐的听觉[无疑，鼹鼠的地下通道就像柱子一样，能够将很远处的声响传送过来]。此外，鼹鼠的尾巴和后肢都很短，前肢却很宽阔，上面还长有锐利的爪子。在紧急情况下，我们会见识到这些装备的作用：鼹鼠在地下行动十分灵敏，眨眼间就能钻入土中，令观者惊叹不已。鼹鼠的后肢很短，因此它无需挖得太深，就能完全将扁扁的身子没入土中；它的前肢宽阔，一次就能刨出大量

的土；它的尾巴也很细小，或者说压根没有尾巴，因为它无需像老
142 鼠那样在地面上行进，而是生活在地下，它习惯于刨个洞让自己待在那里；它要穿过土壤这样一种厚实的物质，这可不像在水中或空气中穿行那么容易；要是后面拖着一条长长的尾巴，对它来说必然会相当危险。因为在它完全钻进洞里之前，它的天敌会一把揪住它的尾巴把它拖出去。因此，还有什么能比鼹鼠更好地证明神意的存在呢？

四足动物中或许还有另一个例子，那就是小食蚁兽（Tamandua）或大食蚁兽（Ant-Bear）[①]。马克格雷夫和皮索[②]都有相关记载，据他们说，这些动物是夜行者，而且在夜间觅食。在驯养条件下，它们食用肉类，但是必须是切碎的小块。因为它们不仅有着纤细的尖脑袋与长鼻子，而且长着一张狭窄的嘴巴，没有牙齿；它们的舌头从粗细上来说就好比一根较粗的鲁特琴琴弦（Lute-string，与鹅毛管一般大小），就长度而言，较大的那种（食蚁兽分两类）舌头超过两英尺，因此只能叠合在下颚之间，形成一根管子。在饥饿的时候，食蚁兽会将湿润的舌头伸出来，搁在树干上，等到上面爬满蚂蚁再突然收回嘴巴里；如果蚂蚁藏在地下较深处，食蚁兽无法直接捕捉到，它们就会用结实的长爪子将土堆扒开。这正是它们前肢的用处所在。由此可见，食蚁兽身体的各部分，都极其适于它
143 们的这种饮食习惯，而不是其他的饮食习惯；无论是在捕食还是进食过程中，它们都不需要用牙齿来咬碎食物。变色龙也是如此，就

① 即巴西的 *Myrmecophaga jubata* 或 tamandua guaçu。——译者

② Georges Marcgrave(1610—1643)和 Willem Piso(1611—1678)合著《巴西博物学》(*Historia Naturalis Brasiliae*)，出版于 1649 年和 1650 年。——译者

这方面而言，它是另一种效仿食蚁兽的四足动物：它的舌头能弹出来很远，并且速度极快；目的也同样是为了捕捉昆虫。

除了这些四足动物之外，还有一整个属类的鸟，即所谓的啄木鸟(Pici Martii 或 Woodpeckers)，其舌头同样可以伸出来很长，末端是一个尖锐而且硬实的骨质小钩子，两边有齿。啄木鸟可以随心所欲地将舌头插进小孔、罅隙以及树缝中，找到潜伏在里面的木蠹蛾(Cossi)或其他昆虫并将其叼出；此外还可以伸进蚁丘去攻击和掠食蚂蚁，以及蚂蚁蛋。不仅如此，啄木鸟还长着短小而且极其有力的腿，足趾分开，两个向前伸，两个向后伸。正如阿尔多凡蒂[①]明确指出的，这种安排是大自然，或者毋宁说是神性智慧给予啄木鸟的馈赠。因为，这极其便于啄木鸟在树上攀爬，而啄木鸟坚硬的尾羽也大有助益。它们的尾巴可以向下弯折，正好充当支撑物，使啄木鸟得以依靠在上面，支持身体的重量。

变色龙在诸多方面效仿啄木鸟，不仅舌头的构造、运行方式，以及在攻击蚂蚁、苍蝇及其他昆虫时所派上的用场，都十分相似；足趾的分布也是如此，因此变色龙擅长在树上奔跑，行动起来极其迅速，以至有人会认为它是在飞；但一旦到了地上，它就会脚步蹒跚，行动笨拙。对这种动物内外特征的全面叙述，可见于帕那罗(Panarolus)所著《观察》(*Observat.*)的结尾部分。其中提到，变色龙虽然有牙齿，但是它并不用牙齿来咀嚼猎物，而是直接囫囵吞咽。 144

我将再补充两种鸟类的例子，具体如下：

---

① Ulisse Aldrovandus(1522—1605)，意大利博物学家。——译者

1. 燕子;适宜的食物是小甲虫,以及天上的其他小飞虫,我们对燕子亲鸟与雏鸟胃部进行的解剖分析证实了这一点。燕子极其适于捕捉那些小动物;因为它具有长长的翅膀,叉状的尾巴,以及小小的爪子。这样一来,它似乎生来就是为了快速地飞行。它能依靠翅膀在空中长久地盘旋,并灵巧地转身。燕子还有一张极其宽阔的嘴巴,任何昆虫一旦被它盯上,就很难有机会逃脱。有人认为,当燕子贴近地面低空飞行时,就预示着大雨即将到来。这或许有几分道理;因为在大雨将至时,高空中充满了水汽,燕子平常捕食的那些昆虫受到水汽的影响,就会贴近地面飞行。因此,当天空中不再有昆虫的踪迹时,例如在冬季时分,鸟儿们要么会向高空飞行,要么去往热带国度。

145

2. 潜鸟(Colymbi、[①]Douchers 或 Loons)的身体能极好地适应水下潜行:其体表覆盖着一层浓密的羽毛;羽毛表面又光又滑,不会被水渗入或是濡湿,从而能将水隔阻在外面,防止身体受寒;在这种情况下,它们只需轻轻一拍,就能轻而易举地在水中上升。其次,它们的腿脚位于身体后半部分,通过脚掌后蹬,向上拨水,它们就能极其敏捷地扎进水中;借助同样的方式,它们也能在水中前行。它们的腿生得扁平宽阔,脚掌分裂成趾,两边有蹼。这种身体结构使它们得以轻而易举地划开水面,身体向前方行进,同时向后方拍水。除此以外,我认为,在这种形态结构下,它们的脚掌能左右移动,就像双桨一般。这有助于它们在水下转身;有人认为它们

---

① 潜鸟从前因外貌与鸊鷉相似而归入鸊鷉目(Colymbiformes)。Colymbi 为 pygopodes 下的亚目,其中包括鸊鷉(grebes);也被称作 Douckers,但是 Douckers 一词也包括河乌(water ouzel)。——译者

在水下比在水上游起来更为便捷。至于它们如何回到水面上，究竟是依靠身体受到的浮力，还是通过拍击水底，以跳跃形式抑或依靠双腿的特定行动，我无法确定。但是它们能潜游到海底，这一点很显然。因为无论是在大型潜鸟还是小型潜鸟的胃部，我们都发现了禾草和其他一些杂草；小型潜鸟的胃部除此以外别无他物；尽管它们都捕食鱼类。潜鸟的喙也生得又尖又直，这样就更便于划开水面，啄食猎物。如果我们能看到它们的腿脚在水中的行动，我们就会进一步了解到，它们是如何上升、下降并前后移动，并领悟出，潜鸟身体各部分的形态构造是完全适应于其目的的。这里面体现出了何等的智慧与技巧！ 146

就飞鸟而言，其身体所有部分则完全适应于飞行的目的。首先，它们身上有助于翅膀运动的飞行肌，是最大、最有力的肌肉，因为扇动翅膀需要较大的力量；翅膀下面的部位下凹，上部凸起，从而很容易举起翅膀，并更有力地拍击空气。这样就能更有效地防止身体下坠。其次，鸟的躯干与船舱有几分相似。头部好比船首，多数情况下体量都很小，这样更易于划开空气，为主体部分开道。尾翼则有助于掌控与引导飞行方向。无论鸟类在站立或行走时尾翼竖得多直，一旦飞行时就会展开，且几乎与身体后部位于同一平面，或略微倾斜。在鸟类转身时，尾翼能起到方向舵的作用。这一点在老鹰身上表现得很明显，它只需稍稍活动尾巴，就能随心所欲地移动身体。“看起来，它们通过自己灵活的尾巴，教会了人类掌舵的技术；大自然在天空中展示出了在深海中所需的技艺。”① 147

① 普林尼，《博物志》第10卷第10章。

众所周知,正如亚里士多德所准确观察到的,全足的鸟类,以及那些具有长腿的鸟类,大多具有短小的尾巴。因此,它们在飞行时,并不像其他鸟类那样将腿收回来贴在肚子上,而是尽力向后伸出。这样,腿就可以代替尾巴来掌控方向。尾巴还不仅是在飞行中起到指引和控制方向的作用,部分还能支撑身体,保持身体平衡;因此,当尾翼展开时,它与水平方向平行,而不是像鱼尾那样与水平方向垂直。这也是为什么那些没有尾巴的鸟类,例如某些种类的潜鸟,飞行时身体几乎竖直向上,飞起来相当费劲。

对此我要进一步补充一句:相对于四足动物来说,鸟类的身体较小,这样它们在飞行时空气浮力的作用就更为明显。这是对智慧与设计的一个有力证明。否则,为什么我们不会看到飞马(Pegasi)、狮身鹰首兽(Griffin)或鸟身女妖(Harpies)以及上百种类似的物种呢?那些怪物或许也能设法顺利地生活下去,然而翅膀对 148 它们毫无用处。鸟类的身体不仅小,而且体态宽阔,这样空气浮力会更有效地阻止其下落。此外,它们的身体是中空的,重量很轻,也就是说,体内骨骼很轻。因为鸟类的腿部和翅膀虽然生得结实,但是里面具有大量空腔,由此使这些部位更为坚实牢固——目前有人证实,一个中空物体比一个同样材质的实心物体更坚实,也更具有弹性。其次,鸟的羽毛也很轻,而羽轴坚硬而结实,里面要么是空的,要么充满一种很轻的海绵状物质;羽毛上的羽瓣并非由连续不断的膜构成——因为万一不幸撕破就会无法补救——而是由两组为数众多的纤羽,或者说相互接触的细丝构成。纤羽的两侧布满了小钩子,由此相互勾连,紧紧粘连在一起;这样,当羽毛被弄乱时,鸟儿可以用喙啄毛,轻而易举地理顺。为了使羽毛之间具有更强的黏附力，大自然睿智而仁慈的创造者在鸟类的臀部安置了两个小腺体。腺体分泌道周围长着铅笔状的羽毛，鸟类转过头来，用喙拨开羽毛，轻轻按压腺体，就能挤出一种油脂或擦剂。这种物质最适于润泽羽毛，并使上面的纤羽更有力地黏合在一起。这难道不是十分奇特且令人惊叹吗？如果不是神意的关照，怎么会有 149 这样一种油脂形成，而且还有专门的分泌道来进行接收与储存？鸟类又如何能知道腺体的位置，以及其用途与使用方式？而且，由于鸟要生活许多年，鸟羽偶尔会——而且是必然会——受到磨损或被损坏，所以大自然赐予了它们每年脱毛与换毛的本领。

不仅如此，鸟的体内有一些较大的皮囊或者说薄膜，一直延伸至肚子底部。鸟类呼吸时空气进入气囊中，非常有助于减轻身体重量，使鸟类飞行起来更为便捷。空气进入气囊后，在体温作用下受热膨胀，体积达到外界条件下的二到三倍，从而必然增加身体的轻快性(Lightness)。而当鸟类想要下降时，它要么通过腹部的肌肉来压缩气囊内的空气，要么尽可能吐出气体，以便自己能更迅速抑或更缓慢地降落——只要它愿意。我要补充的是，羽毛有一点值得重视的作用，那就是保持体温。对于体量较小的生物来说，它们必须具有其他有效的优势才能抵御严寒。

正是因为这个原因，我们看到，水禽在游水时能长时间待在冰冷的水中。它们的胸部和腹部都覆盖着厚厚的羽毛，此外还长有一层细密的绒毛，因此足以抵御水中的寒冷，同时能避免冷水直接与身体接触。

依照通常的观点，鸟类的尾巴大体上并不能帮助它们向左右 150 两侧转向，而是有助于上升和下降。一些现代哲学家已经观察到这一点，并通过实验予以了证实。比如说，如果你剪掉一只鸽子的尾巴，它前后飞行的速度将保持不变。再次思量一下，并经过进一步考察，我敢肯定，对于那些长着尖尾巴、尾翼末端形成一条线的鸟类来说，情况确实是如此；但是对于那些长着叉状尾巴的鸟类来说，实地考察(Autopsy)促使我们相信，尾巴的确具有控制左右转向的作用；因此，之前的普遍论断未免过于草率。我们清楚地看到，老鹰长着叉状的尾巴，它通过左右摆动尾羽，举起一只爪，并压低另一只，就可以使整个身体转向。无疑，它的尾巴与燕子的尾巴有着相同的作用。在一切鸟类之中，燕子能在空中进行最迅猛的转身，而且它们全都具有叉状的尾巴。

就鱼类而言，其身体又细又长，或者多数都很瘦，这样更便于它们在水中游动和潜行。鱼类大多数都具有鱼鳔，鱼鳔的作用是维持鱼类的身体平衡，使它们与水的比重相当。否则它们就会沉入水底，趴在那里一动不动。有人曾试着弄破鱼鳔，发现情况正是如此。借助鱼鳔的收缩与膨胀，鱼类能够任意沉浮，也可以一直待151 在它们喜欢的地方。鱼鳍由一些软骨状的辐条构成，辐条通过薄膜彼此相连。因此鱼鳍可以像女人的扇子一样开合，鱼鳍上还有运动肌，部分是为了用来前进，但主要还是为了保持身体的平衡。这一点表现在，当鱼鳍被切除时，鱼会摇摆不定。而且鱼类一旦死亡，肚皮就会朝上翻起来。

鱼类能以令人难以置信的速度向前猛冲，恰似离弦之箭。这种巨大的力量来自鱼尾，同时还有鱼鳍。鱼尾和鱼鳍都紧贴在身体上，以免阻碍鱼的行动。因此，鱼身上所有的肌肉都保留在鱼尾与背部位置，有助于鱼尾的摆动，因为河水致密而充盈，需要极大的力量才能将水划开。

鲸鱼类,在拉丁语中被称为海兽(Belluae Marinae),这类生物尾巴着生的位置与所有其他鱼类都不同。其他鱼类的鱼尾竖直,与水平方向垂直,而鲸鱼的尾巴却是与水平方向平行。这一部分是为了补足一对臀鳍的作用,因为鲸鱼身上没有尾鳍;一部分是为了让鲸鱼能任意上升或下沉,因为这些鱼必须经常浮到水面上来呼吸空气,所以具有一种有助于自由升降的器官,对它们来说会更合适,也更为便利。鲸鱼在水中转身时,必须像鸟类那样行动:一支鳍滑动,另一支则保持静止。鲸鱼身上还有一点同样引人注目,152 那就是,它们全身都被裹在丰厚的脂肪层中,英格兰渔民称这种脂肪层为鲸脂(Blubber)。鲸脂的作用,部分是维持鲸鱼的身体平衡,使其与水的密度相当;部分是将水隔阻在一定距离之外,否则水直接接触血液,就很容易使血液冷凝;还有部分作用,则是像我们的衣服一样,通过反射体内的热流,使热量大大增强,从而保持鲸鱼的体温,正如我们之前已经注意到的那样。我们在实际观察中看到,对于寒冷的侵袭,胖人的身体全然不像瘦人那样敏感。我还曾观察到,在寒冬腊月里,那些大而肥胖的猪,深夜里待在露天处,闲然自适地躺在冰冷的地上;而那些瘦猪则会很乐意爬进猪圈里,挤在一起取暖。

说到这里,我还想说说那些两栖动物,也就是我们所说的水生四足动物(尽管其中有一种动物,即海牛[1],仅具两足),例如河狸,

[1] Manati,即 manatee 或 sea-cow。《牛津大辞典》解释为“大型水生食草鲸类”。——译者

水獭,海豹(Phoca 或 Sea-Calf),水鼠以及青蛙。它们的足趾之间有膜,就像水禽的脚掌一样,这是为了便于游水。它们还具有极其微小的耳朵与耳孔,就像鲸鱼类生物的耳朵一样,这是为了便于在水中凝听。

此外,它们的雌雄两性身体上关乎生殖功能的部分,均表现出 153 很强的适应性特征:有些生物要用乳汁喂养幼崽,因此胸部长有乳头,或是其他供幼崽吸吮的器官。乳头呈现为海绵状,上面有孔,以便形成运输管道,使乳汁能被从中吸出。否则,乳汁就会被阻隔在里面;幼崽要么尚未长牙,要么牙齿还很稚嫩,不至于咬伤母兽的乳头。这都是神意和设计的结果与证明。

我曾见过一本书,出自卓越的解剖学家兼医师安东尼·鲁克(Antonius Nuck)之手,书名叫做《奇妙的腺体》(*Adenographia Curiosa*)。在第 2 章中,作者对动物的胸乳部位进行了更为全面的描述。他认为,胸脯无非就是一类被他们称为"团块"(Conglomeratae)的小腺体。这些小腺体由无数个小节瘤或者小核仁组成,每个小核都具有分泌道或乳汁输送管。其中三、四条或者五条分泌道很快汇聚在一起,合并为一个小干道。类似地,邻近的小腺体也相互汇聚融合;一些小型的干道或主干相互汇合,形成一根相当粗大的分泌管道,就像胰腺分泌管一样。虽然没那么长,但容量足够接收并储存大量乳汁。腺体分泌管在进入乳头之前又重新缩紧,变得极为狭小,以免有一丁点乳汁溢出。乳汁被保存在里 154 面,不会自动流出,但是通过挤压和吮吸就能被轻而易举被吸取出来。谁敢说这一切不是特意创设出来的?这样一项作品,是人类凭借智慧设计出的任何精巧之物都无法比拟的。谁敢说这只是出于偶然?

动物身体各部分都完全适于其天性与生活方式,关于这一点,亚里士多德有类似的观点:"所有具有弯曲的喙和爪的鸟类,都是肉食性的";四足动物亦然:"所有具有锯状牙齿的动物,都是肉食性的"。这一点对于欧洲所有的鸟类来说都是正确的,不过据我所知,鹦鹉可能是个例外。然而很明显,肉食性鸟类都没有砂囊,或者说肌胃,只有膜状胃。它们吃进肚子里的那些肉食,无需像野草一样经过碾磨,只要用喙撕扯成长条或是小块后,就很容易被膜状胃消化吸收。

关于动物身体各部分与各个器官都符合特定用途的现象,亚里士多德同样作出了另一个评论:一切动物的腿脚数量一定是偶数,不会一边多一边少;否则就会妨碍它们行走,或是闲置无用且累赘不堪。因为,假如一种生物具有三条腿,它即使能蹒跚地跳跃前进,也绝不可能这样便利、平稳地行走或奔跑,甚至哪怕是站立。因此我们看到,大自然作出了最适宜、最正确且最有用的选择。生物的腿脚数量都是偶数,一边对应另一边,这样不仅更好看,也更为便利;此外,腿的长度都相等——我是说很多对腿的长度相等;反之,如果一边长一边短,就会造成极大的不方便,阻碍生物的行进。 155

我还想再提到亚里士多德的一个观点:没有任何生物是只能够飞行的,或者说,任何一种飞行的动物都既有翅膀也有腿脚,它们都具备在地上行走或爬行的能力;因为它们如果一直待在天空中,就找不到食物,或者至少是找不到足够的食物;或者,我们可以假设在热带国家有这类无足鸟,但是即便天空中始终不缺飞虫,那些鸟也永远无法休息。因为它们没有脚,无法停歇在树上;它们一旦飞落到地上,就再也无法飞起来。因为正如我们所见,那些短腿的鸟类,例如褐雨燕和 Matinet[①],在起飞时就十分困难。此外,无足鸟也无法繁殖幼鸟,它们找不到地方产卵并孵化或哺育幼鸟。因此,有关辉风鸟(Manucodiata)或者说天堂鸟的故事,虽然在以往时代中广泛流传并被信以为真,乃至出现在教科书中,但是如今 156 这个神话已经被揭穿,并且遭到了所有人的拒斥与反驳:人们清楚地看到,那些鸟与其他鸟类一样,都具有腿和脚,它们并非短小柔弱的鸟类,而是相当大而且有力,长着弯曲的利爪,属于猛禽一类。

同样十分引人注目的是,所有的飞虫体表都覆盖着壳状的鳞片,就像盔甲一样,其目的部分是为了保护昆虫不被外力所伤,不受碰撞和压力的损害;部分是为了防止柔嫩的肌肉被强烈的阳光灼伤,因为它们体量小,很容易被太阳烤干;还有部分是为了留存体内精气(Spirits),防止精气散发出去。

接下来我将再补充一个事例来说明自然的智慧,或者毋宁说是自然之神(God of Nature)的智慧,那就是动物各部分相互之间的适应性,以及脖子与腿的长度比例。我们看到,地球上的生物,无论是鸟类还是四足动物,都一样具备腿。动物用腿来站立并四处走动,以采集食物和其他的生活便利品,这样它们的躯干就必然高出于地面之上,要是没有脖子,它们觅食或者饮水都会非常不便。因此自然不仅赐给动物一个脖子,而且使这个脖子的长度均与动物腿的长度相应,只有大象例外,它的脖子非常短;这是因为

① 当为 Martin,燕科小鸟,尤指毛脚燕和崖沙燕。——译者

大象的头和牙齿过于沉重，脖子要是太长就会承受不起。不过，大 157 自然赐予了大象一根长鼻子，大象的鼻子就像人手一样，可以将食品饮料拿起来送进嘴巴里。

我说到鸟类和四足动物的脖子与其腿的长度相对应，因此，腿长的动物脖子也长，腿短的动物脖子也短，例如鳄鱼以及各种蜥蜴就是如此；那些无腿的动物，既不需要脖子，也不会有脖子，例如鱼类。腿和脖子的长度之间的均衡，在那些以食草为主的兽类身上表现得尤为明显，这类动物的脖子和腿始终极其近乎均衡；我之所以说近乎，是因为脖子必定会稍长一些。原因在于，脖子不可能垂直低俯下来，必然会略微倾斜。不仅如此，因为这类生物有很大一部分时间必须使脖子保持这种下倾的状态，必定会导致肌肉极其疲劳，且酸痛不已。因此在颈椎脊骨的两边，大自然安置了一种极其厚实且有力的神经韧带，这种韧带可依据需求反复伸缩，而且毫不费劲。神经韧带从头部开始（韧带的一端固定在头部以及与之相邻的颈椎骨上），一直延伸到后背中间的脊椎骨（韧带的另一端与此处连接），协助脊椎支撑头部，使头部得以保持在这个状态。普通民众注意到这种“腱膜”（aponeurosis），并称之为颈韧带（Fix-fax，或 Pack-wax、Whit-leather）。我们还观察到，涉禽的腿很长，相应地脖子也很长；不过非常值得一提的是，其中同样有例外情况。有些全足的（Pamipeds）水禽具有很长的脖子，但是腿却很 158 短，例如天鹅与鹅，以及某些印度鸟；从中我们可以见到大自然中令人赞叹的神意。因为，这些鸟需要从池塘或深水区底部捕捞食物——无论是草本植物还是小昆虫——，长长的脖子正是为了这个目的；而为了最便于游水，它们的腿脚只能是短小的。

与之相反，我们所见到的陆禽，则没有一种长着短腿和长脖子。它们的脖子长度都与腿长相称。这个例证更加耐人寻味，因为对此，无神论者通常的诡辩术将失去效用。他们声称在世界诞生之初，曾经有过很多各部分不对称、形态荒诞不经的动物；但是这些动物无法觅食或进行其他一些维持生命的必要行为，因此它们很快就死去，重归于消亡。然而我们看到，哪怕脖子的长度不相称，那些鸟也能十分方便地从地上拾取食物。例如，养在草地上的鹅，仅靠地上的东西就能把肚子填饱。不过，没有哪种陆禽的脖子 159 与腿不成比例；也没有哪种水禽如此。只有那些生来注定要以上文提到的方式觅食的那些动物除外。大自然给予生物一个长脖子，绝不会是毫无目的的。

最后，在动物之中还体现出另一个神意与决策的论据。那就是，同一种动物，在不同情况下、出于不同目的，会发出各种不同的叫声。例如，雌鸟在召唤雄性配偶时会发出一种特定的叫声；这种情况在鹌鹑中表现得极为明显。人们注意到这一点，并用鹑哨来模仿这种声音，从而轻而易举地将雄鸟诱入网中。家养的母鸡在产卵、孵蛋和照看小鸡的过程中，会一直发出一种声音，那就是我们所谓的“咯蛋”(Clocking)。当它找到一种食物，它会招呼小鸡过来分享，这时它发出的是一种声音，小鸡们听到这种召唤，就会全速朝这里跑过来。当它看到猛禽出现，或是感觉到有危险临近时，它就会尖声警醒小鸡，就好像在吩咐它们赶快跑开，躲藏到灌丛，或是茂盛的草丛中，以及能让它们四处散开的其他场所。这些行为背后确实必然隐含着行为本身所指向的目的与用意，以及其中体现出的知识与意向。然而这些并不在鸟类自身之中，而是在于一种更高的作用者。是后者给了鸡群一种本能，让母鸡在某种情况下发出某一种叫声；与此同时让幼鸟在听到母鸡的叫声后采取行动。这都是神意的安排。雌鸟在生气、下蛋、痛苦或极度恐惧的境况下发出的其他叫声，也都非常显著，这类叫声或许更容易解释——它们都是愤怒、痛苦、恐惧与欢乐等若干情感的表现：不过，这些叫声都有特定的意义与作用，从而也证明了神意的存在。 160

我还想举出四足动物为例；有些四足动物能发出很多种不同的叫声，就像母鸡一样，而且各种叫声都十分引人注意，例如常见的家养动物——猫。这显然是所有人都能观察到的，我就不花费时间深入讨论了。

以下来谈谈一些反驳意见：

针对我之前列举出的身体一些组成部分的用途，有人可能会提出反对：就人类而言，这些用途并非大自然在建构事物时特意安排好的，而是人类凭借智慧使得事物适用于这些用途。

对此，我的回答与摩尔先生《无神论的解毒剂》一文附录中所说的一致：有一类"某物可用于某目的"的依存关系（例如石头、木头和金属可用于建造房屋或船舶，磁体可用于航海，火可以用来熔化金属、锻造用于建筑房屋和船舶的工具等），实际上只是被我们无意中发现，而不是我们发明出来的。因为，无论我们能否想到事物的用途，这类用途始终彰明较著，例如，燃料有助于维持火的燃烧，而火能熔化金属，金属又能制造出工具，用来建造船舶和房屋，诸如此类。因此确切无疑，那些被交到我们手上的事物，本身就具有一种附属性的用处。我们只是凭借理性认识到事物自身运行中体现出的作用与好处，而将其归功于人类的智慧。对此我要补充 161

的是，因为我们发现物质非常适于用来制造一切必需品和便利品，而且非常适于用来开发和锻炼一种有智慧的、积极主动的生命体潜藏的才智与勤劳；因为存在这样一种生命体：他有能力对物质加以巧妙地利用，并借助物质去统领与驯服一切低等生物，但是如果没有物质的帮助，他就会陷入孤立无援的境地，而且比其他生物都更易于受到伤害；也因为全能的创造者必然很清楚人类有可能、而且应当怎样去利用各种物质，所以，在那些认识到神之存在的人看来，这些都无异于证明了，物质正是为了实现这些用途——我并不是说仅仅是为了这些用途——而被创造出来的。

依我看来，全能的神在赐予人类这一切有用和有益的物质时，是以这样一种方式来对他们阐释的："现在我已经将你们放在一个广阔而且充裕的世界之中，我赋予你们一种理解力，让你们懂得何为美丽的与合乎比例的，并制造出令你们赏心悦目的事物。我提供给你们物质，让你们借以锻炼和开发自己的技艺与能力。我给162 了你们一件卓越的工具，那就是你们的双手，它能帮助你们利用一切物质。我将地球划分成山丘、峡谷、平原、沼泽和丛林——这一切地方，都能通过辛勤的劳动来进行垦殖和改善。我将勤勤恳恳的牛、耐心的驴子以及结实而有用的马交付于你们，让它们来分担你们在耕种、搬运、拉车与旅行中的劳苦。

我创造出大量的种子，供你们从中选择出最合你们口味、而且含有的养分最健康、最丰富的种类；我还制造出众多不同种类的树木，树上结出的果既可食用也可药用。这些树木还可以通过嫁接、施肥、插条、剪枝和浇水，以及其他的技术与装备来加以改良和改善。你们要耕耘和灌溉你们的田地，在上面播撒种子，刈除有害无益的野草，并守卫在田地周围，防止野兽践踏和损害庄稼；划出你们的草地与牧场的界限，四周围上篱笆。你们要修剪并整饬你们的葡萄藤，使其高度与分布最适于气候条件。你们要在果园里种植各种果树，使其秩序最合乎双眼的审美，且最适合全面展示各种植物。花园里要种植烹调香草（culinary herb），以及各种蔬菜①；要种植美丽的鲜花，其动人的色泽与形态可以悦人眼目；其气味之芬芳可使人神清气爽；要种植四季常青的芳香灌木以及亚灌木②；还要种植各种异域的医药植物，使其分布井然有序，既适合观瞻，又便于进入。

我给你们预备了一切建筑材料，例如石头、木材和石板，以及 163 石灰、黏土和泥土。你们可以用这些来制造砖块与瓦片，使乡村四处装饰和点缀着房屋与村庄，以便你们居住；建造外屋和马厩，以便为你们的牲口提供栖息和庇护之所；并建造粮仓和谷仓，以便储存和囤积你们的谷物与水果。我使你们成为"一种社群动物"（Zoon politikon），让你们通过商讨和交流观察与实验所得，来增进理解力；让你们互帮互助，共同防御外敌。你们要建造大型的市镇与城市，城中有笔直平坦的街道，和排列整齐的精致屋舍，其间点缀着庄严壮丽的庙宇用以尊崇和膜拜我的荣耀，美丽的宫殿供你们的王公大臣们居住，还有庄严的大厅供市民们及其军队进行公开集会，或是用于法庭审判，此外还有公共门廊和高架渠。

我在你们天性中注入一种好奇心，使你们渴望去观看奇特和

① Salletting，即 salad，原意是色拉用的蔬菜（尤指莴苣）。——译者

② *Suffrutices*，即 suffrutex，《牛津大辞典》解释为"具有木质根，但地上部分为草质，每年重新生长"。——译者

陌生的事物，寻找未知的国度，并通过观察海湾、溪流、港口、海岬、河口、坐落在海上的城市与市镇以及这些地方的经纬度，增加和扩大你们的地理知识；在政治学方面，则是通过关注不同地方的市政管理、生活方式、法律和习俗、当地的饮食与医疗、贸易和手工业、房屋建筑以及运动与娱乐等。就生理学或者博物学来说，则是通过搜寻各地水陆出产的天然珍奇，其中包括当地发现的动植物以及矿石物种[①]、水果和药物[②]种类，市场上交易和流通的商品，你们可借以扩充博物学知识，进而促进其他学科的发展；并通过加大通商与贸易力度来使你们的国家繁荣富强。我赐给你们木材和钢铁用来建造船舱，高大的树木用来制造桅杆，亚麻和大麻纤维用来制造风帆，缆绳和绳索用来装配船上的器件。我用勇气与坚强来武装你们，让你们敢于投身大海，穿过辽阔无边的海洋；我使你们得到指南针的帮助，在你们远离大陆、四顾唯见海天茫茫的时候为你们指引航向；让你们为着上面所说的那些目的而去，带回那些就总体而言对于国家，或是就个体而言对你们有用、有益的东西。”

我相信，那位创造出人类生命及其一切能力以及所有其他事物的造物主，是宽厚而仁慈的。他乐于看到其作品的美丽，而且非常满意人类凭借辛勤的劳动，使地球上四处点缀着美丽的城市与城堡、可爱的农舍与村庄、规整的花园与果园，以及各种用作食品、医药或是仅供观赏的灌木、香草和果木。此外还有茂密的森林和小树林，路边整齐的行道树；遍布牲畜的牧场，长满庄稼的山谷，绿

① 当时一部分人认为矿物与动植物一样是天然长出，而且具有不同的种类。——译者

② Drogues，从上下文语境来看，指草药。——译者

草如茵的草地,以及诸如此类一切使得一个高度发展的文明地区截然不同于蛮荒之地的典型特征。

这是一个遍布植物与美景,文明而开化,而且是在一切文化手段的支撑与维持下高度发展起来,给无数人带来便利和愉快的国家。相比之下,在像锡西厄[①]那样野蛮好战的地方,既没有房屋与花草,也没有庄稼地或葡萄园,居住在那里的那些野蛮残暴、游移不定的游牧民,推着小车辗转迁徙,为牲畜寻找牧场和草料。他们以牛奶和放在马鞍拱顶上晒干的肉类为食。再或者是野蛮、不开化的美洲,那里生活着慵懒怠惰、衣不蔽体的印第安人。他们的住宅,不是精心建造的房子,而是破破烂烂、用柱子两边搭建起来的小棚屋。如果说前者并不比后两者更为优越,那么,照此看来,野蛮的野兽状态以及兽性的生活方式(我们之前提到的两个例子几乎近似于此),无疑也比人类的生活方式更好,而上天赠给人类智慧与理性,都不过是白费。

最后,我将再指出一点来证明造物主作品中体现出的惊人技艺与技巧,以及造物者自身的某些属性。我所要论证的是:在那些被赋予生命的天然机器,也就是动物中,有一些极其微小而且几乎令人难以置信的种类。 166

任何无比精细的艺术品,哪怕只是一件小型机械、一种传动装置,抑或一件奇特的牙雕或金属制品,例如苏爱维亚的奥斯瓦尔德·内林格(Oswaldus Nerlinger)用象牙打造出的杯子——约纳

① *Scythia*,古代地名,位于今天的亚欧地区,从多瑙河流域一直延伸到中国边境。锡西厄文明繁盛于公元前8世纪到前4世纪之间。——译者

斯·法布尔(Joannes Faber)[1]在阐述雷库斯(Recchus)[2]论墨西哥动物的著作时曾提及:这些杯子均十分完美,杯口镶着一层金边,但是外形极其小巧,法布尔曾亲自往一颗中空的辣椒(Pepper)果实中放了一千个小杯子;等到他厌倦了这项工作,里面还没装满,他的朋友乔·卡诺·夏德(John Carlus Schlad)——正是此人把杯子拿给他看的——又往里放了四百多个。我想说的是,这样的作品,任何人看了都会惊羡不已,并不惜花高价买来,作为孤品珍藏在博物馆和陈列奇特物品的橱柜中,总不忘在第一时间拿出来向外地游客们展示。在精致小巧方面,这些工艺品仅就其本身及其形态而言,已经是难能可贵的了,但相比于那些具有生命和运动的小机器,我是说不久前荷兰德尔夫(Delft)的列文虎克先生在胡椒水[3]中发现的"小生物"(*Animalcula*)——他的观察结果167得到了我们博学而可敬的同胞罗伯特·胡克先生的证实与改进——列文虎克先生告诉我们,在他请来担任见证人的那些朋友中,有人声称在一小滴不比粟米大的水珠中看到10000个小生物,有人声称看到了30000个,还有人声称看到45000个;而他告诉他们,他们每人自称在水中看到的生物,只占总量的一半(他们的观

---

① *Joannes Faber*,即Johannes Faber(1574—1629),德国医生,植物学家。——译者

② *Recchus*,即Leonardo Antonio Recchi,生卒年不详,弗朗西斯科·埃尔南德斯(Dr Francisco Hernández,1517—1587)植物学著作的第一编者。埃尔南德斯为西班牙植物学家,1570年由菲利普二世派往墨西哥考察当地植物学研究状况。他在墨西哥逗留了7年,考察了阿兹特克植物学的各方面。他的著作被菲利普置之高阁,直到他去世时才有人问津。法布尔是整理埃尔南德斯原稿的研究者之一。——译者

③ *Peper water*,《牛津大辞典》解释为"黑胡椒的浸出液,以前常被用于对纤毛虫生物进行显微观察。"——译者

察可能受到局限)。据他自己说,在一滴水中,最多可看到828万个小生物。他声称"我可以肯定这是事实,我曾经数过。(他接着说道)"这确实令人难以置信,但是我可以肯定,如果将一颗较大的沙粒敲碎,均等地分成800万份,每份的大小将不会超过那些小生物"。

胡克先生告诉我们,他曾亲眼见到列文虎克所提到的那些极微小的生物。随后,借助其他光学仪器和设备,他不仅能将现已发现的那些生物放大到极大倍率,而且发现还有很多比先前看到的生物更小的种类。其中有一些几乎微乎其微,一滴水里就含有千百万个。普林尼在看到那些肉眼即可见到的昆虫时,曾激动不已地感叹,大自然的技艺,在这些事物之中一览无遗。他还说过"在如此微小而且难以数计的事物中,怎么会有如此多的能力,如此令人难以置信的完善性?"以及"没有什么能比这些如此微小之物更好地体现自然本质"①。试想,要是他看到上面提到的那些小得惊人的生物,他会说些什么?他会陷入怎样一种又惊又羡的迷幻之中? 168

此外,当他看到一只蚊蚋(他承认这还不是最小的昆虫)的身体时,他满怀敬意地提出众多询问:大自然是如何将如此众多的感官一并放入蚊蚋体内②?原文我就不逐一翻译了,以免丧失其中

① 见《博物志》1.111.c.I.

② 拉丁原文大意是:"她从何处找到地方将视觉置入其中?在何处安插味觉?在何处注入嗅觉能力?又是在何处植入如此尖细刺耳、与生物身体极端不成比例的声音?她以何等精妙的技术,将翅膀安插在生物的躯干上,拉长腿部的关节,塑造长长的中空凹面以为腹,并用一种对血液,尤其是人血永无餍足的欲望来煽动它们?她是何等独具匠心地给予它们一根刺,以便于刺穿皮肤?此外,就好像她有无限广阔的天地来施展技艺,就连微小得几乎难以看见的这样一件武器,她也使其具有双重机制,顶端形成尖头,以便于穿刺,与此同时内部中空,以便于吮吸。"——译者

的语气以及行文的优雅；我想说的是，既然普林尼会对一只蚊蚋提出这类问询，那么我们又该说些什么？如果他见到这些小得令人难以置信的生物，他极有可能会说些什么？他会怎样赞美这些小生物身体器官——用他的原话来说——“无边的精妙”(immense Subtilty)？按照胡克先生《显微原理》(*Microscopium*)103页中的说法，既然这些生物小得微乎其微，我们该如何想象其体内的肌肉与其他组成部分？可以确定的是，大自然借以促使肌肉运动的传动机制极其微小而奇特。而每块肌肉的运动，至少就较大型的动物来说，所涉及的特定部件就不少于千百万。在显微镜下，这些部件全都清晰可辨。

169

因此，让我们仔细研究神的作品，并观察神性之手的运作方式；让我们关注并敬慕他在这些事物中展现出来的无限的智慧与善；在尘世中，除人类之外，没有任何一种生物能够这样做，然而我们所做的也仍有欠缺：我们满足于口头的知识(Knowledge of the Tongues)，自得于哲学或者历史、考古等雕虫小技上取得的微末成就，而忽略了在我看来更为本质的学问，也就是博物学，以及对造物作品的考察；我无意否认或诋毁其他的学问——如果我这样做的话，那只能是暴露我自己的无知与欠缺；我只希望那些学科不要完全排挤和排斥博物学研究。我希望博物学会在我们中间兴盛起来；我希望人们能一视同仁地对待那些他们本人不懂、或者不十分精通的学问，而不是一味地歧视、嘲讽和中伤；没有什么知识比博物学更加令人快乐，也没有什么研究比博物学更能带来心灵上的满足与富足；相反，语词之学在我看来索然寡味。据一位睿智且善于观察的高级教士(Prelate)说，这种学问仅包含艺术的形式和

170

范式，抑或对语词的批判观念，因而具有内在的不完善性。充其量只能认为，即使这种学问有助于增进对事物的认识，其本身也只不过是为了卖弄学识，而且易于使人心中滋生骄傲、虚伪与喜好猎奇等无常的情绪，导致从习者不适合从事任何伟大的工作。词语只是物质的影像，如果完全致力于词语的研习，我们与那位疯狂爱上一幅画或是一个影像的皮格马利翁[①]又有何区别？说到演讲术，一些睿智的人曾将其视为最高的语词技巧，然而，这不过是一种自发的(voluntary)艺术，就好比烹饪中加入的各色调味品，不仅有损食物的营养，而且对身体有害无益；其作用更多的是满足人的口腹之欲，而不是促进人体的健康。

因为我知道，正如某些神学家所认为的那样，在未来的永恒生活中，我们的一部分工作和任务，就是沉思神的作品，领会创造物中体现出的神性智慧、权力与善，从而使神得荣耀。我相信这是安息日要做的部分工作，安息只是永恒休息的一种形式；因为安息日最初被设立，似乎就是为了用来纪念神的造物工作——据说神在第七日就结束这项工作休息了。 171

永恒生活不可能是一种无所事事的慵懒状态，也不可能仅仅充斥着没完没了的爱的举动；人的意志以及其他机能，都应调动起来施行适宜的行为，并使其性质渐臻完善；尤其是理解力（这种灵魂中至高的能力，是我们与野兽之间的主要区别，并使我们知道善恶与赏罚），应当充分用来沉思神的作品、体察创造物的结构与组

① *Pygmalion*，希腊神话中的雕刻家。他用象牙雕出一尊美丽的少女像，并爱上了这尊雕像。他给她起名为加拉泰亚(Galatea)，请求爱神阿佛洛狄忒让他娶其为妻。阿佛洛狄忒赋予加拉泰亚生命，于是雕塑家娶了自己创造出来的作品。——译者

成成分中展示出的神性技艺与智慧，并使那位伟大的建造师得到应有的赞颂与荣耀。到那时，我们无疑会极为满足且无比敬慕地发现，如今那些或是因过于精微而无法为我们参透，或是因太过遥远而使我们无从获得任何明确观念的事物，例如行星和恒星，究竟有何目的与用途；那些发光体上有哪些成分、哪些栖居者，又有何种矿产和地表植被（这是我们如今一直渴望知道的），以及它们相互间有何种依附关系。人类的心灵不能同时关注两件事物，因此 172 仅仅考察并详细了解那些难以数计的庞大物体，以及生物与非生物中包含的众多物种，就足够提供锻炼并开发我们心灵的素材——我并不是说永远如此，只是说在很多个时代中，即便我们什么其他的事情也不做，这些也足够我们去沉思。

我们不应满足于学习书本知识、阅读别人的著作并轻信错误而不是真理；只要有机会，我们就应该亲自审视事物，并在阅读书籍的同时与大自然交谈。让我们致力于促进和增加这种知识，并作出新的发现，不要过于怀疑自己的判断或是诋毁自己的能力，以至于认为我们的勤奋工作不能对前人的发现有所增益或是校正前人的错误。我们不要认为知识（Science）的界限如同“赫拉克勒斯之柱”一样稳定不变，上面刻着“此外再无其他”（Ne plus ultra）。我们不要以为，我们学到前人教给我们的知识之后就万事大吉了。

大自然中的宝藏是无穷无尽的。此间可供探索的，足以让绝大部分人付出最不懈的努力，并且是在最可观的机会下进行最漫长、最专注的研究。

塞涅卡说道：“下一个时代的人将会知道许多目前不为我们所 173 知的事情；还有很多奥秘留待后世的人去发现，到那时我们将被彻底遗忘，一丝痕迹也不曾留下。确实，如果世界上包含的全部事物竟不足供人们去探寻，这个世界将是一个贫瘠而渺小的世界。”[①] 在《书信》(*Epistle*)64 中，他再次写道：“目前仍留存着大量工作，将来也仍将留存着大量工作，即便一千个时代之后出生的人，也不乏素材供他们在已有发现的基础上做出新的突破。”

如果我们努力，我们将会做出大量成就。只要肯吃苦、有耐心，就没有不可逾越的高峰。我知道，起初看来，一项新的研究似乎非常辽阔、复杂而且艰难；但是只需要一点决心和一点进步，当一个人稍稍熟悉这项研究之后，我敢说，他的理解力将豁然开朗，一片澄明；困难会迎刃而解，事物本身也将变得亲切易懂。在这项研究上，如果我们需要勇气，我们可以看看圣歌作者是怎么说的：《诗篇》111 第 2 句有“耶和华的作为本为大，凡喜爱的都必考察。”(*The works of the Lord are great, sought out of all them that have pleasure therein.*)这虽然主要是针对神意行为(Works of Providence)而言，但也可用来证明创造行为(Works of Creation)。我很遗憾地看到，大学里对真正的实验哲学并未给予太多的重视；那些卓越的数学学科也严重受到忽视，因此我热切地督促那些年 174 轻人，尤其是年轻的绅士们投身于这些学问，并略费点心思去学习。他们或许会做出一些给世界带来显著益处的发明；这样一项发现将极大地补偿一个人花费的毕生精力以及旅途的劳顿。不过，维持现有的一切就足够了：我也不觉得他们还能作出什么独创性的惊人成就来使他们自己的心灵得到更多的满足，并彰显神的

① 见塞涅卡，《自然问题》(*Nat. Quaest.*)第 7 卷，31 章。

荣耀。因为神的一切作品都是无与伦比的。

但是我并不要求任何人违背自己天生的禀赋或志趣取向去从事这类与其气质不符的研究,或是背弃他的朋友们出于深思熟虑为他策划的前途;我所针对的,只是那些具备大量闲暇的人,或是生来就对这方面有兴趣或者有天分的人,以及那些出于体质上和精神上的强健,能够横向把握和理解整个学问的人。

而那些献身于神学本身的人,也无需畏惧介入这些研究,或者以为这些研究会占用自己的全部时间,以至于除非一个人将日常职业与必要的工作搁置一旁不去理会,否则无法在这项研究上取得任何显著进步。事实绝非如此。我们的生命是足够长的,而且如果善于安排,我们就会找到足够的时间。正如塞涅卡所说:"生命并非交到我们手上时就如此短暂,而是在我们手上变得短暂;我们一生的寿命并不短暂,但是我们浪费了我们拥有的时间。"那些拥有大把时间、羁绊于时间中却困惑于如何去打发的年轻人,更需要通过学习这些学科来填补时间的空白。除了真正的生理学(Physiology)[①]研究之外,我看不出还有什么可以被恰如其分地视为神学的入门学科,或者说"预备教育"(propaideia)。

175

但是撇开这些不说,按照普遍接受的观念,可见世界中一切事物都是为人类而创造的;人类是创造的最终目的,就好像一切创造物都别无其他目的,仅只是为了以这样那样的方式供人类使用。这种观念与西塞罗本人一样古老,因为他曾在其第二卷《神的本质》(*De Nat. Deorum*)中写道:"起初宇宙本身就是因众神和人类

① 在当时为"自然哲学"的同义词。——译者

而造；其中一切事物，都是为了供人类使用而被准备并制造出来。”然而，尽管普通人接受这种观念，如今有智慧的人们却不以为然。摩尔博士声称：“生物之所以产生，既是为了造福于我们，也是为了拥有其自身的生存；如果否认这一点，那将是一种极大的无知和粗鄙。”在另一处，他又提到：“那只是出于傲慢和无知，或者是一种高傲自大的假定。因为我们努力想让自己相信，在某种意义上一切 176 事物都是为人类而制造出来的；所以我们就以为，事物被制造出来并不是为了事物本身。宣扬这种观念的人，事实上对人类的天性以及有关事物的知识一无所知。因为如果一个善良人怜悯他的动物，一个善良人无疑也会宽大仁慈地对待他所有的动物，并且会很高兴看到它们快乐地生活，（在他眼中）它们是有生命和意识的，而且具有享受生活的能力。”

有些哲学家认为，在尘世间人类是唯一具有意识和感知的动物，其他一切动物都只是纯粹的机器或傀儡。确实，他们有一定的理由去认为地上一切事物都是为人类制造的。然而在我看来，这种观念过于刻薄，不符合神的庄严、睿智与能力；而且，如果如同直至近来所有人仍确信无疑、我们似乎也视之为理所当然的那样，神使地球上遍布许多毫无感觉和知觉、完全依靠外物的刺激来作出行动的机械装置，而不是众多具有生命和意识以及自发运动能力的高贵动物，那实在不太吻合神实际的身份。

然而如果说确实是这样，而且在地球之外，那些超出人们想象之外的无数其他的造物，也都是为人类制造出来的，那么仅就我个人而言，我仍然无法相信世界上所有事物都是为人类制造出来而 177 没有其他目的。因为在我看来，声称恒星这类巨大物体是为了朝我们闪烁而形成，那将是极其荒谬且不合理的；因为有很多并不那么耀眼的星体，要么因为相隔遥远，要么因为体积太小，根本不能为肉眼所见，只能借助望远镜来观察；而且很有可能，在比目前装备更完善的望远镜下，还会呈现出更多的星体；谁又知道，在最好的望远镜所能达到的视域之外，还有可能会形成多少星体？

我相信，在自然界，甚至就在这个大地上，还有很多物种从未被人发现，因此对人类也没有什么用处，然而我们并不会认为它们被创造出来是徒劳的；若干个时代之后的人或许会发现这些物种，并加以利用。但是即便在这个意义上，也不能说一切事物都是为人类制造的；充其量只能说，世界上一切创造物都可以这样那样的方式为我们所用，至少我们在考察和思考这些物体时，我们的智力与理解力得到了锻炼。因此，一切创造物都可提供素材，让我们去仰慕与赞赏物体本身以及我们的制造者。

鉴于此，我们可以认为，而且可以确定地说，一切事物在某种意义上都是为我们而制造的，因此我们有义务将它们用于适当的178 用途，否则就辜负了造物者的用意。因此，某些事物只是为了锻炼我们的心灵，还有很多事物或许能给我们带来便利，而我们尚未发现其用途，这些用途也并非轻而易举就能发现。确实，很多最伟大的发现都是偶然所得，但发现者绝非那些懒散粗心的人，而是那些勤劳且善于探索的人。我想，学者们应该受到些许指责，因为世界上有如此多种类的动物，人们连它们的外形都不曾留意或记载，更不用说观察它们的生殖方式、食性、生活习性以及用途。

圣经《诗篇》148 呼吁“日头、月亮和星宿；火与冰雹，雪和雾气；狂风和暴雨，大山和小山；结果的树木和一切香柏树；野兽和一切牲畜;昆虫和飞鸟等等"去赞美耶和华。这何以可能呢?诸如日月星辰一类的无意识、无生命事物能赞美神吗?野兽虽然具备了一定程度的意识和知觉,但是缺乏理性和理解力,根本不知道事物的本原,也浑然不觉自身以及其他造物的创作者。说到赞美神,它们所能做的,无非是(正如我之前说过的)为具有智慧的理性生物提供素材,让他们去赞美神。圣歌作者在《诗篇》19:1写道:"诸天诉说神的荣耀,穹苍传扬他的手段",因此,当他呼唤日月星辰去赞 179 美神时,他实际上是在呼吁人类、天使和其他理性生物去思索这些神性力量与智慧的伟大成果,以及这些成果的广阔浩大、有规律的运动及运行周期、令人惊叹的分布与秩序,及其显著的目的与用途:它们用和煦而温暖的光、热和感召力,照亮行星与周围物体以及栖居其上的生物,给万物带来生机,并使神得荣耀。神之所以得荣耀,是因他造这些巨大发光体而体现出的力量,以及他如是部署安排这些物体,使其规则稳定地运行而不相碰撞或干扰,并赋予它们如此卓越的品质与属性以造福和荫庇人类及其自身周围的其他生物,从而体现出的智慧与善。

类似说法也适用于火、冰雹、雪以及其他元素与气象因子,适用于树木与其他植物,以及鸟、兽、虫乃至一切动物。当它们受命去赞美上帝时,它们自己无法采取行动;只能是人类受命去逐一考察这些食物,观察并留意其耐人寻味的结构、目的与用途,并赞美神性智慧及其中体现出的其他属性。因此那些有闲暇、有机会也 180 有能力去沉思并考察任何此类事物的人,如果不曾这样做,就无异于剥夺了神的一部分荣耀。因为他们忽略或轻视了如此卓著的素材,而他们本可从中发现极其高超的技巧、智慧与构思。

尤其引人注目的是，著述这部诗篇的圣歌作者，除了呼吁其他造物之外，还呼吁昆虫也要赞美神；这相当于是说：你们这些人类之子，不要忽略了神的任何一件作品，哪怕是那些看起来极其卑下可鄙的，你们也要因它们而赞美他。你们不要以为他施恩创造出的任何一件事物是不值得你们去认识、应当被你们所忽视的。你们这种想法是狂妄自大或者愚蠢无知的。最卑微的昆虫身体结构中体现出的技艺和技能，远比你们所能估测或理解到的更为高深。

如果人类应当思考造物主在一切造物中体现出的荣耀，那么他就应当全盘考察一切事物，而不要以为任何事物不值得他去认识。确实，全能的神所具有的智慧、技艺与力量，在最微小的昆虫身体结构中同样彰显得极为分明，就像在骏马或大象身上一样：因此有人声称神"在至微中体现至大"(Maximus in minimis)。我181们人类都知道，制作一个小表，比打造一架大钟更困难，而且需要更高的技艺与耐心；如果一个人把所有时间都用来观察一只蜜蜂的天性与行为，没有人会因此责备他，或是认为他的研究主题过于狭隘。因此我们不要将任何事物视为卑微的，或者无足轻重、不值一提的；因为这样做，就是折损造物主的智慧与技艺，并且承认我们自己不配拥有他赋予我们的那些知识与理解力。如果我们赞美代达鲁斯[①]、阿契塔斯[②]、希罗[③]、卡里克利特[④]和大阿尔

① *Daedalus*，希腊神话中第一能工巧匠，米诺斯迷宫的建造者。——译者

② *Architas*，即 Archytas of Tarentum(公元前428－前350)，希腊数学家，欧几里得受其著作的启发，写作《几何原本》。——译者

③ *Hero*，亚历山大里亚的希罗(公元10－70年)，古希腊数学家，被认为是古代最伟大的工程师和实验家。——译者

④ *Callicrates*(公元前5世纪)，帕特农神庙(Pantheon)的建造者。——译者

伯特[①](此外我还可以列举出很多人)在发明创造上的机巧,以及在建构一些死的机器或传动装置时表现出的娴熟,我们怎能不赞赏并彰扬伟大的"宇宙缔造者"(Demiargos Kosma)呢?——他制造出了如许众多(我得说,是无以数计)令人纳罕的作品,而且还不像那类无生命的小装置一样卸下弹簧就立马停止运行,而是全都具有生命,自身就能运行。这些物体如此巧妙且多样,而且需要如许众多的部件和附属性传动机制,因此实难理解,要动用何等高超的技艺、技巧和耐心,才能制造出一件这样的作品?

我已经提到过,胡克博士曾指出,至少就较大型的动物而言,每块肌肉的运动所牵涉的不同组成部分,不下于数千万个。此外,从我们自身的渺小和认识能力上的不足来考虑,相对于那些闪耀 182 的天体——日月星辰——的宏大与壮观,我们的身体无论是在大小还是光芒上都望尘莫及;让我们跟随圣歌作者一同升华我们的心,以便彰显神的善:他如此眷顾我们,给予我们如此多关照,并且使我们高高地凌驾于他的其他作品之上。正如《诗篇》8:3,4 所说:"我观看你指头所造的天,并你所陈设的月亮星宿,便说,人算什么,你竟顾念他?世人算什么,你竟眷顾他?你叫他比天使微小一点,并赐他荣耀尊贵为贵冕。"……

然而有人会反驳说,全能的神不会如此自私、如此渴望得荣耀,以至于他制造世界以及其中一切造物,都只是为了他自己的尊荣,以及人类对他的赞美。按照笛卡儿的观点,这种言论荒唐且幼

① Albertus Magnus(1206—1280),斯瓦比亚(Swabian)的哲学家、神学家。——译者

稚，而且它将神等同为了一个傲慢自大的人。更合乎神身份的说法，是将世界的创生，归为神的超验、无限的善四处流溢的结果。神的善具有其自身的性质，而就概念来说，它是最为自由，且最具有流动性和扩散性的。

183 对此，我将从两方面来回答：首先是圣经中有关神作出这一切行为主要是为其自身荣耀的证据，即《箴言》16：4："神所造的一切，都为他所用。"(God made all things for himself.)[①]如何是为他自己？他不需要这些事物，也用不着这些事物。不过，他制造它们，是为了彰显他的力量、智慧和善，他将从那些能够观察到这一切的生物那里得到应有的赞美。《诗篇》50：14 写道"你们要以感谢为祭献给神"，紧接着下一句写道："我必搭救你，你也要荣耀我。"因此，赞美被称为"祭"(Sacrifice)，《何西阿书》(*Hosea*)14：2 也提到"把嘴唇的祭代替牛犊献上"。《以赛亚书》42：8 写道："我是神，这是我的名，我必不将我的荣耀归给假神。"《以赛亚书》48.11. 再次写道："我必不将我的荣耀归给假神。"圣经中呼唤诸天和地球、日月星宿以及其他的造物去赞美神——也就是说，通过人的嘴。(正如我之前指出的那样)人类需要观察一切造物，欣赏和赞美万物的创生与部署中体现出的神性力量、智慧与善。

其次，全能的神应该以其自身的荣耀为意，这才是最合乎理性的。184 因为他在一切方面都无比完美，无需依赖于任何外物；无论给予他怎样的赞誉和敬仰都不为过，他也不会推拒，因为这是他理应

---

① 和合本·新修订标准版中与此有出入，为"The LORD has made everything for its purpose"，中文译为"耶和华所造的，各适其用"。——译者

得的；也就是说，他对自己的看法绝不会过高，他的其他属性足与他的理解力相称；因此，虽然他的理解力是无限的，但是他所理解的绝不会超出他的力量所能产生的效果，因为后者同样是无限的。从而我们可以正当合理地认为，神理应拥有并接受创造物对其完美属性的感激与称颂，神的这些完美属性并非自外界得来，而是他自身永恒具备的。

实际上，(充满敬畏地说)很难想象，除了神自身的无限完美，和这种完美性在创造物中的展示与体现，以及神的某些造物(即人类)——他们能够考察神的作品，并辨识出万物形成中表露出的神性力量与智慧踪迹；不仅如此，这也是他们应尽的义务——所献祭的赞美与感激，还有什么能使赐福于我们的神得到永久的欢悦与满足呢？

人类之所以不应当赞美自己或追逐自身的荣耀，是因为他是一种具有依赖性的被造物，除他被给予的事物之外一无所有。他不仅是有依赖性的，而且是不完备的；亦即是说，他是软弱无能的。我指出人性的谦卑，并不旨在否认或拒斥他自身具有的任何天赋或能力，而是为了对这些禀赋和才能作出公正的评价。我们与其 185 评价过高，毋宁更苛刻一点；因为人性极易走向另一个极端，以至自我抬高，接受溢美之词；骄傲是一种形成于错误基础之上的精神亢奋，抑或是对过高赞誉的渴求与接受。如若不然，我不明白何以一个人不肯坦然接受他人的赞许——如果这些赞许是针对他实际具备的任何长处、成就或者技能，他为什么不能心安理得地以为任何赞誉对他来说都不为过呢？原因就在于，他的能力和长处都是上帝的馈赠。更何况，一种美德往往与许多罪恶相抵，而一种技能或一点长处，也伴随着众多的无知与缺陷。

（第一部分完）

第二部分

187

接下来，我将选取具体的例子，进行更为详细的考察。论述的主题仅为以下两点： 189

一、地球整体

二、人类的身体

首先，就地球而言，我将谈到的内容包括：1. 地球的形状。2. 地球的运动。3. 地球各部分的组成。

我这里所说的地球（Earth），并不是指干燥的陆地，也不是指与水相对的泥土，抑或土元素，而是指水陆两部分形成的整个地球，其中既包括大地，也包括水体。 190

第一，说到地球的形状，我可以轻而易举地证明它是球形的。水具有流动性，因此有人可能会认为，水面会呈现为水平状态。然而事实并非如此。水面是凸起的球面状，在海上用肉眼就能看出来。因为当两艘船朝相反方向航行并逐渐消失在对方视野中时，首先消失的是船的龙骨和船身，然后是风帆。如果你站在甲板上，你可以清楚地看到船只完全消失了。但是当你爬上主桅的顶端时，你会重新看到那只船。如果说水面不是凸起的，两艘船为何会彼此消失在对方的视野中呢？地球在南北方向上是球形的，这一点已经得到证实：朝北旅行的人会看到，北面天空上的星星露出地平线，与此同时南面天空上的星星逐渐消失了；与此相反，朝南旅行的人会看到北部群星消失，而南部群星次第出现。如果地球是平面的，我们无论处在地球上哪个位置，所看到的星星都将是完全一致的。东西方向上的球面结构，则可从日月这两种巨大发光体 191 的蚀现象(Eclipses)来加以证实。就拿太阳来说，同一个太阳，居住在偏东部地区的人要等太阳上升到水平面上 6 度时才能看到，而往西仅偏移 1 度，当地居民在太阳高出水平面 5 度时就能看到，依此类推，越往西去，当地居民相应看到日蚀时太阳与水平面的夹角就越小，直至最终完全消失。地球必定是凸起的球面，否则我们无法解释这类现象。因为，如果地球是完美的平面，太阳的蚀现象对生活在平面上各处的居民来说都将是一致的，即便不在完全相同的高度上，至少也相差无几；当太阳高出于水平面之上，有些地方将永远不会出现蚀现象；在另一些地方则绝非如此。因此很显然地球形状为球形。下面我们来讨论一下这种形状的便利性。

1. 球形比任何形状都更具有包容性，因此地球上各部分极其紧凑，彼此相互依赖，从而增强了整体力量。地球是所有动物生活的基地。正如有些人所认为的那样，一切造物都应当是结实、稳固且坚不可摧的。

2. 球形结构最符合、也最适合于一切重物的自然倾向(Nutus)。地球就是一种重物，其上各部分均具有朝中心靠拢的相同倾向。因此当各部分与中心位置等距时，必定会达到最稳定、最可靠的状态。反之，如果地球是有棱角的，所有尖角都将形成巨大而 192 陡峭的高山，山体占据整个地球的相当一部分面积。这样一来，这些地方就会距中心极其遥远，远远超出平原中部地区，由此带来极大的压力——除非地球是由金刚石或大理石构成，否则其余部分迟早会崩塌，直至地表完全夷平。

3. 如果地球是有棱角而非圆形的物体，整个地球上将到处是巨大的高山，以致不适于动物栖居；因为每个侧面的正中位置都将比其他地方距中心更近，而一切重物都有朝向中心下落的倾向，所以，从中间位置出发，无论朝哪个方向行走，都将是在走上坡路。此外，这给通商带来的阻碍也是显而易见的：不仅四处的斜坡导致旅行十分困难，而且各侧面中部处于最低位置并距中心最近，这意味着，一旦遇上大雨或河水泛滥，这里就会聚集成湖泊，水流无法排出，水位有可能上升到很高，以致淹没整个陆地。在这种情况下，整个国家被洪水淹没的危险无疑比现在要大得多。由于四处陡峭的地形，降落在地面上的雨水很容易向下流动，汇入整片大海中。而那些湖泊积水彼此相隔遥远，各处一方的不同国度之间将只能通过陆地通商。 193

4. 球形结构最便于地球绕轴心做旋转运动。在这种状态下，物体的运动不受周围介质的任何阻力作用；因为介质并不构成阻碍，地球上各部分占据的只是前面部分留下的空白。地表各部分的运动也不会快慢不一。反之，如果地球是有棱角的，凸起的部分会受到空气阻力的较大影响，同时也会比平面中部周围的部分运动得更快；因为凸起部分比其余部分偏离中心更远。因此，地球保持这一形态，是最便于地球转动的。

在此我不得不说说伊壁鸠鲁学派的愚蠢可笑，他们想象地球是扁平的，各边与天际相接，地悬垂而下，并带有长长的根须；每天早上升起的太阳都是新生的，太阳的大小并不比肉眼所见的大多少，且形状为扁平状，诸如此类的还有许多。如此粗浅的荒诞之说，如今就连我们中间的孩童也会为此感到羞愧。

其次，接下来我要说的是地球的运动。地球（依据哲学上的准确性来说）既绕自身轴线转动又沿黄道面转动，如今这已是最博学194 多识的数学家们公认的观念。要证明地球绕极轴做周日运动，我只需作如下论证：第一，诸天与地球之间就大小而言远远不成比例，很难想象，这无穷多个巨大的天体，如何可能围绕地球这个微不足道的位置运行——无论持何种信念的数学家都一致认同，相比之下地球只是一个点，也就是说，趋近于无。

其次，要是依据古代假说，天体的运行速度将会极其快速，而且令人难以置信。

其三，关于地球在黄道面上的周年运动，上层行星的滞留与逆行是个有说服力的论据，因为仅仅用地球在黄道面上的运动，就可以清楚而简明地解释这类现象；而古代假说却无从解释，只能凭空虚构出一些不合理性的本轮，以及反向运动；此外，这种巨大的本轮极其不可能，因为在绘制金星的本轮时，必须使其环绕着太阳，而不是像古代天文学家所设想的那样位于太阳下方。我说金星环绕太阳转动，是依据金星被太阳遮蔽的现象，以及金星不同阶段的星相（就像月亮的月相一样）。因此我敢说，任何人只要清楚地理195 解了这两种假说，就绝不会发自内心地坚持旧假说，而拒斥新假说。

针对这种观念存在两种异议：首先，这种观念违反了人类的感觉、共同观念以及信仰。其次，这似乎与圣经中某些言论相悖。对于第一点，我的答复是，我们的感觉有时候是错误的；事物实际上的样子，并不总像我们感官所见到的那样。例如，太阳或月亮看起来（至多）不比一个车轱辘大，而且形状似乎是扁平的。地球看起来是平面的，天宇覆盖其上，好似穹窿，且四围与大地相接；挥舞火把划圈，看起来就会形成一个火圈；还有个类似的例子，那就是停泊在河上的船只，在船上的驾驶者与乘坐者看来，似乎正迎着激流前行；当云层轻轻拂过月亮下方时，月亮本身看起来在朝相反方向移动；目前已有一些专著对这类普遍的错误进行了反驳。

对于第二点，圣经中在谈及这些事情时，为适应普遍公认的观念，采用了通常的语言方式和词汇（一切有智慧的人也会这样做，尽管严格来说，在这些言词背后所持有的是一种不同或者说相反的观念），而无意从学理上就这些观念及其相反意见给出任何说明；因而地动说的倡导者可以便利地对这些表面看似抵触的地方作出阐释。不过，由于这样一种标新立异的观念会惹恼一些虔诚的人（他们认为这与神意说相悖），我不想正面立论，仅将其作为一种并非全然不可能的假说来加以谈论。现在，假设地球确实绕极轴自转，同时也沿着黄道面绕太阳转动，我将指出，这种位置和运动设计得何等巧妙，又给人类与其他动物带来多大的便利。在这点上，我不可能比摩尔博士在《无神论的解毒剂》中的表述说得更明白彻底，因此下面我将借用他的原话。

196

首先，论及地轴的平行，（他说道）我想请问，地轴究竟是稳定且始终与地球自身[①]平行更好，还是漫无规律地随意变动（或者至少是变化无常）更好？你只能告诉我，稳定和平行的状态更好。因

① 此处所说的应该是与地球的极轴线平行。——译者

为航海和罗盘导线测量(Dialling)技术所必需的基础正在于此。据猜想,是稳定的粒子流促使地轴与地球自身保持平行,这种粒子流同时也为水手们提供了航标(Cynosura)与指南针。磁石和北极星均依赖于此。关于磁石的原理,如果不是因为偏离正题太远,我本可给出论证;至于北极星,则是因为地磁使地球自身极轴线与197地轴平行,与此同时也使南北极均恒定地对应于天空中某一点。例如,北极几乎总是指向我们所谓的北极星。除此以外,如果没有地轴的这种稳定性,罗盘导线测量根本无从谈起。这两种技艺都给人带来了很多好处,其中有一种更是对人类具有极其重要的意义。借此我们可以合理安排从事耕种等日常琐事的最佳时节,而且有机会前往世界上最遥远的国度漫游,使各国之间广泛通商,并通过在异国获得丰富的风土人情知识来扩充我们的理解力。即便我们用理性来分析地轴究竟是稳定并与地球自身极轴线平行好,还是随意乱动更好,我们也会得出结论说,地轴应当是稳定的。我们发现事实也确实如此,尽管地球是漂浮在清澈流动的天宇中。因此我们可以通过自身的判断来确定:地轴的指向恒定不变,这是经由一种智慧和审慎的原则来确立的。

此外,地轴的指向即便是恒定的,其方向也可以有好几种:要么垂直于经过太阳中心的一个面[①],要么与这个平面重合,或成一198定交角。我想询问,从理性和知识出发,我们会选择其中哪一种?不会是垂直状态,因为如若这样,春秋和寒暑变化给人带来的舒适与便利都将统统消失。由于阳光无法照到大地上某些地方,如今

① 此处指的是公转轨道面,即黄道平面。——译者

地球上那些果木众多、适于栖居的地方，就将结不出任何果实；这些地方的温度将不会超过我们这里3月10日或是9月11日的光景，因此不足以让水果和庄稼成熟，进而也无法供养当地的居民。同样，那些能直接接触到日光照射的地方，也会终年不歇地受到炙烤，最终干涸，甚或被烤成一片焦土。因为太阳驱使云层向南北方向移动，致使空气中缺乏水蒸气。除此以外，我们观察到，事物有序的交替，更能使人类喜欢沉思的本性得到满足。

再来说第二种，理性同样不会选择重合状态。因为如果地轴位于经过太阳中心的平面之上，黄道带就会像一条分至经线（Colure）或者子午线一样穿过地球南北极，从而使地球上的居民陷入一种悲惨的境地。因为地球上人类最好的栖身之所，亦即温带地区，将笼罩在百无聊赖的漫漫长夜中，持续时间不下于40天，而如今那些夜晚从未超过24小时的地区，例如荷兰的弗里斯兰岛屿，199 以及挪威和俄罗斯较偏远的地区，都将有130多天的时间见不到太阳。我们英格兰以及同一气候带的其他国度，也会陷入长达100天或80天的黑暗中；温带地区内外的其他国度，也会相应陷入一定长度的黑暗期。而冬夏两季的交替虽然存在，也只会造成瘟疫横生。因为太阳停留的时间太久，其运行轨道距离南北极太近，致使炽烈的日光照射在当地居民的头顶。而这些地方的居民原本生活在极端寒冷而黑暗的地区。

因此，地轴方向应当与上文中提到的那个平面成一定夹角，而不是垂直或者重合。准确地说，不仅是成一定夹角，而且比例关系要恰到好处。无法想象还有比这更合适的安排能使地球上的空间得到最大利用，并给地球上的栖居者带来更大的愉悦。因为，尽管太阳的直射点在南北回归线之间来回移动，这些受到日光直射的地区也并不像古代人想象的那样，要么不适合栖居，要么极端炎热。依据一些旅行者，尤其是瓦尔特·雷利先生(Sir Walter Raleigh)提供的资料来看，处在回归线下方或周围的地区果实繁茂、气候宜人，正如世界上任何地方一样，很适合被改造成一个天堂。

200 这些地方十分适宜人类的天性，而且便于生活。这一点从当地居民普遍长寿的现象可见一斑。例如埃塞俄比亚人，古语所谓的*Machrobioi*；不过尤为突出的还是美洲的巴西人：皮索(Piso)是一位博学的荷兰医师，他曾前往美洲旅行，目的就是扩充自然知识，尤其是生理学方面的知识；他观察到，巴西人的平均寿命为一百年。巴西人的长寿是有道理的，因为太阳在当地逗留的时间不久，白天不超过12个小时，而夜晚很长，足以使空气变得冷却清新。除此以外，这里还有充沛的雨量和持续的清风，或是东边刮来的清新狂风。

据普鲁塔克(Plutarch)记载，阿斯克勒庇阿得斯(Asclepiades)认为，生活在寒冷国度的居民通常比生活在热带国家的居民长寿。这是因为寒冷使毛孔收缩，抑制体热散失，从而保持了人体的正常温度；而在炎热的地区，毛孔张大，使得热量很容易散发出去。我发现如今有些博学的人依然坚持这种观念，因此我将进一步列举洛雪弗先生(Monsieur Rochefort)在《安的列斯群岛志》(*History of the Antilles Islands*)中提到的例子，来证明事实恰恰相反，并指出，如果我们仅凭个人主观推断(Rationcinations)——无论这看似多么可信——而不向经验求证，我们将是多么容易一再受骗。

(他说道)我们加勒比海岸的人平均寿命达150年之久,有时甚至更多。其中有些人前不久还活着,他们还记得曾亲眼见过第一批踏上美洲大陆的西班牙人,由此我们可以推算出,他们至少活了160年。 201

从马六甲群岛游历回来的荷兰人向我们保证,当地土著人的平均寿命是130岁。

文森·勒·布兰克(Vincent le Blanc)告诉我们,加瓦的苏门答腊岛及临近岛屿上的居民寿命长达140年,卡苏比(Cassuby)区域的居民寿命则达150年。弗朗斯·皮拉卡(France Piraca)公布的巴西人平均寿命超出我们之前的数据,直逼160年,甚至更久,他还声称,在佛罗里达和尤卡坦半岛(Jucatan)有人见到过年岁更高的。据称,这位法国人于1564年兰戈利尔之旅中进入佛罗里达时,曾见过一位老寿星,此人自称已有300岁,下面有5代子孙,"实际数字很可能比这还多一倍"。

最后,据马菲欧斯(Mapheous)记载,一位孟加拉人吹嘘自己有325岁。以上为洛雪弗先生的原话。事实上,最后这两个事例只是不同寻常且极其偶然的单一事件,因此不足为据。因为即便是在我们中间,虽然人均寿命不过七、八十年,但偶然也有一两个能活上130、140、150甚或更多年的。然而其他的例证却是普遍事例,因而无可辩驳。更何况事情本身也并不是不可能;热带地区并不像寒冷地区那样存在气候上的剧烈反差,人体温度处在一种更为稳定的状态,不会频繁受到空气急剧的冷暖变化带来的刺激,从 202

而可以活得更久。我们常看到体弱多病的人长期卧床不起，却能熬过许多年。我曾听说有人缠绵病榻长达20年；这是因为在病床上，病人的体温几乎始终保持在同一温度；如果让他们受热受寒，他们很可能活不过一年。

鉴于此，(地轴的)这种状态是我们所能作出的最佳理性选择；我们看到，自然界中确实也是如此安置的。我们只能承认这是智慧、谋略与神意之作。不仅如此，还有更进一步的论据可以证明这一点：我们不得不承认，如果地轴与黄道面垂直，地球运行会更为简捷自然，然而为了获得上文中所提到的便利，我们看到，地轴被设置成了倾斜状态。

地轴的倾斜状态，还具有一点非常重要、从而也不容忽视的便利性。基尔先生(Mr. Kiel)在《对本纳特"地球理论"的考查》(*Examination of Dr. Burnet's Theory of the Earth*)第69页中为我们揭示了这一点。

203 (他说道)"从地球目前这种状态中，我们获得了一个更重要的好处——在此我将顺带提一句，因为我知道还从未有人提到过这一点——那就是，地轴目前与黄道面之间的偏角，使居住在纬度45°以外且最需要太阳的人，全年中接受的太阳热量，比起太阳始终照在赤道上空的情况下要多。也就是说，如果我们把太阳冬夏两季照在我们身上的热量加起来，总量将多于太阳始终在赤道上移动时产生的热量。或者换句话说，太阳沿着两条平行线巡回往复时，照射在我们身上的日光总量，较之太阳在冬夏两季沿赤道打转的情况下更多。反之，在热带地区，乃至几乎远到纬度45°之外的温带地区，冬夏两季吸收的日光总量，也将少于在地轴垂直黄道面的情况下吸收的热量。关于这一论证,我建议读者去阅读原书。

(他接着说)我认为,这一认识使我们不得不陷入一种对神性智慧的无上赞赏:神使地球处于这样一种状态,其中的一些便利之处,如若不经研究与实践,我们绝难轻易辨识出来。我毫不怀疑,204 如果认真观察自然界中的其他作品,我们将会发现事物目前的构造形式所带来的诸多好处。从中我们会清楚地看到,神为我们所选择的,正是我们自己所能作出的最好选择。

如果有人提出反对,声称如果南北回归线之间的距离拉大,太阳往南北方向运行得更远,将会给地球上的居民带来更大的便利,因为这样一来,北部和南部地区就从极度严寒中解脱出来了,不至于像现在那样成为无人居住的地方。

对此我的回答是,总体来说这会给地球上的居民带来极大的不便,与此同时南北两区却几乎不会因此受益。因为在这种情况下,南北回归线之间的距离增大多少,南极圈和北极圈的范围也会相应地扩大多少。同样,我们英格兰,以及更往北的地区,都将不会有舒适宜人的昼夜交替;黑夜与白昼的长短只能与太阳朝我们运行的时间成比例,因此,我们的白天将长达24小时以上,而夜晚 205 的长度也将相应地依据太阳在冬季退行的时间而增长。不难想见这会带来多大的不便。在地球上,白昼与黑夜时间均超过24小时的所有纬度加起来,相对整个地球来说也是微不足道的,而且这些地方仅限于极地附近。更何况,这些区域也并不是完全无用。那里的水域中生活着其他地方难得一见的鱼类,我们知道,捕鲸活动主要分布在格陵兰地区。

实际上，不仅是鱼类，还有众多种类的水禽，包括全足的和分趾蹄的，都频繁光顾那里的水域并在那里觅食。它们也在海边的悬崖上哺育幼鸟，就像我们周围的鸟儿一样。马丁(Martin)在他的施皮茨贝格(Spitzberg)或格陵兰旅行记录中为我们展示了大量相关的描写和记录。

在人迹所至的最北部国度，陆地上生活着熊、狐狸和鹿。无疑，如果我们更深入地探索北极地区，我们将会发现，地球上每一寸土地都不是多余的或者闲置无用的。

其三，我还要提到第三点，也就是最后一点，即地球上各部分的构造形式，及其体现出的稳定性。首先，水汇聚在一起，形成如此巨大的储水库，并使陆地显露出来，这实在令人称道。尽管我们不能肯定是神意使然，但从理性出发，我们只能认为这样一种划界与分离，是全能、无限的智慧与善的成果；因为在这种状况下，水滋206养和孕育无数种类多样的鱼类；陆地则养护同样多样的动植物，并为它们提供坚实的栖息场所。相反，如果地球上全都是陆地，所有的鱼类都会消失，海洋提供给我们的一切资源也同样如此；或者，如果全都是水域，植物或陆生动物，甚或人类自身都将无法存活。这个低等世界中所有的美，所有的荣耀，以及丰富的多样性，都将消失无踪，放眼望去只见一片幽暗的水体。再或者，地球上还可以到处是水土混合形成的一片泥浆或沼泽——有人可能认为这种状态才是最自然的，因为，为什么要作出这种划分呢？就目前而言，我们发现只能用神意来加以解释。但是我要说的是，如果整个地球都是一片泥浆或沼泽，那就根本不可能有任何动物存在，只有极少数、而且是那些极其愚笨且低等的生物除外。因此，地球上水与土应当分开来；不仅如此，还要有丰富多样的组成部分，例如山川、平原、山谷、沙子、砾石、石灰石、黏土、大理石、泥土等。这种多样性不仅令人赏心悦目，而且非常有利于各类动植物的休养生息——有些动植物喜欢大山，有些喜欢平原，有些喜欢山谷，有些喜阴，有些喜阳，有些适合黏土，有些适合沙子，有些适合砾石等等。地形结构理应是山川居于中部区域；四处充满泉水、奔涌的小溪与河流，以便为低地国家的居民提供必需品和便利品；台地和平 207 原则应形成恰到好处的坡度，使水流倾泻下来，同时又不妨碍旅行，或是给耕种带来困难。我想说，这些都必定是谋略、智慧与设计的结果。尤其是在某些时候，正如我之前提到过的，事物形态并不是一眼看来最方便、最明显的随机选择可能达到的结果。这些形态更为复杂，形成过程也更难追踪；它们最合乎睿智的造物者与监管者意图达到的那些更高贵的目的与设计。

除这一切之外，整个陆地上大部分地区都覆盖着一片如茵的绿草，以及其他的芳草；草地的色彩不仅令人心旷神怡，而且对眼睛的健康有很大的好处；大地上还点缀着众多形态各异的花儿，它们色彩缤纷，形态迷人，而且有着最动人的芬芳，可使人得到精神上的放松，以及天真烂漫的欢乐。

此外，美丽的灌木和高大的乔木，不仅给了我们动人的景观和各类食物、水果、染色剂、药材与上好医药，而且提供了从事各项手工业所需的木材与器具，以及人类生活中的各类便利品。灌木与树木共有几千多种，我们只列举其中一二，以免长篇累牍没完没了。

208 首先是椰子，或称椰子树（Coker-Nut-Tree），这种树木几乎为印第安人提供了他们所需的一切，例如面包、酒水饮料、牛奶、油、蜂蜜、糖、针线、亚麻、衣物、茶杯、汤匙、扫帚、篮子、纸张、船上用的桅杆、风帆、绳索、钉子以及房顶上的遮蔽物等等。相关介绍可广泛见于航行或旅行至东印度的旅客游记,不过最忠实可靠的当属《马拉巴尔海岸的物产》(*Hortus Malabaricus*)。此书的发行者是范里德男爵(Henry Van Rheede Van Draakenstein),这位永远热衷于自然知识探索的赞助者在英属荷兰殖民地掌握着大量兵力和雇佣兵团。

其次是仙人掌(Aloe Muricata 或 Aculeata)。这种植物给美洲人带来了一切生活必需品,例如篱笆和房屋、飞镖、武器与其他装备,以及鞋子、亚麻和衣物、针线、酒和蜂蜜,此外还有诸多用具。关于这一切,可参见埃尔南德斯(Hernandes),伽奇里拉索·德·拉·维佳(Garcililasso de la Vega)以及马格瑞夫(Margrave)的著述。

其三是猪笼草(Bandura Cingalensium),也有人称之为酒罐植物(Priapus Vegetabilis)。猪笼草的叶片末端悬挂着长长的袋子,里面盛装着清澈的净水。碰上一连八九个月持续无雨的天气,这些水对当地人有很大的用处。

此外还有一个与猪笼草类似的例子:我那位博学多识的朋友209 斯隆博士(Dr. Sloane)曾向我们提到他在牙买加岛上观察到的一种植物,他在给这种植物定名时作出了如下描述:"极大形的香石竹状槲寄生,花具三枚花瓣,灰黄色,种子具细长毛。"而在牙买加岛上,人们通常称之为"野松"(*Wild Pine*)[①]。具体可参见《哲学

① 斯隆将"Viscum Caryophylloides"这两个词合起来作为一类新植物的统称。这类新植物具有附生特性,有点类似槲寄生,但果皮(seed vessel)似香石竹(康乃馨,clove-gillyflowers),所以斯隆管它们叫"香石竹状槲寄生"。后被林奈定名为 *Tillandsia utriculata*,属凤梨科铁兰属。——译者

汇刊》(*Philosoph. Transact.*)第251期,114页。我将不去引用全篇,仅选取其中相关的部分:

“这种植物的叶片从根部(他之前已经描述过根部)朝各个方向长出,就像韭葱或菠萝(Ananas)的叶子一样,因而得名为野松,或芦荟(Aloes)。其叶片相互层叠或覆盖,每片叶子长2.5英尺,最底端或者说基部位置宽3英寸,里面具有一个凹槽。也就是说叶片内表面凹陷,外表面为圆形,或者说呈凸起状。由此,叶片从四面环抱,中间形成一个很大的储水罐或蓄水箱,正好用来大量储存雨水。在雨季时,雨水落在植物伸展开的叶片上,顺着叶表纹路向下流,汇入瓶子一样的储水罐中——叶片像球根一样吸水膨胀,从而构成了瓶子;随后,叶片向内弯折,或重新贴附于茎干之上,防止水分在阳光照射下蒸发。”

“在高山地区,以及低矮干燥的丛林地带,碰上缺水的时候,这种储水罐不仅足以为植物自身提供必要的营养,而且对人类、鸟类以及各种昆虫同样具有非常重要的作用。大军即便在雨水稀缺时来到这里,也总能神清气爽地离开。” 210

“丹皮尔船长(Captain Dampier)在其旅行日志第二卷关于坎佩切湾(Campeche)之旅的记录中告诉我们,这些由野松叶片形成的水罐,能盛装1.5品脱或者1夸脱水。因此当他们发现这些野松时,他们将小刀插入叶片中略高出于根部之上的位置,等里边流出水来,就可以用帽子接取。据他说,他本人曾多次品尝这样的甘霖。”

第四种是锡兰[①]的肉桂树,其各部分均有绝佳的不同用处:从

① Ceylon,斯里兰卡的旧称。——译者

其根部可以得到一种指甲花(Camphire)及其精油;从树皮中可提取出真正的肉桂油;从叶片中可提取一种类似丁香精油的物质;从果实中可提取一种杜松精油,其中混合有肉桂油和丁香油;除此以外,人们还将肉桂的浆果煮成一种蜡状物,用于制造蜡烛、灰泥(Plaisters)以及软膏(Unguents)。在此值得一提的还有西印度的蜡烛树,其果实被煮成一种浓稠的油状物体后,可用来制造上好的蜡烛。这种蜡烛前不久曾大量行销,供应商就是那位大名鼎鼎的商人查理·杜布瓦先生(Mr. Charles Dubois)。

211　第五种是福禄岛[①]、圣托马斯岛以及几内亚岛[②]上的滴水树(Fountain 或 Dropping-Tree),对当地居民来说,这种植物取代了雨水和新鲜泉水的作用。我那位颇有威望的朋友罗宾逊博士(Dr. Tancred Robinson)最近在信中告诉我,这种植物并非福修斯(Vossius)所认为的阿魏一类(Ferulaceous),因为他观察到,结合目击者的描述以及帕路德(Paludanus)借给符腾堡(Wirtenberg)公爵的干制标本来看,这种植物的叶片截然不同于阿魏树,而是更接近于"叶似柳树或忍冬的埃塞俄比亚西风芹"(Seseli Ethiopicum Salicis vel Periclymeni folio)[③];因此罗宾逊博士认为它们当属月挂一类。不过他推断,滴水树可能也有很多不同的种类;因为滴水现象并不依赖于(或者说缘于)植物本身的任何独特性,而是由其所处位置与环境决定的;他在信中更广泛地谈到了这一点。这封信发表于我本人另一篇论著中。

① Ferro,西班牙耶劳岛的旧称。——译者

② 原文为 Guiny。——译者

③ Periclymenum,忍冬的一种,现定名为 *Lonicera periclymenum*。——译者

第六点，也就是最后一点，还有 18000 或 20000 多种其他的植物，也都体现出全知全能的造物主对人类的无比宽厚与仁慈。在此我们将仅提到其中的若干种，例如棉花，树薯(Manyoc 或 Cassava)，马铃薯，金鸡纳树，罂粟，大黄，以及旋花脂[①]，药喇叭[②]，药西瓜(Coloquintida)，菝葜[③]，拳参(Serpenatria Virginiana 或 Snake-weed)，人参(Nisi 或 Genseg[④])，繁花凤仙(Numerous Balsam)，以及枫香树(Gum-trees)。最富于洞察力的植物学家伦纳德·普拉肯内特(Dr. Leonard Plukenet)最近以极大的努力和精湛的技艺，详细描绘了其中很多植物。 212

以上这些，以及无数种其他的植物，在生长过程的不同阶段都对人类有极大用处。这些植物几乎无一能被人忽视；它们除了具有在医疗上已为人知的作用之外，还能为穷人提供饮食与衣物，并用于建筑、印染；它们可能还有很多用处，而这些尚不为人所知，有意留待人类去从中寻找生活必需品、便利品，或是在他们看来具有审美价值或益处的东西，借以发挥他们与生俱来的能力。

简要总结上述论述，那就是：据我们所知，这个水陆地球由两部分构成，即稀薄流动的部分，以及稳定坚固的部分。前者被称为水，后者被称为土，或者陆地。地是更为致密厚重的物体，从自然倾向上来说，它会下沉到水的下面，并占据较低的位置；水则会上

① Scammony，又名司卡摩尼亚，为旋花科植物 *Convolvulus Scammonia* 的提取物。——译者

② Jalap，拉丁名为 Ipomoea purga。——译者

③ 原文为 China Sarfa，疑为 China Sarsa 误。——译者

④ 疑为 Genseng 误。——译者

升,漂浮于地的上面。然而我们看到,事实并非如此:陆地尽管更213为厚重,却一反其自然本性,抬升至水的上方,水位于其下方。正如圣歌作者所赞美的那样,“地建立在海上,安定在大水之上”(见《诗篇》24:2)。在地球上,大地并不仅偏于地球一侧,而是分布在四面,因此各处都可能有大陆;四处矗立的岛屿高度十分均等,以便彼此平衡。水流经其间,并填充凹陷低沉的地带。干燥的陆地向上抬升,并露出了水面。不仅如此,其中的一些部分(我们称之为大山)明显高出于其他部分之上;正如我们已经指出的,这些大山分布在内陆地区;山脉从东到西绵延不断,从而使整个地球变得适宜居住。否则,地球上大部分地区都将不会如此怡人,而热带地区必将成为酷热无比、了无人烟的地方,正如古代人所想象的那样。现在我们来考察一下,干燥的陆地抬升于水面上、地球上几乎均等地划分为陆地与水域,较之地球表面完全是一片幽深的水体,究竟有多大的好处?我之所以假设地球表面全都是水,是因为从自然本性上来说,占据上方的应当是水,而不是土。如果地球表面全都是水,这个低等世界中一切的美丽都将消失,地球上将不再有如此赏心悦目的旖旎风光,没有形态各异的大小山峰、平原与河谷、河流与池塘以及泉水;没有郁郁葱葱的丛林来孕育高耸入云的214大树良木;也没有分布更广的低矮树丛来遮阴并结出果实;没有青翠养眼的绿草,以及其中点缀的无数种绚烂芬芳的鲜花,因为那些长在海底的植物,大多具有一种单调、沉闷而灰暗的色彩,而且根本不开花。同样,那些形态色彩迷人,且聪慧驯顺的鸟兽,以及它们美妙动听的空中大合唱,也将全都化为乌有。取而代之的只有愚蠢呆笨且难以驯服的鱼类。鱼类似乎缺乏基本的学习(Discipline)意识,因为我们可以推断出,它们没有语言表达能力。它们似乎也没有听觉器官。实际上,它们周围的介质能否传播声音也值得怀疑。就连它们最完备的感官,即视觉,也是平平无常,丝毫不惹眼。这是因为水是一种半透明的物质,能将绝大部分光线反射回去。海底最高贵最灵巧的生物——鲸类动物,不仅与陆地动物有很近的亲缘关系,而且与我们呼吸的是同一种元素,即新鲜的空气。

如果地球上到处是水,人类这种生物将会失去立足之地。我们可以看到,在这种情况下人类根本没有存在的必要:没有什么事情需要他去做,也没有什么东西让他去发挥自己的技艺与潜能,因此他的技能在这里百无一用;房屋与城池、富丽堂皇的大厦,以及花园和庭院、墙壁、人行道和迷宫,以及庄稼地、葡萄园,诸如此类 215 的事物,以及人类凭借智慧与勤奋为世界装点的其他修饰物,都将消失无踪。

这是一些值得造物者去关心和照料的重大事件;如果有人不那么认为,并且不曾洞察或认识到这一点,那他本人也必定如同他脚下踩踏的地球一般呆笨无味。

不过,由于有些人将大山视为地球上的疣瘤和多余无用的赘生物,甚至认为这标志着并且证明了,现在的地球只不过是一片废墟,我将详细分析并阐述大山的重要作用与必要性。

1. 大山对于泉水和河流的产生与形成具有显著意义。如果没有大小的山峰,泉水与河流将彻底消失,或者寥寥无几,不会比我们如今在平原国度所能找到的更多(平原上的泉源太少,以至于我从未侥幸见到一个)。确实,在冬季,我们或许还能见到湍流和洪水，有时可能是巨大的涝灾；在夏季则有储存在池塘和水库中，或是从深井中抽上来的积水。然而，地球上很大一部分地区（均处于216 热带或附近区域），将根本没有河流，也没有雨水；由此我们将失去河流带给我们的一切便利，其中包括捕鱼、航海、运输、水力传动磨坊、机械等诸多方面的好处。关于大山的这种目的，我是从哈雷先生（Mr. Edmund Harley）那里看来的，他是一位极其聪慧且对事物本性与原因有深刻见解的人。他在《哲学汇刊》第192号中的一篇论著中如是说道："如果我们允许目的因的存在，[毋庸赘言，这很显然是一种大胆的宣言]山体的存在似乎正是为了这样一种目的：山脊横跨大陆中部，能起到蒸馏器的作用，过滤出净水供人类和兽类使用；山体构成一定的坡度，使溪流缓缓地潺湲而下，就像人体小宇宙中的众多血管一样，给万物带来更大的好处。"

2. 山体对金属和矿物的生成有重要意义，而且极大地方便了人们的挖掘与开采；我之前已经谈到过金属矿物对于文化和文明的显著必要性。我们所看到的金属矿物，全都是从山脉中挖掘出来的，我很怀疑在一马平川的平原地区是否会（或者说能否）生成任何金属矿物。就算有的话，那些矿井即便能被开采，也要花费大量的217 人力和物力；矿井内的排水沟里将到处是水（除此也不可能设计出其他的排水渠道），没有任何机器装置足以使矿井内始终保持干燥。

3. 山体对人类的好处，还表现在为人类提供便利的居住地，以及建造房屋和村庄的场所。峰岭如同屏障一样，能阻挡北部袭来的寒流，以及刺骨的烈风和东风①，并反射温暖和煦的阳光，使大

① 在汉语中东风相当于春风，而在西方国家恰好相反，西风和煦而东风凛冽。——译者

山环抱地区的居民在冬日里更为舒适惬意;同时还能促进禾草和果木的生长,以及夏季果实的成熟。大山令水体退去,使房屋周围的花园、庭院以及林荫道更为干净整洁,同时也更舒适、美观。反之,建在平原上的房屋,除非有树木遮蔽,否则就会处在风吹日晒之中,整个冬季都会因雨水泥泞而不胜其烦。

4. 山体对地球有很好的装饰效果,它们带来了美丽动人的景观。首先是从山上远眺下方,登临过苏塞克斯白垩山丘的人定然都知道,从山的一边,可以欣赏到引人入胜的海洋,另一边则是四 218 处错落有致的村庄。其次是从平原地带或地处仰望高山,这确实令人舒目骋怀,对此,居住在艾利岛(Isle of Ely)或者其他平地国家的人最有资格作出评判:山峰或是向四方绵延,超出视线所及的范围,或是远远地延伸入海,直至水天相接的地方。山体是值得欣赏的美景,人们对山体影像及山体地貌起伏变化的高度评价,足可证明这一点。

5. 山体有助于众多不同花草树木的产生;因为有人观察到,山中确实遍布着各种不同种的植物。由于土壤特征的丰富多变,每个山头上几乎都能找到新的植物种类。这些植物部分能为适于山中生活的动物们提供饮食,部分能作药用(主要的药草以及药草中最优良的种类都生长在那里;很显然,大多数属的植物中最大、最丰美的种类,也都是山中的土特产),此外,部分也是为了供人类探索和消遣之用:那些聪明而勤奋的人热衷于寻找自然界中的稀有物种,观察每种植物的外在形态、生长、本性以及用途,并思考造物者因这些事物而应得的赞美与祝福。

6. 山体为鸟类、兽类和虫类等各种生养于此,并频繁出没其中 219

的动物们提供了避风港和游憩场所，以及生活必需品。就连最险峻的高山之巅也不乏动物居住：四足动物类，有阿尔卑斯山上的野山羊(Ibex)或小羚羊，臆羚或岩羚羊；鸟类中则有雷鸟；我曾亲眼观察到阿尔卑斯山脉一些山顶上飞舞着美丽的蝴蝶，还有大量其他的昆虫。确实，很多高山最高的山脊上能畜养牧草，供河谷的居民放牧牲畜；男人们来到这里时，他们的妻儿就留在居住地。他们要花费一番气力，牵引着他们的牛，从下面攀上陡峭的山峰，在那里放牧、挤奶，并制作黄油和奶酪。一切类似工作都在临时搭建的简陋小屋与棚子里进行。在夏季的几个月期间，他们就居住在那里。这是我本人在距日内瓦不远的侏罗山(Mount Jura)上亲眼见证并观察到的；那些小棚屋矗立在那里，足以承受整个冬季的大雪。

格劳宾登[①]的居民也是如此，那里是阿尔卑斯地区最高的国度。我曾于3月的最后几天穿过这个地区，在为期4天的旅行中，我的脚一直没有离开过雪。

220 7. 那些高大巍峨的山峰上蜿蜒悠长的山脊与山脉，在东西方向上横贯整个大陆。正如我在其他地方曾提到过的那样，这有助于阻止水蒸气散佚到南边与北边的热带国家；山岭使水蒸气凝结，就像蒸馏器一样，从而通过一种外部蒸馏(External Distillation)，使水蒸气成为河流与泉水的源头；与此同样，山体也能通过积聚、冷却与吸附来将水蒸气转化成雨水；借助这些方法，就可以使灼热的热带区域变得适于居住。

---

① 法语名称为 Grisons。——译者

上述关于山体意义的讨论，我在另一篇著述，即《世界的解体》(*Dissolution of the World*)中已经提到过了；不过，出于行文的需要，在这里我略加修改和补充，重新复述一遍。

我差点忘记了山体对人类的用处：它们可以用来划分边界，并用作各个王国与联邦领土之间的天然屏障。

我打算更细致地加以探讨与考察的第二个具体事例，就是人类的身体。我将努力揭示其中体现神性智慧与善的地方。首先我要指出关于身体的一些普遍观察事实；其次，我将全面探讨身体的主要部分，以及构成。

I. 总体而言，神的智慧与善表现在人类身体的直立状态上。221 这是人类得天独厚的特权，其他动物均望尘莫及。然而即便是如此，我也并不想让你以为我将要谈及的一切具体事例都为人类身体所独有。事实上，其中有很多也适用于许多其他的动物。我所要考察的并不单是人类高于其他动物的特权，而是自然一视同仁地赠予人类及其他动物身体的天赋与长处。关于人类身体的直立，古人已经关注到这一点，并将其视为神的厚爱和独特的馈赠。

奥维德在《变形记》I 中写道："其他动物都倾向于俯首观看大地，只有人类得天独厚，能仰望天空；他受命去观察，并直立起来去颂扬头顶的星空。"

比奥维德更早，西塞罗在其第二卷《神的本质》(*De Nat. Deorum*)中写道："自然给予了人类极其细致的关照，使他们能够获得更多的智慧，这可以理解为神对人类的无比眷顾；他们得天独厚，最先从大地上站立起来，显得自豪而自尊，从而能思索神性天 222 空的奥秘。人类生活在地球上，但他们并不仅是地球上的栖居者，而是众神及天穹的观望者，这是任何别的动物都无法企及的。”

在尘世间形成的一切生物中，人类是唯一能沉思天空的。因此他应当具有这样一种身体构造或形态，以便于抬头仰望。不过说实话，说到仰望或沉思天空，我并未看出人类这种直立状态能给人带来多少其他动物所不及的优势，因为大多数动物的面部比我们更向上仰，我们的脸只是与水平面垂直，而有些动物在站立时身体却是倾斜向上的。尽管如此，直立状态依然给了我们两三个其他的优势。这是我下面将要谈到的。

首先，直立状态更便于支撑头部，人类的脑容量很大，重量较沉（相对身体大小而言，人脑所占据的比例远大于一切其他的动物）。如果脖子与水平面平行，或是成一定夹角，脖子上面顶着一个沉甸甸的脑袋，就会感觉十分痛苦，并且疲惫不堪。

其次，这种形态最便于前瞻和左右顾盼。一个人能看到前方更远的地方，这对于逃避危险以及发现追踪对象，都具有不小的好处。

223 其三，如果人类必须始终用四足站立和行走，我们将处于极其悲惨的境地，只需考虑到这一点，人类身体形态的便利性就会体现得更为明显。从身体结构来说，人类是一切四足动物中——现在我必须对人类与其他四足动物进行比较——最不适于这种行走方式的，我之前已经提到过这点。此外，我们将会丧失（至少在某种程度上）双手带来的好处。如果没有这一无比珍贵的工具，我们作为有理性动物所具有的大多数优势，都将随之而去。稍后我将更为详细地阐述这个问题。

但是有人可能会反对说，自然并非有意让人类直立起来，这只不过是后天习得的行为；因为小孩起初是用四肢爬行，有奥维德的诗篇为据："起初是四足动物，不久你将看到，他逐渐学会运用四肢。"

对此我的回答是，我们的腿和胳膊的长度明显不等。用四肢行走即便不是完全不可能，也会带来极大的不便，而且我们的头部将几乎处在最下方。我们看到，小孩并不是用双手双脚爬行，而是 224 用双手和双膝爬行；由此可以清楚地看到，自然是有意让我们用双脚行走，而不是让我们用四肢爬行。

我还可以从人脸着生的位置来加以论证：如果我们要靠四肢爬行，我们将比其他动物俯得更低；由于人脸与地平线平行，我们将只能直视地面。

此外，髀围和大腿部位的肌肉比胳膊上的肌肉更发达有力，这显然表明，大腿肌肉从本性上来说就是为了承担一种更困难、更吃力的运动，它们甚至要负责移动整个身体。有时这种运动还会持续很长一段时间。

另一条论据是，人类和四足动物胳膊与腿部关节的结构恰好相反：我们的膝盖向前弯曲，而四足动物后肢上同一部位的关节向后弯曲；我们的胳膊向后曲起，而四足动物前肢上的关节向前曲起。就这点而言，虽然这一观察记录同亚里士多德本人一样古老，但是我认为其中有一点错误，亦即，彼此间相对照的并不是同一部位的关节（四肢动物后腿上第一个，或者说最上面的关节）是向前弯曲的，人类的膝盖也是如此，这两者才是相对应的部分，因为膝盖才是人腿上最靠近上面的关节；同样，胳膊之间的比较也应作出相应的修正[*mutatis mutandis*]，因此我并不打算引以为据。

225 还有一个具体事例可用来证明,人类身体的直立形态,是睿智善良的自然造物者精心策划的结果。这个例证就是,心包(Perucardium)上的锥形体与膈中心腱(Midriff)连接在一起。这方面的阐述,我将从富于创见的泰森博士(Dr. Tyson)对倭猩猩或小矮人的解剖报告(Anatomy of the Orang-Outang, or Pygmie)[①]第49页中摘出一段来呈现给读者。

(他写道)维萨留斯等人认为,心包,或者说包裹着心脏开口处的袋子,竟然固着在膈上,这实在是人类得天独厚的特征。维萨留斯告诉我们(见《人体运行论》lib. 6. Cap. 8):"心包上的尖,以及其右侧相当大一部分,都极其牢固地连接在横膈膜的神经环上,并形成一个很大的空间,这对于人类来说是得天独厚的。"

布兰卡迪乌斯《解剖学革命》(*Blancardius Anat. reformat.*)第2章第8页中也写道:"人类在这点上独一无二,不同于任何其他动物,因为他的心包始终长在膈中心腱上;而兽类的心包则与膈分离,且有一定距离。"

因此,人类心包着生的状态,有助于呼吸过程中膈的舒张。否226 则,肝脏和胃部的重量会使膈下坠并过于靠近腹部,这样一来,膈上的纤维在舒张期松弛时,就不足以上升到胸膛,以至胸腔体积缩小,导致肺部塌陷。

对四足动物而言,心包无需连接在膈上,因为在其呼吸过程时,当膈纤维松弛时,腹部脏器的重量会轻而易举地将膈压入胸腔

① 泰森试图论证一种矮人(实际上是倭猩猩)是人和猴之间一种过渡型生物。——译者

中,从而发挥作用。此外,如果四足动物的心包连接在膈上,那将会阻碍膈在呼吸过程中收缩或随着肌肉纤维的收缩而下沉;不仅如此,由于膈在这种牵绊下无法自然地借助脏器的重量下沉,后者将始终对膈造成压迫,从而不足以使胸腔扩张,以此必然阻碍呼吸。因此我们看到,对人类而言,心包连接在膈上是多么必要,而对四足动物而言,又将是何其不便。

既然我们发现了野兽与人类在这一点上存在的区别,我们又怎能不相信,这必然是智慧与设计的产物;人类直立行走,而不像四足动物一样爬行,也是出于自然的意旨。

II. 由此可以证明,人类身体是智慧的产物,因为人全身上下没有一处是有缺陷的、多余或是没有目的和用途的。诚如我们之前引用的那些箴言所说:“自然不生产多余无用之物,也不缺乏任何必需之物”,人体上任何部位都缺一不可。“眼睛不能对手说‘我不需要你’,头部也不能对脚说‘我不需要你’”(I Cor. xii. 21.)——请恕我擅用圣徒的比喻。 227

肚子不能抱怨身体的其他组成部分,其他部分也不能埋怨肚子看起来一副慵懒的样子;因为其他部分为肚子提供粮食,肚子也会消化食物,并将养料分送到各部分。唯有一处值得质疑的,是男性乳头的用处。我的回答是,部分是为了美观,部分是为了使两性之间达成某种一致,还有部分是为了防卫和保护心脏;在某些情况下,男性乳头也有乳汁,我们在巴托兰(Bartholines)的《解剖观察》(*Anatomical Observations*)读到,丹麦一户人家就有过这样的事情。但是无论如何,我们不能因为自己的无知,就推断说男性乳头或者身体任何其他部位是无用的。

我最近碰巧读到保罗·博科内先生(Seignior Paulo Boccone)的《自然观察》(*Natural Observations*),这本书于1684年在意大利博洛尼亚(Bologna)出版,其中谈到的一则故事,被证明是确有其事:一位乡村男子,名叫比拉尔迪诺·迪·比洛(Billardino di Billo),住在一个名叫索马勒佐(Somareggio)的村庄里,此地隶属于翁布里亚诺切拉城。比洛的妻子逝世后遗下一个小婴孩,他就自己用乳汁喂养那孩子。这名男子,要么是因为在他住的那个村子里找不到看护孩子的人,要么就是因为他雇不起乳母,总之,他把孩子抱在怀里,将自己的胸部凑到孩子嘴边让他去吮吸。那孩子这样做了,并且在吸了几次之后,居然吸出一点乳汁。于是这位父亲继续鼓励孩子去吸吮,一段时间后,乳汁充沛起来,如此维持了数月,一直到小孩断奶。作者充分援引了一些杰出的解剖学家,例如弗兰西斯·玛丽安·弗罗伦丁(Franciscus Maria Florentinus)以及马尔比基(Marcellus Malpighius)的观点,来证明男性乳头与女性乳头具有相同的结构以及输送管道,并推论说,大自然赋予男性以乳头,既不是毫无目的,也不是单纯为了好看,而是为了在必要时代替女性来喂养幼儿。

228

如果我们一生下来,脸上就长着巨大的脂肪瘤,或是下巴上长着"巴伐利亚刺"[①],或者背部像骆驼一样长着巨大的驼峰,再或者

① 关于"巴伐利亚刺",约翰·雷在《低地国家旅行见闻》中提到,在意大利一个叫圣米歇尔的村庄,很多人的下巴和咽喉部位都有很大的肿块,拉丁语(或者毋宁说是希腊语)名称为 *Brouchoeele*,某些人用英语称为"巴伐利亚刺"(*Bavarian Poke*)。按照雷的解释,这是高山民族历来易于罹患的疾病,具体可能与他们的某些生活方式有关。参见 John Ray, *Observations Topographical*, *Moral and Physiological*, London: 1673. pp. 143—144.——译者

身上有任何其他多余无用且令人烦扰的赘生物(这些东西不仅不会给我们带来什么好处,而且平白增添负担,有碍观瞻),我们或许有理由怀疑我们究竟是不是由一位有智慧的、仁慈的造物主塑造出来;因为,如果人类的身体是随机组成的,那倒定然极有可能出现许多多余无用的部分。 229

然而我们看到,身体的各个部分各司其职,任何一个部分都不可缺少,一旦失去就会给生活造成极大不便——甚至我们通常以为的排泄物,即头上的毛发或手指末端的指甲,也是如此;我们一定是疯了,或是丧失了理智,才有可能会认为创造和构建我们的不是一位具有无限的善与智慧的神灵。

III. 我们还可以从人类身体的各部分及其部署情况来论证神的智慧与关照:这种部署最便于各部分发挥作用,看起来最为美观,也最便于各部分之间相互协作。首先是便于使用。我们看到,对我们的生存至关重要的感觉器官都位于头部,就好像站在瞭望塔上的哨兵一样,可以方便地接收外界物体的影像,并将其传递给灵魂。

正如西塞罗在《神的本质》所说:"位于头部的感官确实能接收并传递信息,就像修筑在高大城堡上以备急需的岗哨一样。"眼睛可以更轻易地看到远处的物体,耳朵可以视听远处的声音;无论是从美观和装饰效果上来说,还是从对整个身体的护卫与指引来说,眼睛所处的位置都不可能有比这更好的。西塞罗接着又说道:"眼睛像哨兵一样占据了最高的位置,因此,从那里它们可以尽其职责,看到更多的东西;耳朵是为了用来接收声音,由于声音的本性是向上传播,因此耳朵也被安置在身体上最上面的部位;鼻子也是 230

如此，由于所有气味都向上漂浮，所以鼻子也恰如其分地位于上面。”

我还可以列举身体其他部位，例如，双手所处的位置，难道还有比现在这样更便于从事各种劳作与日常活动、更便于防护头部及身体首要部位的吗？心脏要将生命与热量输送到全身各处，因此它靠近身体中心位置，然而由于血液向上流动比向下流动更为困难，因此心脏稍微偏向头部这边一些。我们还观察到，身体的排泄部位尽可能远离鼻子和眼睛。在上文提到的段落中，西塞罗也注意到了这一点：“在修建大厦时，排污纳垢的场所必须远离主人的眼睛和鼻子。自然界中的事物同样如此，排泄器官要远离感觉器官。”

其次是更为美观。各个部位都成双成对，彼此高度一致且左右对称。试问，还能有比这更为理想的设计吗？

231 其三是相互协助。我们之前已经指出眼睛生长的位置是多么便于指引双手，而双手着生的位置又是多么便于保护眼睛；类似的论证也适用于其他部位。这些部位着生的位置，非常便于彼此相互指引与协助，这一点是显而易见的。我们只需想象一下，身体任一部位着生的位置或状态正好与目前状况相反时将是怎样一种情形，问题就会更为清楚：如果一个人的胳膊只能够向后弯曲，或者他的脚只能向后移动，他的眼睛将如何指引他去工作或行走？或者说，他将如何维持自己的生活？再或者，如果一只胳膊向前弯，另一只向后弯，两只胳膊就失去了一半的作用，因为在任何行动中，它们都无法相互协助。就眼睛或者任何其他的感觉器官而言，你大可想象一下，在整个人体上还能有什么地方比它们目前所处的位置更合适。

IV. 从人体重要部位受到的防护与保卫来证明神意的存在。具体论证如下：

1. 心脏；这里是生命和生长的源泉，“生命活力的工厂，以及热量产生的源头和源泉，点灯之油的根本”；我可以按照化学家的说法，称之为“小宇宙中独一无二的太阳”；其中蕴藏着生命之火或天堂之火，也就是传说中普罗米修斯从宙斯那里偷来的东西；或者按照亚里士多德的说法，称之为“与星体元素相对应的神物”。为了确保安全，心脏被置于身体躯干的中间；心脏本身外面覆盖着一层膜，也就是心包，此外它还倚在肺部柔软的垫子上，外面有两重围墙环绕，这两重壁分别为：(1)结实的肋骨，可抵御击打；(2)厚实的肌肉和皮肤。此外还有胳膊，胳膊的位置十分便于及时采取措施，防患于未然。 232

2. 大脑是一切感觉和运动的本原，动物精气的源泉，也是灵魂所在的主要位置与殿堂。我们之所以成其为有感觉或有理性的动物，一切特权都靠大脑来保全。正如我所说，大脑是灵魂借以栖身的主要与直接器官。拥有健全的大脑，就意味着有敏捷的思维、锐利的洞察力、果断的判决、井然有序的创造，以及强有力的记忆；而一旦大脑受到损害，我们的理解力、思维乃至判断都将陷入一片混乱。因此，大脑外面罩着一层有效的防护壳，若非强大的力量绝对无法对其造成损坏。

a. 头骨极其坚硬而且厚重，以至于要想在上面划一道缝，就好比要在铁盔上砍出一个口子一样。

b. 头骨外面覆盖着皮肤与毛发，既有助于保暖（头部从本性

233 上来说属于一个非常寒凉的部分)，也有助于减缓和疏散头部受到的撞击，并有效隔开锐器的锋刃。

c. 除这一切之外，大脑周围还松松垮垮地挂着一层厚实的膜(人们称之为硬脑膜)，尽管裹得不是十分紧密，但是在头骨破裂的情况下，这层膜通常能防止大脑受到损害；最后还有一层透明的薄膜，直接紧紧贴合在大脑外面，防止大脑受到挤压或震动。从大脑上延伸出许多条成对的神经，枝枝蔓蔓，分布到全身各个部位，或是输送营养，或是传递运动。从人体模型，乃至威厄桑氏(Vieusens)以及米尔斯博士(Dr. Mills)的人体图像与图示来看，这些部分都显得十分美妙。

我想列举的第三个例子是肺部，这个部位对于我们的生命和感觉都有极其重要的意义，以至于流俗认为我们的呼吸就是生命本身，而灵魂正是从肺部呼出；与这种观念相应，无论拉丁语中的"精神"(anima)与"精气"(spiritus)，还是希腊文中的"普纽玛"(pneuma)[①]，词源的含义都是呼吸和风：而"呼出灵魂"(Exhalare animam)就意味着死亡。古罗马人通常口对口地接受弥留之际的友人们呼出的最后一口气，就好像他们的灵魂通过这种方式释放出来了一样。那种灵魂载体的观念，最初或许正是由此而来。正如我之前已经提及的，普通人认为，即便呼吸不是灵魂本身，灵魂也是从那里飘散出来的。

234 为了更好地保证肺部的安全，这个器官也像心脏一样，被闭锁

① 可译作"精神"，但不能按现代意义理解为"无形体"的精神。"普纽玛"由能动的元素构成，而元素是精细的形体。——译者

在同一个空腔中。

V. 神意体现在为防止恶性事故或种种弊端而提供的大量关照中。就这方面来说，大自然的慷慨表现在如下方面：

1. 人体许多重要部位都是成对出现，例如双眼，双耳，两个鼻孔，双手双脚，以及双乳和双肾；这样，倘若不幸罹受事故，其中一个丧失了功能，另一个还聊可供差遣；反之，如果一个人只有一只手或一只眼，或是其他器官有类似情况，那么失去一个就是失去全部，导致陷入万劫不复的境地。由此可见神的仁慈：他赐予我们两只手，两只眼睛，以及诸如此类的其他器官，不仅是为我们的需求和便利考虑（只要我们懂得运用）；而且是为了保障我们的利益，以防我们因事故而失去一个器官。

2. 人体内所有导管都具有众多分支，特定分支虽然主要为一部分器官或肌肉服务，但是也有一些末梢延伸到相邻的肌肉中；与此相交换，相邻部位的导管也有末梢延伸过来。因此，如果一个分支碰巧中断或者被阻塞，在某种程度上，从相邻的导管上延伸出来的末梢将会弥补这一缺陷。 235

3. 大自然提供了多种途径来避免人体受到伤害或者滋生疾病。头部如果感觉不适，就能通过打喷嚏来得到释放；肺叶中如果有异物侵入，或者有液体流入，就能通过咳嗽来清除并排出异物；胃部具有一种自我收缩的能力，如果被堵住，就可以通过呕吐来清空里面的东西。除以上避免伤害的途径之外，还有粪便，尿液，汗液，鼻腔分泌物，以及黏膜分泌物等。大自然之所以赋予人体这么多避免伤害的途径，是因为有很多种不同的体液需要清除或者排泄出去。因此，存在某一种有毒体液组成的排泄物，相应就会有一种排泄器官，其毛孔正好适于接收和输送这种排泄物中的微小粒子——这种排泄过程至少是通过渗透作用，对此现在我们只是猜测，还不能确定。然而我丝毫不怀疑，同一种体液也可以通过若干种排泄器官排出体外。例如，大体而言，尿液和汗液显然就是通过不同途径排出的同一种体液。

说到为防止突发事件带来的不便而给予的关注，我还想补充一两则关于睡眠的观察记录。

睡眠对于人类和其他动物来说都是必需的，睡眠能使我们彻底放松下来，从而让我们得到休息，恢复白天里因感官的持续工作以及肌肉的持久运行而耗费的大量精力；因为大自然的关注，我们在休息时，即使长时间朝一侧躺卧，也不会感觉到疼痛或者不适，而当我们醒着的时候则不然。依据理性来判断，有人可能会认为，身体的整个重量都压在一侧肌肉或骨骼上，必然会非常沉重不舒，并带来极大痛苦；我们从经验观察中发现的确如此：夜里当我们睁眼静卧时，我们保持同一姿势最多不超过一刻钟；我们会辗转反侧，或者至少是左右调整姿势。其中大有机巧。在我看来最有可能的是，这是因肌肉的膨胀所致；肌肉因此变得柔软，就像许多个垫子一样非常有弹性，可以疏散压力，从而防止或消除疼痛感。人体睡眠期间肌肉的膨胀现象，在小孩子的脸上可以看得十分清楚。我们还可以从另一点来论证：当我们和衣而眠时，我们通常会解开衣裤和袜子上的带子，以便精气(spirit)畅通无阻，否则我们身上被束住的地方会感觉到疼痛不适。而当我们醒着时却不会有这种感觉。

对于这种现象，亦即我们在睡眠中长时间朝一侧躺卧时体会到的“*analgēsia*”，或者说“无痛感”，李斯特博士(Dr. Lister)在他的《巴黎之旅》第 113 页，琼斯博士（Dr. Jones）在其论著《鸦片之谜》中，都曾剖析过其中的原因，并将其归为人体在睡眠期间神经与肌肉的松弛；我们醒卧时神经和肌肉处于紧张状态，从而导致疼痛不适感。对此我不置可否，然而我认为，原因与我们在睡眠时的放松状态有很大关系。

因为在睡眠中人体感觉不到疼痛，因此在休息时，那些负责将疼痛反应传递至大脑并在灵魂中激起痛感的神经，都被阻塞了。我本人经常体验到这一点，因为长期以来我一直被腿上的溃疡所困扰。每次突然醒来时，我都会感觉非常轻松，大概在醒来一两分钟内都不会有任何疼痛的感觉，随后疼痛才逐渐重新袭来。我认为原因无他，只有可能是阻塞神经的水汽（vapour）抑或任何其他的东西被驱散了，使传递疼痛反应的通道重新被打通。

在反复思考，并拜读过李斯特与琼斯博士的相关著作之后，我倾向于相信，这种引起痛觉的运动，是由处于紧张状态的神经本身传达至大脑（正如我们所见，当绳子被拉直时，在绳子的一端最轻 238 微的碰触也会迅速传递到另一端，而当绳子松弛时则不然），不是由流经神经的精气传达；另一方面，疼痛感的消失，与其说是缘于神经的阻塞，毋宁说是缘于神经的松弛。然而神经和肌肉的这种紧张状态，应当归因于精气向下流动，并促使神经与肌肉膨胀起来。

VI. 神意还体现在我们观察到的各个首要部位在数量、形态、位置与特性上表现出的一致性，以及其变化范围之小。人类一直在修补和改变自己的作品，而大自然却始终遵循着同一个要旨。因为它的作品是如此的完美，根本没有修补的余地，一切都无可指摘。许多个世纪以来众多最心灵手巧的人,也无法从神构思和制造的这些机器中挑出一星半点的错误;世界这本大书并非一开始还不完善的文章,其中不存在任何败笔或纰漏。用切斯特主教的话来说:没有修改的余地;任何事物一经改动就会被毁坏。如果说人体是随机生成的产物,而不是谋略和神意的成果,这一切就是不可能的。为什么相同的部位始终是一样?为什么它们始终占据同239样的位置?为什么它们具有同样的外观和形态?一致性与机会之间的矛盾是无可比拟的。如果我看到一个人用三颗骰子一千次掷出同一个数字,你能说服我这纯属偶然,背后没有任何必然的原因吗?如此多的部位,其中体现出的这种鲜有变化的一致性,怎么可能是机会的产物呢?还有什么比这更令人难以置信的?这些作品也不可能是受必然性或者命运支配的产物,因为如若如此,在那些较小的部位上,应当也能观察到那些较大部件以及管道体现出的那种一致性。然而我们看到,大自然也会玩游戏(ludere),看起来它就像在自娱自乐;在同一物种的不同个体之间,一切脉络、静脉血管与动脉血管,以及神经最细小的分支,都具有无穷变化,以至于没有任何两个小分支彼此相似。

VII. 神性造物主的大智慧还表现在,在那些对个体的维持与保全,以及种族的延续与繁衍至关重要的行为中,总是伴随着愉悦感;不单如此,反过来,忽略和违背这些行为,也会带来痛苦。为了维持人类的生命,神使人在吃喝时能感到快乐;否则,人出于懒惰或者事务繁忙,就有可能忽略饮食,有时甚至会彻底忘记。确实,240每天隔两个小时就必须咀嚼吞咽食物,要是从中感受不到任何趣味和快乐的话,那将会是一个人一生中最繁重乏味且令人不快的任务之一。但是,由于这种行为是绝对必要的,大自然特意给予了大量关照,它使我们体内感觉到饥饿的痛苦,从而提醒我们进食,并让我们在进食过程中享受到伴随而来的快乐感。说到物种的延续,无需我告诉你,与之相关的那些行为带来的享受,是感官最大的满足。

VIII. 我们身体的设计者与构造者高超的技艺与无上的关照,还表现在他构造不同部位时必定预先考虑到的各种不同目的,或是这些部位为适于其用途而必备的特征[①]。盖伦在其著作《胚胎构造论》(*De Formatione Foetus*)中注意到"在人体内有 600 多块不同的肌肉,而对于其中每一块,都可以观察到至少 10 种不同的目的或相应的特征,其形态、大小与属性均十分恰当,正好适合它们各自的用途;整体的上下划分,以及神经、静脉血管和动脉血管的位置,也都恰到好处;因此,仅仅肌肉,就能起到不下于 6000 种不同的用途或目的。骨骼据估计共有 284 块。每块骨骼的特定功能范围或目的超过 40 种,共计约 10 万种。成比例地,身体其他的部位、皮肤、韧带、导管、腺体和体液,也均有多种不同的用处。然 241 而尤为特殊是人体内不同的薄膜,从这些膜需要满足的目的之种类与数量来说,它们远远超出了同质部分的范畴。任何一种膜的缺失,都会导致身体的紊乱,而其中很多种膜的缺失会引起十分严重的后果。"

现在想象一下,如果说这样一架由许多不同部分组成的机器,有着达到无数多种目的所必需的恰当形式、秩序与运动,竟无需某

① 参见切斯特主教的《自然宗教》(*Nat Rel.*)Lib. 1. c. 6。

种睿智的作用者来设计就能产生,那必定是最不合理性的事情。

人体这种绝妙的机器,其美丽仅次于生命的图景,从西贝留斯(Spigelius)和彼得罗(Bidloo)绘制的精美图示中就可见一斑;人体各部分的分布、秩序,以及分隔与连接方式,可见于利塞鲁斯(Lyserus)的《解剖学知识》(*Cult. Anatom.*)。各种不同脉络中几乎无穷无尽的分支,及其相互间的连接,还有腺体和其他器官的结构,都很容易通过显微镜来辨识。我们还可以通过朝里吹气来使之显现出来以便于绘制,或是用特定的注射器注入融化的蜡,或者水银;具体操作可借鉴斯旺麦丹、卡斯帕·巴托兰和安东尼奥·努克的说明。

IX. 从人类和动物身体构造中还可以得出一条对智慧与设计的证明,那就是,某些部位适应于多种不同的功能和用途,正如拉丁谚语中所说:大自然"用一丛灌木堵住了两处豁口";例如,舌头不仅能用来品尝,还能通过在口腔中搅和食物来帮助碾磨与吞咽,人类靠舌头来舔食物,小猫小狗用舌头来舔舐,母牛则用舌头来进食青草;尤为特殊的是人类的舌头,它对于语言的形成具有值得称道的意义。

242

肚子或者说小腹部位的膈与肌肉,不仅有助于呼吸,而且能压缩肠道,将乳糜挤入乳糜管中,并同样将其从乳糜管中挤入胸部通道(Thoracick Chanel)中——顺便说一句,这里就好比一个乳糜汇集地;通过呼吸过程中肌肉的运动,乳糜受到挤压,就会更为顺畅地被推进先前提到的导管中。此外有人认为,呼吸作用以及所谓的膈与肌肉的运动,或许还能通过不断的搅动和上下运动来促进食物在胃里的粉碎和消化,就好像在研钵里碾磨或捣炼物质一样。

这种看法也不无道理。

不说别的，心肌的收缩和心脏的脉动，不仅有助于血液循环，而且有助于各部分更为完美地混合，既保持着自身的“克拉西斯”[①]与流动性，又融合了其中接收的乳糜之类汁液。 243

X. 那位构造人体的神性创造者之善与智慧，还表现在人体的滋养上：那些有助于保持身体健康的食品不仅美味可口，而且吃到肚子里十分舒坦，因此我们会继续进食，直到吃饱餍足，胃口才慢慢消减，直至最后感觉到腻味与厌烦。正所谓“饱汉厌见蜜巢”(The full stomach loathes the honeycomb)。

另一方面，不健康和不恰当的养料，或是有损健康的食品，不仅尝起来味道不佳，吃进肚子里也会让人难受，具体情况由食物的有害程度而定。也有一类食物，味道虽然不是很好，却对人体十分有用。然而身体健康的人根本没必要去食用这类珍馐。我认为最好是远离这类食物，并顺其自然地选择那些吃起来舒心可口的食物；因为不合口味的食品定然要改变人的体质，才能使人逐渐习惯于这类饮食；这无疑会使人的体质变差。

在此我还想补充一句：即便是疼痛——我们感觉中最痛苦难耐的事情——也大有益处。让人的身体内外罹患的一切疾病和伤害都伴随着疼痛感(疼痛无非就是源于某些伤害或疾病)，将疼痛作为一种有效的刺激，促使我们尽快去寻求急救或治疗；而在疾病治愈后，疼痛也会消退。疼痛不仅能在我们遭受病患折磨时提醒我们及时寻求救治，而且能让我们小心避开一切有可能带来疼痛 244

① Crasis，出自希腊文 κρ ασισ，意思是四种体液的混合比例。——译者

的事物,也就是说那些可能伤害我们的身体,并且有损于人体健康的事物;这些事物对我们的灵魂也极其有害,这大体上是神所不容许的。

因此我们看到,神给予了极大关注,并采用极其有效的手段来治愈我们的疾病,维护和保持人体的健康。这才是疼痛的真正目的。然而我并不否认,神有时也会亲自播撒疾病,乃至将疾病加诸他自己的孩子,在此我将不赘述其中的原因。我也不必去提父母与主人为了让他们的孩子或仆从改邪归正,或是地方法官为惩戒罪犯而使用体罚的做法,这些都不在我讨论的范围之列。只有一点是我不得不指出的:这是一种具有多重作用的事物,无论对于治理国家还是管理家庭内务,它都是必不可少的。

245 XI. 有人还从人类容貌的多样性与人脸的差异中得出对神意的证明:世界上没有绝对相同的两张脸;这看起来多少有些奇怪,因为面部一切组成部分就种类而言都是一样的。如果大自然是一位盲目的建筑师,我看不出为什么不会有某些人的脸长得一模一样,就像同一只母鸡生出的蛋、同一个模子浇铸出来的子弹,或是同一个篮子里滴下来的水滴一样。我发现普林尼曾在《博物志》第七卷第一章中提到这个例子,他如是说道:"我们的面容和相貌,组成部分不过十多个,但在百万多个人中,却没有两个完全一样的;鲜有比这更高超的技术了。"对于诸如此类的事物,他在序言中如是说道:"自然事物展现出的力量与宏伟无时无刻不令人难以置信。"

虽然这起初看来只是一件小事,但是认真考虑一下,我们会发现,这对人类的事务具有重大的意义:如果不同的人之间具有难以分辨的相似性，那将会引起怎样的混乱？一切买卖往来以及交易和契约活动，都将会变得何等不可靠？又将出现多少欺骗与诡诈，以及收买证人的勾当？贸易和商业将陷入怎样一种境地？一切司法程序面临着怎样的灾难？在一切打架斗殴、谋杀与暗杀、偷窃与 246 抢劫活动中，我们如何确保对犯人进行惩戒？谁敢发誓说某人应当承担责任，哪怕他们确实看得一清二楚？类似的弊端还可以举出很多，由此我们看到，这对于神的智慧与善来说，并不是一种微不足道的证据。

两性之间，以及特定的人或动物个体之间声音的差异，所起到的作用也丝毫不亚于相貌；科可本博士(Dr. Cockburn)曾在其论著第II部分第68页指出这一点。事实上在某些情况下，声音甚至比相貌更可靠，因为那些处在黑暗之中，或是双目失明的人，可以通过声音来认识并辨认出彼此，这对他们来说极其重要；否则他们就非常易于受到欺骗和伤害。

进而我们可以补充引用同一位作者的论述，第71页中写道："笔迹的变化也同样神奇，这只能归为神充满智慧的庇护，除此以外别无其他解释"。普遍经验证明，尽管成千上万名学生师从同一个老师，而且学习的是同一种书写形式，但是每个人的笔迹都各不一样——无论他们写的是宫廷字体、罗马字体，抑或其他字体，每个人的笔迹多少都有不同于他人的独特之处。诚然，有些人能模仿他人的书写和签名，然而这类人毕竟是少数，而且他们也不是随 247 随便便就能模仿的；事实上，最高超的模仿技术也不可能与原文如出一辙，达到真伪莫辨的地步。如果神意不曾如此安排，欺骗和伪造事件将会何其寻常——这不仅会危及私人权益，而且会侵犯国家和政府利益,造成一片混乱。笔迹的丰富变化,对于维持世界和平起到极其重大的作用;它防止欺诈事件发生,并保障人们的财产权;它督促人们在当下生活中诚实守信;它传达不在场者的想法,并宣告逝者的遗愿——这些都需要严格去遵循。在其中起到重大作用的,并不是什么人性的共识;人们并非自发接受这种约束,他们只是受到神意的暗中驱使。神懂得并且深知,对人类总体及每一特定个体而言,究竟什么是好的,什么是有益的。

此外再补充一点:虽然兽类有很多特有的部分是人类所不具有的,例如耳部第七块肌肉,或者说悬肌,以及悬肌和颈部两侧结实的腱膜(也就是一些人所谓的"*Packwax*"),但是很显然,这些部分对兽类具有非常重要的作用,而且是必不可少的(稍后我将详细论证),但对人类而言将会毫无用处,而且无异于画蛇添足。248

我已经对普遍现象进行了论证。接下来,我将更准确细致地考察人体某些特定的部位或器官;首先是头部,由于头部要承载一个巨大的脑,所以它被建构成容积最大的形状,也就是说近似于球形;头部生有头发,尽管有人将头发视为一种排泄物,但是(正如我之前所指出的)头发对于保护大脑、维持大脑温度,以及减缓有可能对头骨造成损害的外界撞击力,均具有极大作用。头发还有助于排出充斥着脑部的大量过剩湿气。

我发现,帕多瓦著名的解剖学家马凯蒂(Marchetti)曾提到,人之所以秃发,是由于脑部过于干燥,因此头发从颅骨或头盖骨上脱落;他观察到,在秃发者秃发的部位下方,头骨与脑之间总是有一个空穴。最后,姑且不论其他,头发也有助于对面部起到极佳的修饰作用,当代人颇为了解这一点,因此不惜花费重金来购买假发。

其次，我将要详细谈到另一个器官，亦即眼睛。这个部位的构造极其精妙，其所处的位置也再好不过，极其有利于眼睛的实用、美观以及安全性，绝无修补的余地。关于眼睛的美，我不想多说，姑且留待诗人和演说家去论述；我最多能说，如果考虑到眼睛的形态、色颜与光泽，它看起来确实是一种美妙动人的物体。较之任何别的部分，眼睛对灵魂的触动与影响更为直接，也更为强烈；灵魂中一切激情与烦扰，也都通过眼睛表现出来。 249

眼睛是窗户，它让外界物体的形象（Species）进入黑暗的脑室内，并为灵魂提供信息；同样，眼睛内燃烧的火焰也能对外界揭示出，内部灵魂受到了怎样的触动，或是影响。外界物体的影像在眼睛上形成的再现，是最清晰、最生动，也最鲜明的。眼睛需要为我们传达周围表象世界中的信息，而下面我们将看到，眼睛及其各部分的构造与机制，都完美地适于这一作用与目的，其机巧臻于极致，没有丝毫增益的余地：

第一，眼部的液体和眼膜都是透明体，可以让光线与色彩无偏折、不变形地射入，不会受到内部器官的浸染。亚里士多德学派通常认为，眼部晶状体（他们荒谬地想象这里就是直接产生视觉的器官，所有外界物体的形象均投射到这里）是没有任何颜色的，因为它的职能是辨识一切颜色，或者至少是接收各种色彩的形象，并将其传递给共通感（common sense）。如果晶状体本身是有色的，它会将所有可见物体渲染成同样的色彩；正如我们所见，透过一片有色玻璃来观看任何物体，所有物体都将看起来与玻璃是一个颜色；而在那些患有黄疸病或类似眼睛变色病的人看来，所有物体的颜 250

色都与其患病后眼睛的颜色一样。亚里士多德学派这种说法，在很大程度上是正确的。不过，他们显然弄错了视觉器官的原理，以及视觉产生的方式和眼睛里液体与眼膜的用处。之所以眼部所有的膜和液体都是完全清澈透明的，而且没有任何色彩，原因有两点：第一，是为了清晰；其次，是为了使视觉更为鲜明。

首先是清晰。如果眼部所有的液晶和眼膜，或是其中任何一处是有色的，从可见物体发散出的很多光线，在得以到达眼球底部（这里才是视觉器官真正的位置）之前，就会被阻止或者被吸收；因为这几乎是一条确定不变的法则：物体的颜色越深，透光性就越差，从而就越不适于用来传达形象。

其次是视觉的鲜明度。正如我之前说过的，亚里士多德学派观察得很准确，眼部的液体染上任何一种颜色，它们都会将这种颜色加诸物体之上，以至无法如实地再现物体的影像并将其呈现给灵魂。同样我们可以看到，透过一片有色玻璃去观看物体，物体不仅会被渲染成玻璃的颜色，而且会显得更为模糊不清。

251

接着来说第二点，眼睛的各部分都被创设为凸面形；尤其晶状体，它具有一种凸透镜结构，两面都是凸起的；通过凸透镜的折射，从物体上某点发出的许多条光线（只要是瞳孔能接收到的），将会相应投射到眼球底部的一点。如果没有这种折射作用，视觉将会非常模糊，而且混乱不清。

如果角膜外表面为平面，同时去除了晶状体，视觉的清晰度与鲜明度将会大不一样；就好像图像直接通过小孔打在暗室内一张白纸上，与在小孔上安装一块打磨极其光滑的凸透镜，前后所成像之间的差异；任何人只要见证过这种实验，就会很清楚其间存在多大的差异。确实，这种实验很好地解释了视觉产生的原理；小孔对应于眼睛的瞳孔，晶状体对应于凸透镜，暗室对应于眼窝（里面充满琉璃一样的液体），白纸则对应于视网膜。

第三点，葡萄膜层——或者说眼睛上的虹膜[①]——具有肌肉的功能，能使里面的圆孔，即瞳孔或者眼睛的视域放大或缩小。虹膜使瞳孔缩小，以便排除过于强烈的光线，保护眼睛不被过于炫目和耀眼的物体刺伤；使瞳孔放大，则是为了捕捉更远处或是处在弱光下的物体。因此沙伊纳（Scheiner）说道："如此卓绝的技艺，尽显大自然的馈赠之丰盛。" 252

如果有人希望用实验验证这些细节，他可以依照沙伊纳和笛卡儿的指示，叫个小孩过来，在小孩前面点一根蜡烛，吩咐小孩盯着蜡烛看，他就会观察到，小孩的瞳孔会自动地显著收缩以避开部分光线，否则明亮的烛光会照花他的眼睛（我们在黑暗中逗留一段时间后，如果突然被带到强光下，也会产生这种眩晕的感觉，直到瞳孔渐渐自行收缩）；随后撤走蜡烛，或者将蜡烛移到一边，他会观察到，小孩的瞳孔又逐渐地放大了。再或者，拿一颗珠子之类的东西，凑到小孩眼前，要求对方双眼看着珠子，小孩的瞳孔会随着物体的靠近而显著收缩；而将珠子拿到更远处，在同样光线下，又能观察到小孩的瞳孔明显放大。

第四点，葡萄膜层，以及脉络膜的内壁颜色都发暗，就像网球场的墙壁一样，光线射到那里就会被吸收和制止，不会向后反射并 253

① 眼球壁分为三层，由外至内分别为纤维层、葡萄膜层和视网膜层。中层的葡萄膜层又由相互衔接的三部分组成，分别为虹膜、睫状体和脉络膜。——译者

复合成视线；即便有部分光线通过视网膜反射过来，也会立即被葡萄膜的暗色内壁阻截。相反，如果光线来回反射，鲜明的视觉将无从谈起。正如我们所见，光线能在白布或白纸上成像，但当它打进黑暗的房间里时，先前的形象可说是消失得无影无踪。

第五点，由于从远近不同的物体射出的光线，并不会正好会聚在晶状体后面同一距离处（在凸透镜上，我们很容易观察到，近处物体发射出的光线会聚于凸透镜后面更远的地方，而远处物体的光线则会聚于较近的地方），因此，睫状突，或者毋宁说是在眼睛的巩膜内观察到的韧带，据先前一位卓越的解剖学家研究，确实能替代肌肉的作用，它们能通过收缩改变眼球的形状，并使眼球扩大，由此拉动视网膜，使其更靠近晶状体；通过松弛，又能允许视网膜回到正常位置，这要依据物体距离眼睛的远近来定；此外，睫状突或许也可以通过自身的收缩和松弛，来促使晶状体本身更凸出，或者更平坦；出于同样原因，睫状突还能在肌肉的帮助下，稍许改变整个眼睛的形状。

254 除上面所说的之外，还有一点需要补充的：视网膜为白色，从而能更好，更准确地捕捉事物的形象。瞳孔所接收的光线，必定要有一段距离才能会聚在一处，也就是说，从物体上某一点发散出的光线，要投射到眼球底部的另一点上，就必须让视网膜与晶状体之间存在一定的距离，因此，大自然提供了一个很大的空间，并使里面充满最适于这一目的的透明琉璃状液体。

关于眼球内视神经所处的位置及其原因，有一点显著的观察事实绝不能忽略；我将这一发现归功于著名数学家彼特·海隆(Peter Herigon)；他在《论光学》中说道："视神经并非位于眼球的正后方,而是偏向一侧,从而避免落在视神经孔上的部分影像无法成像。”我认为这并不是这种构造的真正原因;因为即便像现在这样,物体上某些部分发散出的光线仍然会因投射到视神经孔中而无法成像;我们通过经验发现,那些地方确实也是我们看不到的,尽管我们并不曾留意这一点。实际的原因是,假如视线轴落在中心点上(如果神经正好位于眼球后面,情况就会如此),随之会带来极大的不便;我们在观看任何物体时,物体中间的点都将是不可见的,或是中间出现一个黑点。因此,从眼部视神经的位置,我们就可以见识到大自然令人惊叹的智慧;未加思索或者不曾理解其中奥秘的人,可能很容易受到误导,以为视神经位于正后方才是对视觉更有利的位置。 255

关于视觉,还有一件事情非常引人注目,即:虽然投射到瞳孔中的光线产生交叉,物体的影像在视网膜或眼球底部也会产生颠倒,但是物体本身看起来并不是倒置的,而是处于正立或自然状态。其原因在于,可见光线沿直线射入,接触到视觉器官或视网膜,并通过接触点,依据入射方向来对共通感或灵魂产生作用。这就意味着,物体上那些不同的部分,作为散射光的来源,也按直线排列,通过瞳孔(点对点地)绘制在知觉器官的不同点上,光线的末端正是投射在这里。由此,灵魂所看到的物体必然不是倒置的,而是正立状态;视神经的天然构造,使它不仅能为灵魂传达外界物体投射于其上的形象,而且能反映出物体的位置。这一点显而易见,因为如果眼睛受到损害,物体的形象——无论我们愿意与否——看起来都将是重叠的;同样,如果将食指与中指交叉,中间放入一个圆形物体,然后快速晃动,这时物体看起来就像变成了两个一

256 样；原因在于，当手指处于这种姿势时，物体触及手指外侧，而这两侧在正常情况下本该是彼此远离的，因此手指上的神经会向灵魂发出暗示：物体也是这样被分隔开来，而且彼此远离，这两根手指是处在两个物体之间。尽管在视觉的帮助下，我们能用理性来纠正这种错误，然而我们仍然难免产生这种幻觉。

水状体也并不像有些人想当然地以为的那样一无是处，或是对视觉毫无好处，因为葡萄膜正是借助于水状体才得以维持，否则葡萄膜就会塌陷在晶状体表面；而且水状体必定是流动的，这样才能使葡萄膜得以收缩和扩张；此外，由于眼球的最外层偶尔可能遭到损伤或被刺破，这种液体也会随之流出，大自然立即针对这种情况采取了补救措施：依靠眼球里某些水管或者淋巴管的帮助，这种水液能从大自然专程设置的腺体中流出，从而有效地同血液分离开来。安东尼·努克(Antonius Nuck)证实，如果一只动物的眼睛被刺破，水状体也被挤出，只要让它待在黑暗的地方，10 小时之内，它眼睛里的水状体以及它的视力就能恢复如常。努克曾在莱顿的解剖剧场(Anatomical Theatre)上以一条狗为对象，当众演257 示这一实验。狗的眼睛受伤后，确实有大量水液流出，眼膜也似乎松弛下来，然而 6 个小时之后，狗的眼球中重新充满了水液。在此过程中没有采取任何医疗措施[1]。

不仅如此，同样引人注意的是，角膜(Cornea Tunica，眼睛上角状或清澈透明的膜层)与眼白并不处在同一个表面上，而是向上

---

① 见安东尼·努克《论新的唾液管道及其他》(*Antonius Nuck de Ductu Novo Salivali, etc.*)。

抬升,就像高出于凸面之上的小高峰一样,角膜还具有一种双曲线或者抛物线结构;因此尽管眼球看上去完全是圆的,但实际并非如此,相反,眼球上的虹膜隆起于眼白之上。其原因在于,如果角膜或者晶状体与巩膜位于同一轴心线上,眼睛将无法一眼看到整个半球的视域,正如沙伊纳准确观察到的那样:"这样一来,在很多情况下动物的安全将无法得到充分的保障。"

此外(我将引用我们本国一位已故学者的说法)[①],眼睛已经是如此的完美,我相信,一个人的理性会很容易停驻于此,并由衷赞叹自身的构造。他能随心所欲地上下左右移动整个身体,因此他很可能会无意中想到自身被赋予了多么完备的功能;大自然还为眼睛增添了肌肉,使这一结构完美无缺;很多情况下,我们经常 258 要移动眼珠子,而头部却保持不动,例如,在阅读或是更细致地观看摆在我们面前的一件物体时,我们只需把视线轴完全转向书本或物体;为了使动作进行得更简捷、精确,大自然为眼睛这一器官配备了不少于6块肌肉,以便于眼珠上下左右移动或来回转动。

接下来我要考察的是,为了防护和保卫这个极为突出且重要的部分,大自然给予了哪些关照。

首先,眼睛向内陷入一个舒适的沟槽,即眼窝里,而且四面包裹着无比精妙的部件(西塞罗语)[②],就像堡垒一样,能保护眼睛不受任何扁平或宽大物体的撞击。眼球上面有眉毛,可防止额头上滴下的汗珠或者灰尘之类的任何东西流进眼睛里(西塞罗语)。接

① 摩尔,《无神论的解毒剂》。

② 《论事物的本质》I.2.

着是眼皮，眼皮能防止任何微小物体突然袭击眼睛。眼皮边缘还具有一圈睫毛；睫毛就像栅栏一样，能防止纠缠不休的生物入侵，其作用部分是为了像扇子一样赶走苍蝇、飞蚊或者其他讨厌的昆 259 虫；还有部分是为了阻拦过于强烈的光线。“眼皮像睫毛一样构成另一重壁垒，在面临异物入侵时能使眼睛闭合起来。”

人和其他动物都必须睡觉，如果光线能通过眼部的窗口射进来，睡眠就会受到影响。因此，大自然为眼睛提供了这些窗帘，在需要时可以拉下来挡光。

又因为眼睛最外层必须清澈透明才能让光线通过，如果眼睛一直睁着，最外层将很容易失水、收缩，并丧失其透明度，所以大自然给予眼皮独特的构造，使之能时常眨动，就像刷漆上釉一般，用其中含有的水分来滋润眼球——眼皮上面有专门的腺体分泌出这种滋润液——并扫除黏附在上面的任何尘埃或污垢；为了避免阻碍视线，眼皮的眨动十分快捷。西塞罗曾指出，为了不妨害视觉，眼皮生得十分柔软，其构造也是最便于开合，不会对瞳孔造成损伤；大自然给予了特别关照，使眼皮能不时地快速眨动。

其次，如果我们考察一下眼球，我们会发现其外层的薄膜生得厚实、致密而且牢固，这种物质的韧性非常强，很难被划破，它又极 260 其光滑，可避开任何撞击带来的压力，此外，它的球形结构也给它带来很大优势。

最后，考虑到在步行和其他活动中身体需要受到指引，人的眼睛必须始终睁开，无论何时、何种天气条件下都必须暴露在空气中，最睿智的自然创造者为眼睛提供了脂肪形成的温床——脂肪就填充在眼部肌肉的空隙里；此外，造物者使我们的眼睛比其他部分更耐寒，尽管我不能像西塞罗那样，声称眼睛完全不受一切敌害的威胁与伤害，但我至少可以说，眼睛是全身上下最不易于受到伤害的部分，它甚至根本不会受到伤害，除非是急剧而猛烈的袭击。

除以上所述的一切内容之外，我还想补充的是眼睛所处位置的便利性，它靠近大脑——思维和共通感的栖身之所；如果眼睛被移到离大脑更远的地方，视神经将比在目前状态下更易于遭遇到危险和障碍。

眼睛由众多不同的部分构成，所有部分共同促成视觉作用，其中有些部分绝对必要，另一些也非常有用，没有什么是多余无用的；此外引人注意的是，眼部很多部位从形态（Figure）与一致性（Consistency）上来说截然不同于身体其他部分，它们都是透明的（这绝对是必需的，因为它们要让光线通过）；考虑到这些，谁还能说眼睛这一器官不是为了特定的用途而专门设计出来的呢？ 261

我们也不能断言人眼存在任何缺陷或不足之处，如果说人眼缺少第七块肌肉，或者说悬挂膜——很多其他动物的眼睛都具备这些东西——那是因为，尽管这些装备对动物来说十分有用，而且（考虑到动物的生活方式）从某方面来说是必要的，但对人类却不然。例如，有些兽类以禾草类为食，因此它们需要长时间俯首向下，在寻找和啃食青草时必须始终睁着眼睛。要长时间保持这种悬挂状态，眼部第七块肌肉，或者说悬挂肌，对它们来说就非常有用。这可以让它们在觅食过程中不会感觉到过于痛苦或疲劳；而人类既不会，也并不需要长时间勾着头或俯首向下，因此悬挂肌对人类来说将是多余无用的。

至于瞬眼，或者说瞬目（Periophthalmium），这是一切鸟类——我想还有大部分兽类——都具备的。很久以来我一直很疑惑瞬眼到底有什么用处；有时候，我猜想这可能是为了更好地防护和保卫眼睛，然而这样一来，我就没法给出一个合情合理的解释：大自然怎么会关心兽类眼睛的安危甚于对人类眼睛的关心呢？从这点看来，大自然对于人类这种世间最尊贵的生物而言，也不过是个继母。

262 先前提到过的那位德高望重的学者[①]，给出一个可能的解释来说明为什么青蛙和鸟类具有这样一种瞬眼。青蛙具有瞬眼，是因为它是两栖动物，生来就得在潮湿的场所度日，而这类栖居环境中通常长满莎草，以及其他具有锋利叶缘或叶尖的植物；更何况，青蛙前进并不是靠爬行，而是靠跳跃，如果它的眼睛上没有这样一种保护层，它要么只能闭上眼睛，那它的跳动就是盲目的，从而也是危险的；要么就得睁着眼睛去冒险，它的角膜可能会被植物的叶缘和叶尖，以及植物上任何可能碰到眼睛的东西划伤、刺破，或是受到其他形式的损伤。而这种瞬膜（这是一种透明而且结实的东西）就好似一副眼镜一样罩在眼睛上，同时又不会阻碍视线。类似地，鸟类具有瞬眼，是因为它们注定要在树木和灌丛的枝丫之间穿行，倘若没有瞬眼，树上的刺、枯枝、叶片或其他部分，都很容易刺伤它们的眼睛，或者造成一定的损害。

然而，某些其他的四足动物并不会面临这些危险，它们为什么也具有瞬眼呢？这还需要我们进一步去探究。

第三点要讨论的是另一种感觉器官——耳朵。耳朵具有令人

---

① 波义耳，《论终极因》[*Of Final Cause*]，ch. 2，p. 53，54.

无比惊叹的构造，非常便于接收和传播声波。首先是外耳，或者说耳廓[①]，耳廓为中空构造，逐渐朝里紧缩，以便尽可能将声音往里 263 吸，就像我们用漏斗将液体灌进容器里一样。因此，如果耳廓被切除，听力会严重受损，甚至几乎完全丧失。这一点已经得到实验证实。

耳廓往里延伸，形成一个狭长的小圆孔，伸入头部中，以便传达声波的运动，达到放大声效的目的。这就好比我们所看到的枪管，在一定限度内，枪管长度越大，空气就能越迅猛地穿过枪管将子弹推出。小孔末端长有一片膜，附着于一个圆形的骨质凸起物上，并延展开去，恰似一张鼓面，故而解剖学家们称之为鼓膜(Tympanum)。鼓膜接收声波，并随着声波的往复运动，或者说声波的颤动而相应地产生震颤；听小骨的末端与鼓膜相连，而且上面长有一块肌肉，有助于鼓膜依据动物的临时需要而相应地扯紧或松弛下来。当动物仔细倾听较微弱或者从稍远处传来的声音时，鼓膜就会伸展到最大。

耳膜后面的听小骨中有一些空隙和千回百转的沟穴，里面只有博物学家们所谓的“内置空气”(Implanted Air)；由此听小骨能传递我们所能想象到的最微弱的声音，并使我们产生感觉意识。这正如我们所见的地下孔穴，无论多么微弱的声音，在其中都会放 264 大一倍，并产生巨大的回声。耳朵是为了让动物保持警惕，一旦出现突发情况，它们就应当立即从睡梦中惊醒。因此，耳朵始终不曾关闭也不曾堵塞，只要有一点喧哗或者尖叫声就会使动物惊醒，同

① 事实上，外耳包括耳廓、外耳道和鼓膜。——译者

样，舒缓柔和的语声或喃喃细语也会使它们陷入沉睡。

为了确保动物的安危和利益，耳朵始终张开着。这样就面临着某种危险：昆虫可能会冒冒失失地爬进去，一路穿过鼓膜，停留在鼓膜后面的孔穴里；因此，大自然在我们之前提到的那个小孔周边配备了耳蜡，以便阻拦并粘住任何企图潜入其中的昆虫。然而我必须承认，我本人并不十分了解声音的本质，不足以对耳朵各部分的结构与功用给出一个令人满意的全面阐释。如果有读者希望进一步了解耳朵各部分奇特的解剖特征及其功用，可以参考弗尼先生(Monsieur da Verxey)的著作。

第四点，我将要考察的下一个部分是牙齿。说到牙齿，我发现可敬的波义耳先生在《论目的因》中提到了七条相关的观察记录，我将扼要概述如下，并额外补充一两点。

1. 在人体所有的骨骼中，唯有牙齿在人一生中不停地生长。265 这一点表现在，一颗牙脱落或者被拔除之后，这颗牙的对生牙会生长到极不雅观的长度；这其实是一种极具远见的设计，目的是修复每日咀嚼食物时频繁碾磨给牙齿造成的磨损。说到这里，我要顺便提醒人们：如果有人试图通过锉平或切割过度生长的牙齿末端来治愈这点面部瑕疵，那他一定要慎重考虑，以免碰到像帕多瓦一位修女那样的遭遇——依据巴托兰的解剖记录，这位修女在采取这种方式切割一颗牙齿后，随即产生抽搐，而且患上了癫痫症。

2. 牙齿露出于牙床之上的部分是裸露的，外面并没有明显的膜(即骨膜，身体其他部位的骨骼上都覆盖着一层膜)。

3. 牙齿的质地比其他骨骼更为坚实致密，更便于撕扯和咬碎较硬的食物；牙齿可能也更耐磨，在碾磨食物时不会很快磨损。

4. 为了滋养和保护这些必不可少的骨骼，全知的造物者以令人赞叹的技艺，在牙床骨两侧各自设置了一个不可见的空腔。其中较粗大的通道中驻扎着一根动脉，一根静脉，还有一根神经，这些导管通过较细小的空腔，恰似通过沟槽一般，将末梢伸进每颗牙齿里面。

5. 由于婴儿在相当长一段时间内靠乳汁来喂养，不需要咀嚼，因此为了避免牙齿咬伤哺乳者柔嫩的乳头，大自然让人类的幼儿在初生几个月内都不会长牙。而其他的动物，由于很快就必须进食需要咀嚼的食物，因此刚出生就有牙齿。 266

6. 牙齿的不同形状与形态十分引人注目。前齿显得更为宽大，边缘薄而且锋利，就像凿子一样，能够切入固体食物中并从中撕下一小块，因此被称为切牙。接着是两侧的牙，这些牙齿更坚固，牙根扎得更深，顶端也更尖细，因此被称为犬牙(Canini)，在英语中叫作 *Eye-Teeth*。犬牙用来撕裂那些更硬实、韧性更强的食物。剩下的牙，叫作臼齿或者磨牙[①]，拉丁语中称作 *Molares*。磨牙的上表面扁平而宽阔，略有些凹凸不平。借助于上面的小突起和凹陷，磨牙可以更好地拦阻、碾磨并混合食物。

7. 牙齿要行使其任务，通常需要具备相当的稳固性与力量强度。这一部分依赖于牙齿本身，还有一部分依赖于移动下颌的装置——只有这个地方是活动的——因此大自然赋予下颌部分结实的肌肉，使它能有力地支托上颌。 267

由此，每颗牙齿都排列于颌骨上一个明显的空腔中，就好似插

① 实际上包括前臼齿(前磨牙)和臼齿(磨牙)两类。——译者

在一个紧密结实且深邃的凹槽里一样。不仅如此,出于功能的不同,某些种类的牙齿还具有适于承受压力的固定装置(Holdfasts)。因此,切牙和犬牙通常都只有一个牙根,牙根驻扎于前面提到的空腔中,通常延伸得很长;而磨牙需要用来咬碎坚果、果核以及骨头之类的硬物,因此具有三个牙根,位于上颌的磨牙则通常具有四个牙根,由于这些牙齿是悬垂向下的,颌部的质地也多少更柔软一些。

8. 牙齿的分布也极其合理,磨牙位于后方,最靠近运动中心,因为咀嚼食物,较之撕下一小块食物,所需的强度或力量要大得多;切牙位于前方,更便于从固体上咬下一小片,然后传送给磨牙。

9. 很显然,人类的颌,以及那些具有磨牙的动物的颚,都能做斜向或横向运动,这对于咀嚼和咬碎食物来说是必要的;据观察,那些不具有磨牙的动物就不具备这种能力。

268　正如盖伦所说,如果有人能将一支不过32人的军队整治得井然有序,就被誉为勤勉的大将之才,那么我们怎能不赞美大自然呢?它对我们这支牙齿军队的排列与部署是何等巧妙啊。

第五点,舌头的构造以及它的多重用处,也同样令人赞叹。首先,它是味觉器官;其本质上是一种海绵状物体,因此我们吃进去的食品饮料的小颗粒与唾液混合后,非常易于渗入舌头上的小孔中。随着小颗粒的出现与移动,舌头会相应感受到极美妙的滋味,抑或强烈的厌恶感;由此我们可以分辨出哪些东西适合我们食用,哪些东西不适合食用。同样,舌头还能帮助我们咀嚼和吞咽食物;最后,舌头是说话的主要工具,而语言是人类独有的能力,任何野兽都无法企及。鸟类虽然能被教会几个单词,但这类鸟儿充其量是极少数，而且它们学起来也极其费劲。不过，最主要的还是，鸟类既不理解词语的意义，也不会把词语当做指代事物的符号，或者用词语来表达它们自己的观念——尽管它们可能会用这些词语来表达情感，例如，鹦鹉在进食时听惯了某几个词语，后来当它们感 269 到饥饿时，它们就会发出同样的声音。笛卡儿由此提出他的宏论，断言兽类没有认知能力，因为即使兽类中最高等的物种，也永远无法学会用人为符号来指代它们的思想或观念，这些符号要么是词语，要么是姿势（如果它们作出某些姿势，也极有可能只是出于习惯）。而人类，无论贤愚与否，都能用词语或其他符号来表达自己的思想，并谈论外界存在的客体；这些符号也无关乎任何情感。兽类即便能被教会使用符号，也无非是用来表达恐惧、希望和欢喜等情绪。因此，有些犹太拉比将人类定义为 *Animal loquens*，即“会说话的动物”，实不为缪。

方才提到涎或者唾液，倒是令我想起了这种液体的重要作用，尽管通常人们视之为一种排泄物。由于我们的大部分食物都是干的，因此大自然专门提供了许多腺体来分泌唾液，以便使唾液与血液相分离。此外还有不少于四对管道用来将唾液输送到嘴巴里，这些管道是最近才发现的，解剖学家们称之为唾液管（Ductus Salivales）。唾液经过唾液管，在其中不断被提纯，从而能很好地浸泡并润泽食物，使食物更便于吞咽。牛马进食时，如果没有这些管道分泌出的大量液体不断流进嘴巴里，它们如何能长时间地碾 270 磨并吞咽干草和麦秆之类的草料呢？此外，唾液不仅能在嘴里发挥作用，在胃部也一样能促进消化。我们之前已经提到过这些。

第六点，嘴的下面是气管，气管的结构也同样令人称奇。持续不断的呼吸对于维持我们的生命来说是必不可少的，因此气管上具有环状软骨，能使气管始终张开，周边也不会塌陷或粘连在一起。为了避免我们在吞咽食品或饮料时食物进入气管并造成堵塞，气管上有个结实的闭锁装置（shut）或者说瓣膜（即会厌），以便在我们进食时严密地遮蔽并挡住气管。为了更便于我们俯下脖子，气管并非一根连续不断的软骨，而是由许多个环状骨骼组成。骨节之间通过结实的薄膜相连，这些薄膜是肌肉性的，由笔直和环形的纤维构成。从而，在深呼吸或者剧烈咳嗽时，气管能够更有效地产生收缩。为了避免这些粗糙的软骨划伤食管或食道（食道极柔软，由膜状物质组成），抑或妨碍我们吞咽食物，这些环状软骨并不是圆的，也不都是环形；食道与气管连接处的环节上只有一块柔软的膜，这样就十分便于食道的膨胀与扩张。为了表明这种结构是专为这一目的和用途而设计的，气管一进入肺部，软骨就不再残缺不全，而成了完美的圆形或环形。因为现在它们没必要像之前那样了，完整的环形结构将会更为方便。

271

最后，为了使人的语调产生各种变化，气管上部末端具有一些软骨和肌肉，能促使气管收紧或放松，我们的嗓音就会相应变得低沉或尖利；不仅如此，位于上表层上面的小腺体分泌出某种黏性液体，始终润泽着整个气管，使气管能抵御进入其中的寒气，或者肺部呼出的气流；气管部位具有敏锐的感觉，无论是从外部进入其中的异物，还是从体内渗入的液体，都可以轻易地通过咳嗽清除出去。

巴托兰观察到，食道上还有一个部位非常引人注目，那就是食道穿过膈的地方；这个肌肉性部位的肉质纤维是弯曲的，呈现为弓形，就像一件松紧装置一样紧紧包裹在外面。这是大自然极大的厚爱，目的为了在我们所说的膈的永恒运动中，避免胃上端的入口[①]张开，以至于食物刚进入其中就被排出。

第七点是心脏，这个地方一向被视为——实际上也是——身体最重要的部位之一。“心脏最先苏醒，最后死亡。”通过心脏的不断运行，生命的载体——血液，及其所携带的生命热力与精气，一同被分送到身体各处，从而不断地浇灌、滋养全身各个器官，并起到保温和维持作用。从这个生命与热的源泉，竟延伸出如此多的渠道和导管，通向身体每一个甚至是最微小、最末端的部位，这难道不令人赞叹吗？这就好比从一间水房（Water-house）里应当伸出许多条管道，将水输送到镇上的各家各户，以至各家各户的各个房间；或者，从花园的一处泉眼，应当有许多小渠道或小水沟通向所有的花坛，灌溉花坛里种植的每一株植物。在海外，我们曾不止一次见到这种情形。 272

我承认，心脏可能并不具有通常所认为的那种极其崇高的作用，亦即充当生命之火的源泉或温床，使血液从中得到活力（因为增添或维持生命之火的实际是肺部，血液在这里吸收空气中那些能构成燃料的粒子，与之充分融合，然后重新流入心脏）；反之，心脏充其量是一架机器，它接收从静脉流入的血液，然后将血液压出并通过动脉流经全身，这就好比用吸管抽取液体，尽管在技巧上有所不同；不过，这一作用也不容小视，无论是对于唤醒和激发身体各部分的活力，还是为大脑提供制备动物精气（即一切感觉与运动

① 即贲门，食道和胃的接口部分。——译者

273 的促成者)的素材，血液的持续循环都是必不可少的。

为了便于接收血液并将其泵出，心脏具有令人赞叹的巧妙结构。首先，心脏是一种肌性器官，侧面由两列纤维构成。这两列纤维呈环形或螺旋形从底部延伸至心尖，盘绕方向彼此相反。由此，借助于纤维朝相反方向的拉伸或收缩运动，心室就能剧烈收缩变窄，并有力地将血液挤出。这一点我们之前已经阐述过。

接着来说我们称为动脉的血管。动脉将血液从心脏输送到身体许多部分，其管道中有向外打开的瓣膜，就像阀门一样，能使血液从心脏中自由地流出，同时制止血液重新流回心脏；静脉使血液从身体各部位重新流回心脏，其管道中具有向内打开瓣膜或阀门，能使血液流进心脏，同时阻止血液朝相反方向回流。此外，动脉管包含四个皮层，其中第三个皮层由环形或球状肉质纤维构成，具有相当的厚度，而且具有肌肉的性质，这样就有助于在心脏的每次脉动之后使血管以极快的速度相继收缩；由此，借助于一种蠕动，动脉就能以极大的力量，快速地将血液压进毛细血管，并流入肌肉中。

动脉管的搏动，并不仅是因为心脏的跳动驱使血液像波浪或274 涌流一般在血管中穿行(笛卡儿等人可能持这种观点)；而是借助于动脉管本身皮层的运动。在我看来，一位洛维恩(Lovain)医师[①]所做的实验(最早出自盖伦)极好地反驳了笛卡儿的观念。

首先他说道，如果你切开动脉，将一根管子插进去——管的粗细要足以堵住动脉管上的洞——然后用一根狭窄的绷带缠住动脉

① 参见笛卡儿《书信》第1卷第77篇，以及后面的通信。

与管子之间的接口，以便将两者牢牢扎在一起；虽则如此，血液依然能从管中自由流出，只是绷带下面的动脉不会再跳动；不过，只要解开绷带，动脉马上就会重新开始跳动。对于这个实验，有人很可能会说，动脉被扎住时之所以不再跳动，是因为血液循环受到管子的抑制——血液流到管子下面时才能更加畅通地流动，因此血液循环不足以拉伸动脉皮层并引起脉动；但是当绷带解除后，血液就能在封闭管道与动脉皮层之间流动。因此，他又补充了一点："如果你没有将动脉束得太紧，使其边缘不至于完全闭合相接并阻挡一切血液通道，血管仍会继续跳动，无论是在接口处，还是在其他地方。这明显表明，脉动不可能有其他原因，只有可能是因某种在动脉皮层下面流动的东西所致。因此我们看到，一些医师，包括古代人（例如盖伦）以及现代人，都认为动脉管的搏动应当归因于动脉皮层；不过据我所知，最早观察到动脉管第三皮层是肌性物体并且由环状纤维构成的人，当属威利斯先生（Dr. Willis）。" 275

提到动脉的蠕动，我又想到了一个有目共睹的证据，那就是牛在牛栏里反刍时食道的运动。我经常饶有兴致地观看这一情景，它们吞咽下一小口草料后，如果你牢牢盯着它们的喉咙，你很快会看到，从底下又涌上来一小口食料，极其迅速地从喉咙滑到它们的嘴巴里。草料不可能自动反涌上来，除非是因食道的相继收缩，或随之而来的不断蠕动而被挤压出来。很显然，反刍动物具有一种能力，可以随心所欲地指引这种蠕动向上或向下运行。

关于心脏我不想再多说，仅仅补充一点：心脏确实与大脑彼此协作（mutuas operas tradere）。首先，如果没有心脏持续供应血液，大脑连存活都很困难，更不用说行使制备并分送动物精气的职能;同样,心脏也必须吸收精气或大脑通过神经传递过来的其他东西,才能正常地跳动。只要切断大脑与心脏之间相连接的神经线,276 哪怕动物本身完好无损,体温犹存,心脏也会立即停止运动。在这一循环中,很难说究竟哪个部位占据主导地位。

我发现,在《哲学汇编》第 280 号中,著名解剖学家考珀先生(Mr. William Cowper)曾提到一些引人注目的观察记录。他谈到了大自然的技艺:大自然控制血液在静脉与动脉中的流动过程,使血液在一种血管中得到加速和促进,又在另一种血管中趋向缓和。下面我将给出他的原话。

(他说道)我们知道,正如动脉输出血液一样,静脉又将血液重新带回心脏。不过在业已描述过血管的细部之后,我们接着来说静脉粗大的干支。在这些地方,也正如在动脉上一样,我们可以看到大自然一贯的技艺:它使回流血液(refluent blood)流入相邻的另一条干支,进而逐次传输到心脏。正如动脉提供大量阻碍措施来控制血液流经身体各部分的速率一样,静脉也为我们提供了同样多的手段,促使血液正常回归心脏,同时也给动脉中那些构造物带来好处。

颈动脉、脊椎动脉以及脾脏动脉不仅扭曲多变,而且不时有突然变粗的地方,从而能减缓血液的流动;同样地,相应部位的静脉也有许多突然变粗的地方。颈内静脉的起始处有一个球形孔,位于硬脑膜静脉窦[①]上,构成回流血液的憩室(diverticula),从而避

---

① 硬脑膜静脉窦位于两层硬膜之间,是将脑内血液引向颈内静脉的通道。——译者

免血流向下流入颈静脉中时速度过快。劳尔博士(Dr. Lower)曾 277
注意到,椎窦(Vertebral Sinus)上也有类似现象。脾脏静脉上有许多朝里面打开的小室,在人体上,这些小室靠近静脉的末端;而在四足动物身上则朝向脾脏静脉的主干打开。

脾脏静脉的长度大于男性睾丸动脉的长度,或与之相当;其上各个不同分支及各分支形成的众多联合,以及静脉上的瓣膜,均具有令人赞叹的构造,能抑制血液的重量,以便让血液流入更粗大的静脉干支中。如果不是睾丸中流出的回流血液抑制住动脉中输出的血流,并持续减缓睾丸中血流的速度,这些脾脏静脉,将会与其他部位的静脉管一样,将血液排入邻近的另一根干支。

静脉需要将部分回流血液从身体下半部输送回来,而出于某种必要性,人类以及大多数四足动物心脏的位置,都明显偏离身体中心,靠近上半部分。考虑到这一点,谁能不为大自然构造静脉时的高超技艺而惊叹!正是为了这个必要的目的,静脉和动脉上粗大的干支并不彼此相连。因为,如果全身所有的血液都通过主动脉下行干支输送至身体下半部分,血液将仅通过一根单独的干支 278
流回心脏,(由于血液从此处流出)腔静脉上行干支中大量血液的重量,将会抵御心脏通过大动脉施加给血液的一切压力,并妨碍血液的上行。因此,大自然创设了奇静脉(vena Azygos,或 fine Pari),用来将血液输送到背部和胸部的肌肉,并流进心脏上面腔静脉的下行主干。因此显而易见,经由下行腔静脉或者说上腔静脉流入心脏中的血液,要多于经由主动脉上行主干排出的血液。经上腔静脉传输至心脏的血液,如果在传输过程中别无其他协助措施,似乎也无法克服下腔静脉中血液的重量。不过,在血液到达心脏的右心耳处之前,大量血液储集于此处并与乳糜结合,以便混合得更好,这或许是必要的。以上为考珀先生所述。

第八,我要考察的下一个部位是手。这种“至高无上的工具”,对我们来说用途可说是极其多样,不胜枚举;我们只需考察一下手的外观和结构,就会发现它具有无与伦比的适应性。首先,手上有5根相互独立的手指,其中4根向前弯曲,另一根与之相对,向后弯曲,而且比其他4根中任何一根都更强壮有力,我们称之为拇指。拇指可与其他几根手指分别协作,或者共同联合行动;由此,手可以非常方便地抓握任何大小、任何重量的物体。

279 最微小的事物,例如一粒小小的种子,我们可以用拇指和食指来拈;稍大一些的,可以用拇指和另外两根手指来抓——我们拈针缝衣、提笔书写时,主要也是用这三根手指;当我们要拿起某个更重的东西时,我们就会动用拇指以及剩下的全部手指。有时候我们仅用到一根手指,例如用来指出某物时,或是从洞中或狭长管道中往外挑东西时;有时候我们要在同一时间分别用到所有的手指,例如在弹奏乐器时用手指止住琴弦。

其次,手指上又加固有好几根指骨,指骨相互连接起来,以便于手指的运动。手指上还长着许多肌肉和腱,这些部分就好似许多皮带条一样,能拉动手指,使手指呈弧圈向前弯曲。这非常便于我们牢牢地抓握物体;而对于拖拉或牵引,尤其是抓握并控制某种工具来从事耕作以及一切机械操作活动,又起到何等重要、恒定并且必要的作用,所有人一望而知,我无需花费时间来赘述。不仅如此,每根手指上都有一些肌肉,能使手伸展、张开,并且能左右移动,因此,手指的分隔与独立运动,并不妨碍整只手作为一个整体发挥作用。正如我们所见,我们可以五指张开,例如在拍打、抚平和折叠衣服,以及操作其他机械的情况下;也可以将手收回来握成拳,例如在打架、揉面等类似情况下。 280

同样引人注目,并且令人称绝的是,促使手指中节骨向下弯曲的腱,中心竟然有一个穿孔,正好让牵引上节骨的肌肉腱从中穿过。与此同时,所有的腱都通过结实的细线紧紧绑束在骨节之上,这样就能避免这些腱突然张开,就像许多根弓弦一样,阻碍手的运行。

其三,手指末端有指甲来加固,正如我们在拐杖和叉子的末端加装铁环或铁圈来防护一样;指甲不仅有助于防御,而且还具有美观以及很多其他的用处。我们手指末端的皮肤十分脆弱,而且极其敏感,有助于我们对手指所触及的东西作出判断。如果继续将这种工具的各项用处一一列举下去,我倒不怕无话可说,只恐怕时间不够。

借助于手,我们得以从事各种活动:我们建造房屋以便栖身,我们缝纫衣物以蔽体,我们耕耘土地并播种庄稼,垦殖葡萄园、花园以及果园,采集储存谷物与水果;我们为自己预备和炮制食物,并进行纺织,雕刻,以及巧夺天工的书写艺术——我们借以将自己的思想传达给后人,并与很久以前逝去的人们交谈,分享他们的观察和发明。这一切活动,都要依靠手来进行。在任何一项技艺中, 281 手都是唯一的工具;如果没有手,就不可能取得任何实验知识上的进步。因此,亚里士多德说得好:有些人抱怨人类在本质上弱于其他造物,这其实是一种误解;诚然,有些动物有皮毛,有些动物有甲壳,羊有羊毛,禽鸟有羽,还有些动物有鳞片,它们都能保护自己不受天气戕害，唯独人类生来就是赤裸的，身上毫无遮蔽；动物还有天然的武器来保护自己，防御天敌，有一些动物有角，还有一些有蹄，有些有尖牙，有些有利爪，还有一些有刺和喙；独有人类一无所有，完全是软弱无力、赤手空拳地被送到这个世界上。

然而人类的手，只要使用得当，就能起到所有这类事物的作用。它既是角，又是蹄，既是利爪，又是獠牙，以及诸如此类的各种事物。因为，我们有双手，就能使用以上这些武器，以及各类其他的器具，如刀剑、长矛和枪炮。除此以外，人类还从中得到一个优势：兽类不能随心所欲地改变其体表的遮盖物，也不能解除武器，或是因时制宜地使用其他的武器，无论寒暑昼夜，它们都必须始终忍受体表覆盖的同一件衣服，并且睡觉也带着武器；而人类可以依据天气的冷暖变化来更换衣服，冬衣暖和，夏衣凉快，夜里可以裹着暖烘烘的被子，白天也可以丢开武器，依据工作和日常活动的需要来决定穿衣或脱衣。在必要情况下，人类还能使用多种不同武器，并从中选择最为得心应手的；由此，我们能征服和统治所有其他的动物，让它们最出众的优点为我们所用，例如牛的坚韧与耐性，马的勇敢与迅捷，狗的聪明与机警，从而使它们的长处就好像是我们自己的。

282

如果我们身上没有手这个部位，我们必然过着兽类一样的生活：无家可归，只能在树丛和岩洞中寻找栖身之所；身无片缕；没有粮食、果酒或油类，除了水别无任何其他饮料；没有火带来的舒适和温暖以及火的其他用处，同样，也没有煎、煮或烘烤之类的烹饪技巧；我们只能去与野兽抢夺螃蟹、坚果与橡子之类大地上随意生长出的东西。我们极易受到伤害，而且无力去抵抗或防御几乎是最弱小的动物。

余下的部分,我将仅仅简要地一带而过。

脊骨由许多根椎骨组成,从而便于弯曲,如果是一整根这么长的直骨,在拉伸时将会常有断裂的危险;脊骨呈现为锥形,就像一根柱子一样,底下的椎骨最宽大,上面的椎骨依次变小,这样身体躯干才能更结实、更稳固。 283

许多根椎骨极其精致而巧妙地聚合相连,形成坚实稳固的结构,就好像一整根骨骼一样;所有椎骨的中部都形成穿孔,呈现出一个大洞,使脊髓得以一路贯穿;此外,每根椎骨的两侧都有一个洞,使神经从中穿过,延伸至身体各处的肌肉,从而传递感觉和运动。

由于之前提到过的椎骨紧密相连的结构,脊骨的构造不允许它做猛烈的直线弯折运动,也不能呈现出任何尖角,只能舒缓地沿弧线弯曲,以免脊髓被压缩,切断精气自由来去的通道。

关于骨骼结合处的运动,我还要补充一条观察记录:为了使身体运动更为轻便敏捷,大自然独具匠心地采取了特别的措施:骨骼上有两种现成的液体,能使骨骼头尾两端受到膏泽(Inunction)与润滑。第一种是油性的,由脊髓提供;第二种是黏液质的,由位于骨骼结合处的特定腺体供应。这两种液体共同构成的混合物,就其目的与用途而言,是我们能所制造或所能想到的最适当有效的物质。因为,不仅两种成分都具有润滑的性质,而且两者的结合还带来一个优势,那就是:它们能相互增进对方的品质,黏液增强油性液体的润滑效果,油性液体则防止黏液浓缩并变得像果冻一样黏稠。这种膏泽非常有用,而且至关重要,其目的主要有以下 284

三点：

1. 使运动更便捷。尽管骨骼末端非常光滑，然而如果骨骼变干，它们就不那么方便、也不那么易于——或者说，不能不相当困难地——依顺并服从运动肌肉的拉拽和牵引；正如我们所见的钟表和千斤顶，尽管齿轮和螺帽上的螺丝和小齿都光润得无以复加，但是如果不上油，它们几乎根本动不了，哪怕你在上面施加再大的重量也不行；但是只要上一点油，施加十分之一的力量，它们就会马上迅速转动起来。

2. 防止骨骼末端升温。骨骼是坚硬的固体，在长久持续的快速运动中必然会逐渐升温；例如，在跑步、割草、打谷子或者锯木头等类似活动中，如果骨骼之间产生直接接触，并且相互间有剧烈摩擦，它们势必会升温；尤其是在跑步时，身体全部重量都压在大腿和膝盖的结合处。我们可以看到，手推车或马车上的轮子，以及轮毂的中洞，随着轮轴末端的快速旋转，会逐渐生热，有时温度达到极高，以至于使车轮燃烧起来。为了防止这种现象发生，我们必须不时往车轮和轮毂上涂油，或者糊上一种用油脂与焦油混成的物质，这正是仿造之前提到的油性液体与黏液形成的天然混合物。不仅如此，那些比金属柔软的物体，在摩擦中也能产生大量的热；我们在盒子、碟子等木制品上看到的圆形黑线就能证明这一点——这些黑色线条正是燃烧造成的后果，而燃烧则是因车床上快速旋转的刃杆对木制品产生压力所致。如果骨节结合处没有特定措施来防止骨骼在剧烈运动中的异常升温，这个世界将会显得迟钝而慵懒；即便在最紧迫和匆忙的时刻，我们也只能懒懒散散、从容不迫地行动。

3. 防止摩擦,防止骨骼末端在运动中相互碾磨并造成磨损。这种摩擦极其猛烈,而且有时持续很久。这种膏泽竟然足以保证骨端不被磨损消耗,这实在令人惊诧。我曾经常见到牙齿顶端(牙齿比身体其他部位的骨骼都更坚硬)因咀嚼而磨损的情况;有些人大部分磨牙都脱落了,长期以来被迫用三、四颗牙咀嚼食物,因此 286 牙齿磨损得非常厉害,最后只剩下裸露的牙髓与神经,由于疼痛而无法再咀嚼食物了。倘若没有这种特定的措施来为骨骼上油,即便大自然以神奇的技艺让骨骼之间结合得天衣无缝,使之最适于便捷地进行一切不可避免的运动,那也是不够的;那些好动的人很快就会发现,他们更适合躺在医院里,而不是四处活动并为各种事务奔忙。

我承认,这些观察记录出自一位已故的杰出骨学专家——哈弗斯先生(Mr. Clopton Havers),他在关于这一主题的著述中得出了以上的结论。在此,我们不能不注意到一种无限理性留下的明显踪迹。虽然这些踪迹深深地印刻在宇宙万物之中,但尤为明显的迹象,还是体现在宇宙中那些有感觉的部分——亦即动物——身上可见的奇妙构造上。我们怎样赞美伟大造物主的智慧与神意都是不够的,他不仅赋予生物体各个部位恰当的结构,使之适于进行必要的运动,并履行特定的职能,而且不遗余力地提供资源和优势,以便维持或促进其行动。

不仅如此,大自然的技艺之卓绝,也表现在骨骼的构造上。骨骼需要支撑身体,承受极大压力,或者在剧烈运动中发挥作用。因 287 此,骨骼是中空的,从而更为轻巧结实。我们之前已经提到,据证实,中空物体可能比同样材质与重量的实心物体更坚实,且更具有弹性。由此可见大自然为使骨骼坚实轻巧而煞费苦心。然而,肋骨由于并不需要承受重量,也无需用于剧烈运动,只要能保护胸部即可,因此其中没有空洞。靠近前胸部位的肋骨宽大而柔弱,这样就能弯曲、收缩而无折裂之虞;肋骨弯曲时,借助其形状产生的弹性就可重新恢复原状。不过,骨骼的中空构造也并非全然无用,它能用来存储脊髓;脊髓提供一种油性物质,用以维护和膏泽骨骼与韧带,同时促进关节处骨骼与韧带的运动;尤其是对(我们之前未曾提到的)韧带而言,这种油性物质能防止其变干变硬,使韧带保持柔软和弹性并较好地配合与之相关联的可动部位的运动与姿势。最后,这种油性物质还能防止韧带断裂,因为韧带虽然结实,但倘若变干,在剧烈迅猛的拉伸或扭曲下也会有断裂的危险。有关这方面,更多的内容可见于前文所引论著的第 183 页。

288 胸部上面有肋骨覆盖,而腹部却是自由的,这样腹部就能容许呼吸过程中膈的舒张,并接纳必要的饮食,同时也便于弯腰;对女性而言,这也是为了使腹部具有非同寻常的延展性。在女性怀孕期间,这一点是必需的。

肺部包含无数与血管相交错的通气管和泡囊,以便于净化含血物质,并为其增加酵母,或提供硝气粒子(Nitro-Aerial Particular)[①]——这类粒子借助自身弹性,随胸肌的伸展而涌入,从而供应生命之火和精气;只要阻断这种流通过程,一切都会迅速消失,循环、运动、热量以及任何生命迹象都将化为乌有。

① 当时学者认为空气中含有一种能支持燃烧的"硝气粒子",金属燃烧后重量增加,就是与"硝气粒子"结合的结果。——译者

胃部是膜状的，能依据其中容纳食物的多少来产生膨胀和收缩。它位于肝脏下方，肝脏用自身的热量来保护它，并促进食物的调制(Concoction)。胃部具有一种酸或是带有腐蚀性的酵母，以便于迅速分解食物并制备乳糜。在食物被调制好之后，胃部还应当具有一种自行收缩并将食物挤出的能力。肠道随即从幽门接收食物，进一步提纯、炼制并分解食物，通过蠕动将乳糜挤进乳糜管 289 中，再通过排泄器官到达肛门。食物在肠道中绝不会产生逆行，除非结肠上的瓣膜被撕裂并松弛下来。有关这些部位的奇特结构，更多内容参见克尔克林(Kerkringius)、格利森(Glisson)、威利斯和配伊(Peyes)的著作。

膀胱由一种膜状物构成，具有极强的膨胀性，可接收并存储尿液，直到方便时再排空；输尿管末端具有闭锁装置，构造极其巧妙，能使尿液自由排出，同时堵塞一切回流通道。因此膀胱中不会进风，哪怕外面狂风大作而且直往里灌。

肝脏持续从血液中分离出胆汁，并将胆汁排入肠道中。胆汁在那里大有用处，它不仅能促进排泄，而且能稀释乳糜，使其变得更精细流畅，以便能透过乳糜管上的孔。

肾脏上有无数根小吸管或管状物，可用于将含尿粒子传输到骨盆和输尿管处，首先发现这一现象的是贝利尼(Bellini)，马尔比基对此进行了阐述；事实上，人体所有的腺体都是各种弯曲回旋、盘根错节的导管聚合体，由此腺体能使血液在其中停留足够的时间，然后通过毛细血管上的小孔分离出来，进入排泄管道中。最 290 后，所有排泄管道都将其中的物质排入同一根导管。具体情况可见于沃顿博士(Dr. Wharton)、格拉夫(Graaf)、巴托兰、鲁德贝克

(Rudbach)、比尔苏斯(Bilsius)、马尔比基以及努克等人的著作。腺体能分离出各种体液,这些体液在颜色、味道与气味等性质上均各不一样。

总之,所有骨骼、肌肉,以及全身一切脉络的结构,全都如此令人惊叹,彼此间结合得如此紧凑,如此适用于各自不同的运动形式与功能,而且极具几何性,遵循严格的力学法则;以至于如果你稍稍改变全身任意一处的形态、位置与连接方式,或是增减某处的大小与重量,再或者往好处说,倘若你想努力作出一些改进或更新,那你也只能带来损毁与破坏,而不是作出修补。这一切构造完美组合在一起,怎能不令人惊叹和诧异呢?

仅仅肌肉,似乎就比世界上一切人造机械更合乎几何原理;因此,动物的各种运动方式,是唯有伟大的数学家才能去探讨的主题;这些数学家中包括斯特诺,克鲁博士(Dr. Croon),以及尤为突出的波雷利(Alphonso Borelli),他们都有这方面的论著。

在一层皮肤之下,竟有这无数多种各不相同的部分,且相互间291 错综混合,刚柔并济,干湿兼备,虚实交替,动静结合;有些具有孔穴,如同对接处的卯眼一样,另一些则具有榫舌,正好插入孔中;所有部分相互穿插,并紧密结合成一体,全身上下没有任何多余的空隙。各部分之间也绝不会出现碰撞、冲突,或阻碍彼此运动的情况。它们协同一致,彼此相辅相成,而且都致力于同一个共同的目的和意图,亦即,维护整个身体的良好状况。这一切无疑证明并且彰显出神的无限智慧与谋略。因此,一个人必定是连疯子都不如,才会以为这一切都是遵循因果关系偶然产生,而不是出于一种极其睿智的智慧因子的馈赠与设计。

每个部分都由膜状物覆盖、连接并和谐一致地衔接起来;在某些情况下(例如体液溢出、血管受阻或堵塞时),这些膜体现出惊人的延展性,正如我们所见的女性卵巢或子宫附件,以及淋巴管、阴囊与腹膜上的囊肿。仅就腹膜囊肿而言,一次穿刺术或者开孔手术就能从中抽取出20甚至40加仑的水液。对此,图尔普(Tulpius)、米昆(Meekren)、佩克林(Pechlin)、布莱休斯(Blasius)等医学学者均已为我们给出了毋庸置疑的证据。需要多大的小囊和小袋子,才能装下如此多的水液呢?这些水液似乎是由淋巴管分泌出来的;淋巴管要么因为撕裂了,要么因为受到阻塞,才会将其中的水液排入膜的褶皱或黏膜皱襞之间。 292

身体上有些部分,例如脂肪,可能让人觉得无甚大用,充其量不过是用来填充空隙。然而细究起来,我们会发现,脂肪对身体非常有用而且有益:1. 脂肪通过阻止温热的血流蒸发来保护身体并保持体温,就好像冬天穿上衣服,就能通过反射体热并使热量加倍来达到保暖效果。2. 在食物匮乏的时候,脂肪能在一段时间为身体提供所需的营养,充当燃料来维持血液中的自然热——维持这种热既需要火,也需要一种油性或硫黄质的燃料。因此,在长久的禁食和斋戒之后,身体会变瘦。同样地,一些兽类,例如土拨鼠或者说高山鼠(Mus Alpinus)——这种生物不比兔子大,它们整个冬天销声匿迹——(据希尔达奴斯[Hildanus]说)也靠其自身的脂肪度日。因为在秋季,当土拨鼠钻进洞里(它像兔子一样用爪子刨洞,在里面铺上干草或麦秆,收拾出一个温暖舒适的小巢)闭门不出时,身上还是胖乎乎的(希尔达奴斯从它的皮毛与肌肉之间剥离出超过一磅半的脂肪,从腹部剔出一磅);而到次年春季,当它再露面时，就变得瘦巴巴的了。猎人们在捕猎时都曾碰到过这种情况。

3. 腹油(Internal Fat)可用来防御和保护腹内器官，以便内部293器官高枕无忧地安然输送其中的物质。因此，脂肪是特意为保护腹内器官而形成的。

脂肪含量过多时，就从血液中分离出来，含量不足时又重新融入血液。这种进出过程究竟通过哪些孔隙、通道或导管，这是个十分耐人寻味的问题，值得最聪慧、最机敏的解剖学家努力去探究一番。在显微镜下，我们可以观察到，最终接收并存储脂肪的部位是一些小囊，这些小囊上无疑有孔隙，相互间具有渗透性；这些小囊极其微小稀薄，因此在瘦人身上根本看不到，然而它们似乎是人生来就具备的，一旦有机会就能用来吸收脂肪。为什么脂肪主要形成于某些特定部位和血管——例如静脉和大网膜——周围，而不是其他地方呢？我大体赞同盖伦等人的看法，即，目的是为了保护这些遍布血管的部位，并起到保暖作用。例如，大网膜(Caul)能为小腹保暖，就像一条围裙或一块羊毛布匹一样。因此某位角斗士，在大网膜被盖伦切除后，就非常容易受寒。以至于，他不得不总是用羊毛制品把肚子裹起来。肠道部位，由于有大量食物最终在这294里消化，其中既没有血管穿过，也没有血流带来温暖，所以必须借助遮蔽物来抵御冷空气的侵袭。至于肾脏周围为什么聚积丰厚的脂肪层，这很难说得清，然而毫无疑问的是，此处需要有大量稳定的热量，以便使尿液从血液中析出来；这种持续的离析与排泄过程，对于生命的维持来说是必要的。我们看到，如果血液稍有冷凝，大体上尿液的排泄就会停止，血清则会涌入嘴部与咽喉的小腺体中；而如果血液在运动中温度上升到极高，或是出现其他情况，大量血清就会通过汗液排出,这可能是因为血液在皮肤小腺体中极速穿行,众多支流汇集并凝结成液体,从皮肤排泄器官中挤出,从而形成了汗水。在其他时候,排出的则只是无形的水蒸气。

肾脏的热量也会对血液造成某些类似的影响。无疑,那些通过汗液和尿液排出的液体,即使不完全一样,至少也非常近似;因此很值得去探究一下,尿液受到抑制时出汗,其中是否有某些用处。不过,我偏离正题太远了。

关于这个方面,我只想再补充一点:由于大自然在这些部位囤积脂肪,是为了上文中提到的目的,因此,为了达到效果,它在此处的血管上设置了适于用来分离和传输血清的气孔或通道。

295 接下来我将要讨论的是子宫中胚胎的形成与构造。不过这个主题过于艰深,并非我所能把握;人类以及其他动物的身体,是在母体的暗室(dark Recesses)中形成,或者正如圣歌作者所说,是"在暗中受造,在地的深处被联络"(《诗篇》149:14.)[①]。这项工作是如此的令人惊叹而且难以解释,无论无神论者还是机械论哲学家都无法揭示其方法与过程,只能(正如我之前指出的)极其审慎地限制其哲学体系的适用范围,避而不谈这些问题;有些人曾试图对其中一小部分组成的构造进行阐述,但那些论述也是极其荒谬可笑,聊博一笑而已,毋庸再去驳斥。

我已经进一步指出,物质被分割成我们所能想象到的最微小的粒子,而这些粒子依照我们所能提出的任何一种普通定律,无需某种智慧因的监督与指引,仅靠一种温和的热量激发,就能自行构

① 和合本·新修订标准版中为第15句。——译者

成一架如人体这样奇特的机器，这在我看来是不可能的。

然而必须承认的是，动物的种子具有令人惊叹的性质，能在“有塑造力的自然”塑造与建构下形成一个有机体；种子中包含构296 成有机体上所有同质部分的本原(Principles)或基本粒子。事实上，身体各部分似乎都微缩聚集在种子中，否则，天生聋盲，手指或其他部位有缺陷或是有赘生物的人，为什么有时会生出具有同样缺陷或不足的孩子呢？然而(实在令人称奇的是)种子上没有任何物体或是较大的物质接近于胚胎的第一本原；仅就其中进入子宫中的东西而言，也无非是一些具有感染力的水汽，抑或其中精微的气体(Effluviums)；这些东西似乎能激活雌性卵巢中卵子的芽体(Gemma)或小胚体(Cicatricula)，卵子随后再通过输卵管进入子宫中[①]。至于在雄性的种子中可以见到的那些“小生物”(Animalcules)究竟对生殖具有多大贡献，我留待那些更为聪明的哲学家去探讨。在此我将满足于建议读者去参阅列文虎克先生发表的几封通信。

然而，胎儿与父母的相似——或者绕开父母，直接与其先祖相似；我观察到，有些人是黑头发，然而他们的孩子大多是红头发，这是因为其先祖的头发为红色——又应该归为何种原因呢？再或者，为什么双胞胎通常极其相像？这究竟应归之于动力因，还是质料因？

我们所说的雄性动物种子散发出的那种气体，尽管极其微妙，

① 卵巢生成卵子并通过输卵管伞部拾卵，卵子和精子在输卵管管腔较粗的地方结合，然后游离到子宫。——译者

但在生殖中起到很大(即便不是最大的)影响。骡子就是这样一个明证,它更近似于它的雄性亲本,即驴子,而不是它的雌雄亲本,即马。然而,为什么这两种不同的物种不仅能杂交,而且能繁育后代,杂交后代却不能再进行生殖并将新的血统传承下去呢?大自然止步于此,而不允许进一步的发展,这于我而言是个谜,而且无法解释。 297

关于生殖,还有一点是我无法忽略的,即:生殖过程中形成一系列临时器官(就好像建筑中用到的脚手架一样)以备暂时之用,到后来才慢慢抛开,这强有力地证明了神性的策划与设计。在幼体处于子宫环抱中的这段时期内,有一些专为满足幼体需求而形成的器官,例如包裹在幼体外面的膜,也就是胎膜,还有脐血管——一根静脉,两根动脉;以及脐尿管,用来将膀胱中的尿液输出,此外还有子宫胎盘。一些器官在幼体初生时脱落,例如胎膜和胎盘;还有一些退化为脐带,例如脐尿管,以及部分脐静脉。此外,由于胚胎羁留于子宫内的这段时期无需借助肺部呼吸,因此,血液根本不——或许我可能说是绝大部分血液都不——流经肺部;不过,胚胎中形成了两条通道,其中一个叫做卵圆孔,通过这个小孔,由腔静脉带来的血液可直接流进心脏的左心室,而无需进入右心室;另一个通道是一根粗大的动脉管,这根管从肺动脉直接通向主动脉,或者大动脉(这里同样会获取部分血液),而根本不流入肺部。这两条通道在婴儿出生后不久即闭合,这时婴儿不再通过子宫胎盘呼吸(如果我能这么说的话),肺部呼吸对它来说是必要的。 298

在这里要指出的是,虽然肺部的形成并不比其他部分更晚,但是当胚胎羁留在子宫中时,这一部位毫无用武之地。类似地,我观察到，反刍动物身上的三个前胃，不仅在幼体处于子宫内的这段时期内无法派上用场，而且只要幼兽还没断奶，就始终如此，乳汁将会直接进入第四个胃中。

我还想补充一条有关生殖的观察记录，这一记录有一定的重要性，因为它能避免博物学家们作出某些妥协，以致助长无神论者对人类及其他动物的最初起源构想出的荒诞解释（亦即一切种类的昆虫以及一些四足动物，如青蛙和耗子，都是自发生成的）。我的观察证实，自然界中并不存在这种无缘无故的自生现象，一切动物，无论大小，不排除最卑微可憎的昆虫，都是由同种的动物亲代繁衍出来的；博学多识的意大利学者雷迪（Francisco Redi）用实验证实：只要小心防止任何昆虫靠近，不让它们在肉上产卵，干净的肉上（有人可能会认为这种东西是最有可能生虫的）绝不会自动生出蛆虫。我记得，已故的切斯特主教威尔金斯博士（Dr. Wilkins）告诉我，皇家学会曾有人做过同样的实验。在针对这种观念提出的反例中，最令我感到困惑的，莫过于人类及其他动物肠道内的寄生虫。不过，鉴于蛔虫有明显的生殖现象，其他种类的蠕虫很可能也是如此。它们极有可能是由精子发育而成，至于精子是如何被带入肠道内，我们或许可以稍后再谈。

不仅如此，我倾向于认为，一切植物也都是如此。它们产生种子（几乎所有植物都能结出种子，除了一些非常不完善、几乎不能叫做植物的种类之外），自身也来自于种子。伟大的博物学家马尔比基曾用实验来验证土壤中能否自行长出植物。他将一些特意从深处挖来的土壤放置于一个玻璃器皿中，上面盖上几层丝绸，并将丝绸扯紧，以便让水和空气透过，同时杜绝风中吹来的任何微小种子；其结果，根本没有任何植物生长出来。我们也无须惊讶，在新开挖出来不久的沟渠、河岸或草坪台地，以及艾利岛（Isle of Ely）的防护堤上，何以涌现出大量的蘑菇，因为，尽管在人们印象中这些地方从来没有长过蘑菇，但它们很可能是由沉睡了一个多世纪的种子生发出来。古代曾有人提到，一些存放了40年的种子仍然具有生殖力。 300

我在一位朋友——我忘了具体是谁——寄来的一篇论文中看到，甜瓜种子搁置30年之后，最适于用来种植甜瓜。至于艾利岛上涌现出的蘑菇，虽然那个地方此前从未生长过蘑菇，但它们很可能是由洪水顺着海峡携带过来，并被冲上海岸，与土壤混合，从而在那里生根发芽。

实际上，如果认真考虑一下，动植物的自发生成，无非就是动植物的创生过程。在物质形成、海水与陆地分离之后，动植物的创生除了借助于一种命令，也就是一种有效促使水与土无需任何种子就能产生各种生物的作用力之外，还能采取什么途径？创世是全能者的工作，非任何造物所能理解；效仿这种方式来制造事物，必定也超出大自然或自然作用的能力范围。至于全能的神，据说他在第七日后就结束创世工作休息了。若是存在自发生成现象，神在创世时就什么也没做，因为这些也都是日常工作；既然土与水无需精子就能产生动物，那么现在也应当依然如此。 301

我理解，有些人可能会对我断然拒斥一切自生现象感到不满，而且觉得我的论述过于草率或者缺乏依据，因此我想稍加扩展，并给出我的理由，以便让那些人信服。

首先，我说了，这种自发生成，在我看来无非就是创生过程。

因为，创世不仅是从无中生出有，而且是从凌乱无序的物质中制造出事物。这一点在圣经中表现得很清楚，神学家也一致认可。既然自发生成正是这样一种生产过程，那么它与创世的区别在哪里？或者说，全能的神在动植物最初创生时所做的工作，有哪些是如今我们日常看不到的（如果自发生成确有其事）？我必须承认，在我看来这几乎是显而易见的：无论何种作用力，即便它能给散乱的物质赋形，或是瞬间使物质变得井然有序，它也必定低于自然作用力，更不用说全能者本人。

其次，那些以最大的热情和精力来探讨和研究这一问题的人，例如马尔比基、雷迪、斯旺麦丹以及列文虎克等卓越的学者，均一302 致认同这种观点，仅雷迪认为虫瘿以及植物上的其他一些赘生物中会繁育出昆虫。在我看来，那些学者们的看法更具有权威性，说服力远胜于流俗之见，以及那些盲目附和者和人云亦云者的言论——很多人从未认真细致地考察过事物本身，却大肆宣扬哲学家圈子里传出来的厥词。

在我提到的那些学者中，最突出的是斯旺麦丹，（出于我所知道的人类最纯正的目的）他致力于从整体上探究和观察一切昆虫的性质。我之所以说是在整体上，是因为就一种特定的昆虫，即蚕来说，我必须首推马尔比基；而说到昆虫中的一类，即蜘蛛，则当推李斯特；斯旺麦丹的《昆虫志》（*History of Insects*）最初用低地德语写成，后来翻译为法文，其中第 47 页有如下言论："我们确信，在整个自然界都不存在偶然（或自发）生成现象，一切都是通过繁殖产生；其中不存在任何随机的成分。"在第 159 页，当他谈到从植物中生成的昆虫时（我猜想是为了反驳雷迪），他说道："我们确信，不可能有经验证明昆虫能从植物中产生出来;恰恰相反,我们非常清楚而且可以肯定,这些小动物之所以被封闭或包裹在植物中,并没有其他的原因,只不过是为了从中获取营养。"确实,凭借一种稳定且恒常不变的自然秩序,我们看到,很多昆虫与特定种类的植物和水果之间有密切的关联,它们紧密地依附于这些植物,就好像是出于本能一样。不过我们应当明白,这些动物都是由同种动物的精子产生,而精子是之前就被产在那里的。昆虫将精子或卵产在植物体内部极深处,因此,它们后来从中出现时,看上去就好像是与植物一体的;它们借以进出的缝隙或小孔将会关闭,并慢慢消失;卵则在里面孵化并从中获得营养。我们经常在树木的嫩芽中发现昆虫卵,这些卵在芽中隐藏得如此之深,以至于要想将其拖拽出来,就难免弄伤嫩芽。列文虎克还列举了很多昆虫寄养于植物中的例子,这些虽然都值得一读,但逐一论述起来未免太长。 303

其次是伟大而具有洞察力的博物学家马尔比基,他对这些问题进行了最准确的考察。在论虫瘿(他所理解的虫瘿,包括植物中一切异常、病态的肿块与节瘤)的著作中,他详尽地阐述了,树瘤、肿块以及赘生物等一切有可能出现昆虫的地方,要么是由某种有毒液体引起或促成的——昆虫将这种液体连同它们的卵一同喷洒在植物叶片、芽或果实上,或者用产卵器慢慢注入芽或果实的肉质部分中;要么是因为虫卵本身散发出具有感染性的气体,昆虫将卵产在哪里,植物上相应的部位就会产生坏死或病变;再或者是蛆或瘿虫的卵产在植物上,它们从中孵化出来后,用牙咬开寄主植物上面的叶、芽或果实,乃至木头,一直钻进了里面。 304

因此最后他总结道:"由此我们可以得出结论,虫瘿以及植物上其他的肿块,都只不过是病态的赘生物。赘生物的形成是因产在里面的虫卵所致。虫卵扰乱植物的生长和调节,并阻断了植物内部体液的流动。卵与幼虫被包裹在赘生物内,并从中得到庇护与滋养。幼虫生长壮大,直到身体各部位成形并彰显出来,随后逐渐变硬或长得更为结实。这时候,飞虫才从中涌出并飞向天空,看起来就像是刚出生的一般。”在同一篇文章中,他还描述很多苍蝇具备一种中空的器具,即产卵器(他称之为 *Terebra*,我们将这个词英语化为 *Piercer*),产卵器从子宫中延伸出来,昆虫可以借以刺穿叶片、果实或芽的表皮,并通过产卵器的中空管道将卵注入它们制造出的洞或伤口处。假以时日,卵就会在这里孵化,并从中得到养料。

305 马尔比基曾亲眼看到那些昆虫在橡树芽中的活动;在第 47 页中,他描述了其具体途径。我无意逐一引论,仅仅指出一点:当他驱走那些昆虫后,他发现叶子上有极其微小且近乎透明的卵,与苍蝇子宫内那些尚未生产的卵完全一致。他进一步补充说,很有可能,植物上很多地方都隐藏有虫卵,只是没有明显的外在表现,植物看起来仍然完好无损,而且会继续生长,就好像里面根本没有虫一样;事实上,有些虫卵隐藏并栖身于一些干燥的处所(它们不需要水分的滋养),例如枯木,乃至陶器与大理石中。

在我看来这似乎相当不合情理。在存在的秩序中,植物是一种较为低等的形式,从中不可能生成动物;因为,它们要么只能从零散无序的物质中构造出动物,这样就等同于创世;要么就得自行调制出一种适当的物质,而这种行为将会超出它们的能力范围,因为要制备动物精子,就必须具备众多导管,物质要经过多次排泄、调制、反馈、消化与循环作用，才能被打磨炼制成一种高贵的液体。除此以外，还必须要有卵，因为我们知道，“一切都由卵生成”，要使卵达到成熟，必须有足够多的导管，以及足够长的发育过程。植物中并没有这类导管，因而无法生成卵或精子，而这正是动物的必要 306 本原。

第三个要说的是我们本国一位德高望重的作者，也就是李斯特先生，他在对《格奥达修斯昆虫志》(*Geodartius Insect.*)第 16 号第 47 页的注解中如是写道：“我无法相信，也无法有人让我相信，这种动物或其他动物是(或者可能是)以一种自发的方式从一株植物中生成，或者并非出自同种的动物亲代，而是另有来头。”在对这部著作第 49 号的第三条注解中，他又写道：“关于这种蛾类幼虫或其他昆虫的自发生成说，我已经提出了反对意见。非常明显，这些木蠹蛾(Cossi)是由动物亲代产下的卵孵化出来的。同样很显然，这些纤巧的毛虫能咬开树木，钻进非常小的洞里。当它们完全进入后，洞口偶尔会愈合，并完全消失——至少会缩小到无法辨识的地步，除非是借助林扣斯[①]的眼睛。此外还要补充的是，偶尔它们并不经历变态发育，而是很多年停留在毛虫[蝶、蛾类幼虫]状态，这与我观察到的情况十分吻合。不仅如此，这种毛虫[蝶、蛾类幼 307 虫]与一切普通的毛虫一样，都是依靠动物亲代，即蝴蝶来繁殖。”就以上内容而言，我十分赞同李斯特博士的看法；唯一存在争议的是，他冠之以“木蠹蛾”(Cossi)之名，这个词在古代是用来指称餐桌上的一种美食；而我认为那种昆虫是六足虫，一种更大型的甲虫

① *lynceus*，即“锐眼者”，阿耳戈船的舵手。——译者

即由此变化而成；如今在美洲殖民地上仍有人食用那种六足虫，我是从我的好友斯隆(Dr. Hans Sloane)那儿得知这一点，他还曾送给我一瓶保存在酒精中的虫子。

我最近恰好有机会更细致地审视和考察了表皮为肉色、刺毛稀疏的大英国毛虫(这与斯隆寄给我的那种虫子极其相似，几乎仅有体量上的差异，而这可能要归于气候原因)。我观察到，它能将8条后肢紧缩回来贴在身体上，就好像完全消失了一样。这样，它看起来似乎并没有这几条后肢，然而它随时可以重新伸出来。由此我猜想，斯隆寄给我的牙买加昆虫(我认为是木蠹蛾或六足虫、而且随后会变成某种大型甲虫的东西)可能同样具有缩回后肢的能力；因此尽管它看似无足，但实则不然，它只是把后肢缩回去藏在身体下面罢了。当我们把它浸泡在酒精里时，它就不再是一种 308 六足甲虫，而是一种蛾类幼虫，近似于——确定说来就是——我观察到的那种本土物种；而且极有可能就是古罗马人所说的木蠹蛾，普林尼明确告诉我们，这种东西可供食用；尤其是，我们可以考虑一下，李斯特是从不久前刚砍伐下来并锯成小段的橡树树干上找到这种蛾类幼虫；而普林尼声称木蠹蛾正是以这种树木为食。以上就是我认为有必要在李斯特论证基础上作出补充的，这同时也是为了修正我先前关于木蠹蛾的猜想，以便于澄清事实。

我反对自生说的第三条理由是，支持这种说法的人并没有、也不能明确论证或用实验来证明其观点。普通民众通常认为，小孩头上，或是那些不勤换衣服、总爱穿脏衣服的人身上，会长出虱子，而在奶酪中，能自发孕育出螨虫或蛆虫。对此我一概否认，并视之为极大的错误与谬论。我敢肯定地说，这类生物全都是由四处逡巡的虱子、螨虫或蛆虫在肮脏的地方产卵孕育出来的。这些地方最适于卵的孵化，也最适于为幼虫提供营养。大自然给了那些寄生虫极其敏锐的嗅觉与洞察力，借助这点，它们即便在很远的地方也能找到目的地，并一路朝这里进发。据我所知，甚至虱子和螨虫，也能在很短时间内行进相当长的一段路程，从而为自己找到一个舒适的避风港。 309

话说到这里，我不得不正视虱子这类令人烦恼与厌恶的臭虫搜寻污秽肮脏衣物来做避风港与育儿所的奇特本能，并视之为神意的结果。这种安排意在防止人们过于邋遢，提醒人们保持自身的洁净与整洁。正如《申命记》23:12，13，14 所示，神自身厌恶不洁之物，并避而远之。然而，如果说神需要而且乐于看到我们保持身体的清洁，他更需要我们保持心灵的纯洁。“清心的人有福了，因为他们必得见神”(《马太福音》5:10)①。说到从腐烂物质中生成的虫子，雷迪以及我们本国一些学者的实验使我有足够理由来予以拒斥。我刚刚提到，这些虫子具有极其敏锐的嗅觉和感知能力，能找到一个舒适的港湾或繁殖场所来保护并孵化它们的卵，并为幼虫提供食物；它们在大自然的指引下行动，将卵产在最便于幼虫出生的地方。在那里，幼虫刚孵化出来就能找到食物；事实上，我们很难阻止这些虫子在这些合适的地方产卵。再说，倘若一种昆虫能不明不白地生成，那为什么鸟类就没有这种可能呢？此外还有四足动物、人类，甚或整个宇宙呢？或者，为什么不会时常产生新的动物物种？我那位博学的朋友罗宾逊在他的通信里有一句 310

① 和合本·新修订标准版中为5:8。——译者

话说得好:彼物的形成中所体现出的技艺,与此物一般无二。

反对自生说的第四条证据,也是最有力的证据是,如果存在自发生成现象,地球上必定会不时地,甚至是非常频繁地产生新种,然而我们并没有看到新种产生。在这种假想的创生过程中,太阳被视为生命或活力的来源,可是太阳是一种无生命体,最多只能通过其热量发挥作用;太阳的热量只能促使消极本原(passive principle)的微粒活动起来。这种消极本原亦即纯粹的物质。物质微粒之间除了形状、大小与重量的不同之外,不可能有任何其他的差异。热量在促使微粒运动时,充其量只是将那些同质的,即具有相同性质的粒子召集在一起,并使那些异质的,即具有不同性质的粒子相分离;然而正如我们所见,热量如何能促使动物身上的同质部分与异质部分如是分布并组合起来呢?这根本无法想象;更何况,如果热量具有这种能力,那它为何总将粒子组合成这样一种既定的机器,而不是时常形成某种前所未见的新型种类呢?很难想象其中有什么理由。伊壁鸠鲁主义的诗人卢克莱修对此深有体会,他看到了对种子或本原产生物种的能力作出限制的必要性。他写道,如果各种本原能任意组合,那么:

311

> 自然界中将会出现
> 巨大的怪兽以及众多怪诞的事物;
> 有些一半是人,一半是兽,
> 有一些上面是树木,下面是动物;
> 还有一些是鱼类与陆生动物的结合体,
> 随处可见从胸中喷出火来的可怕的喀迈拉(Chimaera)。

然而我们不会看到这类事物，
万物都由特定形态与大小的种子而来，
并在繁衍与发展中保持自身种类。
之所以如此，其中必定有某种确定不变的原因。

关于青蛙随雨水降落以及它们在云层中生长的说法，尽管有很多伟大的作者予以证实，但是我仍然认为这是极端荒谬的。在我看来，云层中生成青蛙，绝不会比风带来梅毒的可能性更大；尽管后一种说法同样有权威支持。如果有人能接受青蛙随雨水降落，那么他只需再往前一小步，就会相信天上也能下小牛犊；因为 312 我们读到，在阿维森纳的时代，曾有一只小牛从天而降。还有人声称，青蛙时常在暴雨后大量出现，但它们实际上并非在云层中生成，而是由一种特定的尘土经雨水混合发酵后凝结而成（佛洛蒙杜[Fromondus]支持这种假说），但这种说法同样于事无补。

让我们以一种自然的方式来对青蛙的生殖稍加考察吧。

1. 存在两种性别的青蛙，它们必然共同促成生殖。2. 在两种性别的青蛙体内，都有大量用于制备精子的管道，血液中更高贵、更精纯的部分在其中通过多次消化、炼制、反馈与循环，被提炼成那种丰沛的液体，也就是我们所谓的精子；卵子也通过类似的过程形成。3. 两性之间必定存在交配，我之所以特意提出这一点，是因为在我所见过的动物中，青蛙的交配是最引人注目的。青蛙抱对至少要整整持续一个月，在此期间，雄蛙一直趴伏在雌蛙背上，用四肢夹抱住雌蛙的颈部与身体。雄蛙抓得非常紧，以至于要是你把它从水里拎起来，它宁可将雌蛙连带着整个拖起来，也断不肯撤手。我曾亲眼观察到一对青蛙的交尾过程，我那位博学而可敬的朋友尼德(Mr. John Nid)特意把它们养在水箱里。尼德是三一学院的教师，可惜很久以前就已亡故了。青蛙交配结束后，精子必定会被排入水中。其中卵黄位于丰沛的蛋清(Gelly)中间，在相当长一段时间内，蛋清能为卵提供最初的营养。而最后从中产生的，并不是成体青蛙，而是一只光溜溜的小蝌蚪，它没有四肢，只有一条用来划水的长尾巴；它将持续很长时间保持这种形态，直到四肢长出，尾巴脱落，才蜕变成一只不折不扣的青蛙。

如果青蛙能从云层的水汽，或是大地尘土与雨水的混合物中自发生成，这一切又有何意义？那些用来精心配制精子与卵的管道，以及这样一种冗长乏味的生殖与滋养过程，又是出于什么目的？一切都不过是一种无聊而且虚浮的表演。太阳(那些哲学家设想它是那种莫可名状的生命与活力之源)能在顷刻之间完成所有的任务：只要给它一点水蒸气，或是一点干燥的尘土以及雨水，它就能为你制造出一只速成的青蛙，甚至一大群青蛙，它们全都具有完整的形态，而且不出三分钟，甚至不出一百分之一分钟，就能完成整个生命过程中所有的职能；要不然，从云层中生成并掉落在地上的青蛙中，就必然会有一些尚未完全成形的半成品。然而这种事情是我向来闻所未闻的；我们亲眼观察过青蛙的繁殖，而从尘埃和雨水生成青蛙的过程，则从未有人敢说亲眼见证过。不过，我们还可以进一步阐明云层中不可能生成青蛙：1. 在中空区域，气温极端寒冷；水蒸气上升到这里就会转变成云，根本不利于生殖。而且像亚里士多德和伊拉斯谟这样的伟大人物都没有记载过，所以很难有人促使我相信，云团中竟然能生出一种昆虫。

2. 如果云层中能生成任何动物,它们在降落时免不了摔得支离破碎,至少那些落在大路上和屋顶上的动物是如此;然而,我们从未听说过在任何地方曾有人发现这类残缺不齐的青蛙。后面这条论证足以打消博学的佛洛蒙杜关于云层中生成青蛙的信念;然而他所认定的事实,亦即青蛙从尘埃和雨水中自发生成,是出自他本人的一次观察或体验。那是在佛兰德斯陶奈(Tournay)的山口,当时他还请在场的朋友同他一道来欣赏那种壮观的场面。据他说,一阵暴雨撒落在干燥的尘土上,随之突然出现一群小青蛙。它们在陆地上四处蹦跶,除此之外周围看不到任何事物。这些小青蛙具有同样的大小和颜色;而且它们并不像是从某些隐秘之所 315 [Latibula] 大量涌出并突然现身于它们所憎恶的灰扑扑的地面上。我十分尊敬像佛洛蒙杜这样的伟人,然而我怀疑,那些小青蛙实际是受到雨水中怡人的水汽召唤,因而从洞穴中跳出来的。这虽然看起来不大可能,但是比起青蛙从一些尘埃和雨水中无缘无故或是自发地生成,倒是要可信一千倍。更何况,即便依照佛洛蒙杜所认同的那种假说,尘埃和雨水也根本没有时间相互混合并发酵。实际上我敢说,我这种推断也并不是完全不可能;一个人在夏天的傍晚时分外出散步,当天色开始变暗时,突然观察到大量蟾蜍和青蛙在大路、屋舍旁的小径以及花园和果园的天井与步行道上四处爬行,他很可能会纳闷它们从何而来,或者说,在整个冬季和白天里它们潜伏在哪里,因为在那些时候,几乎很难见到一只蟾蜍或青蛙。

关于我们所谈到的青蛙,还有一点要补充的是,佩罗先生(Monsieur Perault)在对它们进行解剖时,经常发现其胃部充满食物,此外还有排泄管道;由此他合理地推断,它们并不是刚刚形成,只是在骤然间出现而已；它们在天降暴雨时出现，这也不足为怪；因为一场旱季过后，蚯蚓和蜗牛都会以同样方式从藏身之所中大量出动。

我方才已经指出，我否认青蛙的自发生成说，无论是在云层中316 通过水汽生成，还是在大地上由尘埃和雨水混合形成；我也试图用有力的证据来证明这种事情是不存在的。出于对我这种观点的确证，我那位渊博而杰出的朋友德尔哈姆（Mr. William Derham），也就是上敏斯特（就在埃塞克斯的鲁姆福德附近）的教区牧师，最近为我讲述了一件与佛洛蒙杜的经历类似的事例。他提到在一两场暴雨过后，沙道上突然出现了大量爬行的青蛙，而在大雨之前沙道上还是一地飞尘；他解释说，这些青蛙很有可能是由同种的动物亲代繁殖在什么地方，然后从那里跳出的。我将引用他本人的原话来为读者展示整个叙事：

> 几年前的一个下午，我骑着马在伯克郡旅行，突然看到一群数量惊人的青蛙从路当中爬过。这里是沙质土壤，而且当时正处在旱季，所以之前路上满是飞尘。但是一两个小时之前洒落的清新暴雨使尘埃落定了。由此我立即想到之前听说过或读到过的有关天上下青蛙雨的传说。毫无疑问，我或许有足够的理由像前人那样，断言青蛙是来自云层中，或是自发生成。但是我预先接受了相反的观念，即这种无缘无故地或自发地生成是不存在的。因此我非常好奇这支庞大的蛙群可317 能是出自何处；在经过一番探寻后，我发现，这支黑色军团覆盖了两三英亩的土地，而且全都沿着同一条道路，从它们身后

的大池塘,朝向前方的树丛、沟渠之类地点行进。我沿着它们的来路向后回溯,一直追踪到其中一个池塘边上。在青蛙的产卵期,这些池塘里总是到处都是青蛙,隔着老远就能听到一片蛙声;我还在这里见到过大量的青蛙卵。

综合以上情况,我断定,这支庞大的蛙群是在这些池塘里繁育出来,然后从这里出发前往目的地:在此之前,它们由太阳孵化(如果我能这么说的话)出来,并经历了蝌蚪阶段;(直到迁徙之前)它们一直生活在水里,或者毋宁说嬉戏于岸边的石块、湍流与悠长的水草之间;而现在,随着一场刚刚降落的清新的暴雨,大地变得冷凉而潮湿,它们在大雨的召唤下,离开先前的隐秘之所——在那里,它们之前或许有充足的食物保证——前去寻找新的食源,或是更便利的栖居地。

我认为,不仅我们能合理地作出推断,而且任何一位好奇的观察者都不难发现这一事实,先前那些观察者与我们遇见的是同样的情景,因此我不得不奇怪,为什么许多睿智的哲学家,诸如亚里士多德、普林尼等人,竟然也会以为青蛙是从云层中降落下来,或是以任意一种方式在瞬时间自发生成;尤其是考虑到它们是如何公然交合、产卵,由卵变为小蝌蚪,再由蝌蚪变为青蛙。 318

不仅青蛙,还有很多其他的生物,例如虱子、肉蝇、蚕以及其他蝶类,都明显具有一套规律的生殖程序,在我看来这无疑表明,自亚里士多德以来的许多个世纪中,人们一直抱有一种奇特而古怪的先入之见,至于人类的懒散与惰性,就更不消说了。

以上为德尔哈姆所说。

毋庸置疑，如果佛洛蒙杜同样做过细致的调查，他可能会发现他在陶奈山口发现的无数只青蛙究竟从何处生成，又往何处去了。

说到人类与兽类肠道内孕育出来的蠕虫之类寄生虫，我承认我本人也不太清楚它们的种子是如何被传送到这些地方；然而我丝毫不怀疑，它们的生殖过程可与同类型的其他生物相类比。其物种的稳定性，身体以及各部分形状与形态完美的一致性及恒定的相似性，还有它们生命力、品性、运动以及其他偶性，在我看来不啻明显的证明。很显然，它们并不是随机形成，而是一种确定的生殖原理的产物。就目前而言——在获得更好的了解之前——我的观点是，它们的卵是随我们的食物一道被吞咽下去的；我之所以倾向于接受这种观点，是因为小孩在刚出生时，只要饮食一直限于母乳，就很少染上这类蠕虫病。

319

在写完这一段之后，我收到我常常念起的那位杰出友人罗宾逊的一封信，他在信中谈到了这个问题，其中部分内容切中肯綮、富有启发性，并且与我本人观点不谋而合，因此我将抄录如下：

> 我认为或许可以证明，在不同动物——无论是陆生的还是水生的——身体各部位发现的大量种类的蠕虫，几乎都是通过饮食进入各自的寄主体内，它们要么在那里潜伏一段时间，要么生长壮大并随着地点与食物的变化而改变[并非种性变化，而是某些部位的大小、颜色与形状上的偶性变化]。我们现在所知的，仅只是无数寄生虫中极少数几种，它们在水中繁育出来，或者确切地说，是在植物的根、叶、芽、花、果和叶

子，也就是我们一直在食用的东西中繁育出来；它们也会依据气候而变[也就是说，在不同气候下，同种植物的根、叶等部位会生出很多种不同的小虫，尽管有些种类是一切气候条件下共有的产物]；在印度和霍尔木兹岛屿(Isle of Ormuz)上，有一些寄生于皮肤与肌肉之间的纤长蠕虫，它们细小如毛发，在被固定或是受到拉扯时通常会缠绕盘曲，并且在此过程中常会断裂开来。它们无疑是通过当地人饮用的水来进入人体，关于这点，如果有时间的话，我可以列举出很多可靠的事例来加以证实。有闲暇的人可以从航海和旅行记录，尤其是戴文 320 诺(Monsieur Thevenot)的游记中找到相关的记录。借助于这种解释，我们可以更好地理解医学档案中有关人体内呕吐出蝌蚪、蜗牛之类动物的记录，而不必诉诸任何自发生成假说。至于在腐肉或腐烂的蔬菜中发现的蠕虫，我从未见到有哪一只是不同于其亲代的，其亲代亦即那些在腐烂物周围盘旋不去或是以此为食的小虫。

如果有人以辣椒水中发现的无数小动物作为反例，要求我们解释这些小生物的由来，我会回答他，在这些生物中，有极少数可能是漂浮于一切水体表面。只不过，它们发现悬浮于水中的辣椒颗粒——出于热量或是另一些不为人知的特有属性——特别适于保障其卵的存活及孵化，因而将卵附着在辣椒颗粒上，由此导致辣椒水中突然爆发出无数新生的幼虫。然而，如果没有显微镜的帮助，即使最尖锐、最明亮的视力也无从分辨这一过程。

同样也不难解释在其他种类的物体内部发现、而且看似从中

321 孕育出来的小虫。在那些以卷心菜、两节芥[①]以及甘蓝——关于这些植物,我们在《剑桥植物名录》(*Catalogue of Cambridge-Plants*)中给出了相关的描述——为食的普通毛虫体侧及背部,我们大多能看到一些蠕动的小蛆虫。这些小蛆虫的数量有时多达毛虫的60倍,甚至更多。小蛆虫一出生就开始为自己编织具有耀眼黄色的丝茧,并躲在里面悄然蜕变。当它们在一段时间后再次出现时,就变成了带有四个翅膀的小苍蝇。有关这方面的详细记载与描述,我建议读者参阅之前提到的《剑桥植物名录》。在其他种类的毛虫中,我也曾观察到类似的情况,它们同样生产出数量众多的小蛆虫,后者也以同样方式立即开始为自己作茧。还有一些毛虫并不像它们通常所应遵循的自然程序那样变身为蛹,而是变成一至三颗,甚或更多颗肉蝇茧——至少,其中含有这样的茧——一段时间后肉蝇就会破茧而出。其他毛虫,例如在干枯的川续断花头中可见的那种所谓的“独蛆”(solitaty maggot),经由一种可疑的蜕变,偶尔转变成一颗蝶蛹,偶尔转变成一颗苍蝇茧。你可能会说,这种现象当如何解释?在此,我们是否必须退回自生说?我的回答是,并非如此;从中最有可能推出的,是物种的转变;也就是说,一种昆虫不是繁殖出其自身的后代,而是生出一种或多种其他322 物种。然而我绝对无法认同这种说法。我坚信,这些苍蝇要么是将卵产在之前提到的毛虫体内,要么是产在那些毛虫啃食的叶片上,而其产卵过程始终只是一眨眼的工夫;幼虫在那里孵化出来,

---

① Cole-wort,对应的拉丁文名为 Crambe Linn. 即两节芥属,甘比菜属。——译者

啮咬毛虫的身体，一路爬进毛虫体内并从中获得营养，直到完全长成成体。再或者，苍蝇的子宫上具有一根中空的尖管，可刺入并穿透毛虫的皮肤，将卵注入毛虫体内。姬蜂也正是通过这种方式将卵注入毛虫体内。

我极力建议一切有天分的博物学家都去探察这种昆虫的生殖方式；我认为，这项工作具有重要的意义。因为如果我们能弄清这个问题，并证明一切生物都无一例外地由同种亲代个体繁殖出来，而世界上也并不存在自发生成这种事情，那么，无神论者的一个主要支柱与论据就会不攻自破，其最坚固的堡垒将轰然瓦解。他们将无法再以青蛙和虫类当前的自生现象为比拟，来阐述他们有关人类与其他动物之创生的愚蠢假说。

有人会进一步提出反驳说，有人曾在树木里面发现活生生的蟾蜍；不止于此，就连在石头中间，也曾有人发现活的蟾蜍。

对此我回答，这一事实并不能完全让我信服。我深知普通人的盲从性，也知道他们（以及很多更为优秀的人）都对那些奇闻逸事津津乐道。因此，我必须掌握可靠的证据，才能毫不犹豫地认同某件事情。 323

就此处提到的情况而言，有关在石头中发现活蟾蜍的叙事的真实性，我已经从可靠的目击者那里得到充分的证实，他们曾亲眼看到蟾蜍被从中取出，因此事件本身是确定无疑的。

然而，假定这是真事，我们也一样能作出解释。有可能，那些动物在幼年期体形尚小的时候，从石头中寻隙而入，一直爬进中心部位——之所以往里爬，可能是出于寻找隐秘之所越冬的天性；它们在那里逐渐长大，以至无法再通过原来的通道返回外面，并一连数年被禁锢在石头里;只要一点空气就足以供这类生物呼吸,因为它们的体温较低,且始终处于呆滞状态,同时,石头内的液体也足够它们使用,因为它们待在那儿一动不动,根本不消耗养分。而且我相信,如果那些在石头中发现蟾蜍的人细致考察一下,他们或许会发现并追踪到蟾蜍进入石头的通道,以及它们留下的某些痕迹。再不然,可能有某只小蟾蜍或者蟾蜍卵不巧掉进尚未凝结成石头的石质物质(lapideous Matter)中,无法从中逃离出来,从而一直 324 被禁锢在里面,直到周围物质凝固并紧缩成石块。但是,无论石头中的蟾蜍从何而来,我都敢自信地断言,它不是从那里自发生成的。否则,要么在蟾蜍生成之前石头中就有一个这样的洞穴,可这根本不可能,不过是“空洞的主张”(Gratis dictum)而已;要么蟾蜍是在实心的石块内生成,可这比前一种说法更加不可能,因为这种生物是如此弱小,它柔软的身体,如何可能在这样一种囚笼中舒展开来,并克服无比沉重的实心石块所致的压力和阻力呢?

尽管无故生成说(Equivocal Generation)的主张者试图声称石头中的蟾蜍是不完整的,并以此为基础来巩固他们关于自生说的信念;但是我可以肯定,这些蟾蜍和它们的同类一样完整无缺。其身体构造所体现出的技艺,与最庞大的动物不相上下;据伟大的博物学作者普林尼的判断,甚至较之更甚[①]。他说道:“较大的物体塑造起来不难,因为物质皆温顺且驯良,使塑造者用起来得心应手,因此即使在笨拙的手指下,也很容易被赋形或塑造成所需的形 325 态与结构;然而这些如此微小以至趋近于无的事物之构造,却是何

① 《博物志》第11卷第2章。

等的精妙奇特！需要多大的力量和能力，才能使之呈现出这种超乎想象的完美性？”

关于从水果或植物体上自然长出的赘生物(Excrescencies)中生出的昆虫能否为自生说提供证据，我已经在第二条具体论述中作出回答，其中包含了当代一流的博物学家们就这些问题作出的声明。

在对植物自生说的拒斥上，我没那么自信和绝对；然而用来驳斥动物自生说的异议和证据，同样可以用来反驳植物自生说，因为植物需要从凌乱无序的物质中生成，从而也是一种创生过程；或者有人可能会说，是大地、阳光和热量(或者任何一种作用力，只要你愿意)，调配出了井然有序的物质。我会回答，这是让物体去行使超出其能力范围之外的工作，也就是说，让一种不具有生命的低等自然，去预制某种材料来形成一种更高级、具有一定程度生命的事物；更何况，大自然中并没有适合的管道或器具去配制这些物质。如果大自然真能做到这一点，植物体内所有的导管，植物的结实过程，以及我们在植物上所见到的雌雄之分，又有何必要？进而我想请问那些支持植物自生说的人，他们是否曾看到过，有哪种草本或木本植物——除禾草类(Grass-leaved Tribe)植物之外——刚出苗时不是具有两片子叶？如果他们从未见过，也不可能见过，那么在我看来这就有力地证明了，所有植物都是由种子而来；否则它们没理由非得首先长出两片与随后长出的叶子截然不同的子叶。如果这些物种(它们在一切植物中占据绝大多数)全都由种子而来，那就根本没理由认为其他种类的植物是自发生成的。关于这个问题，结合之前已经写过的内容，说到这里大约就足够了。

326

虽然我常在很多地方提到某某植物是自然产生的，或者说是自己长出来的，但是我的意思只是想表达，它们不是人工种植或人工播撒在那里的。

在论述了人体及其各部分的用途之后，我将再补充一些其他的观察记录，来阐述某些不同于人体器官的部分——这些部分要么为各种类别的动物所共有，要么为某些特定物种所独有——独特的构造、行为与用途，并论及兽类的某些本能与行为。

首先，许多动物的呼吸方式以及它们的呼吸器官，都与其体温、栖居场所以及生活习性相适应；在这个方面，我观察到较高级的动物身上存在三种不同情况。

327 1. 体温较高的动物。它们需要大量精气来维持各种运动与日常活动，因而具有肺，肺部能持续不断地交替吸入和呼出空气；此外还有一个两心室的心脏，因为要将血液维持在这种温度——这是从事一切肌肉活动的必备条件——就必须有充裕的空气。四足动物的肺部与鸟类的肺部具有很大差异：一个坚实稳固，另一个松弛可动；一个上面有穿孔，能使空气进入庞大的气囊中，另一个则包裹在一层膜中。不过，眼下我将暂且不去细谈。

在此有必要指出的是，很多此类的动物，无论鸟类抑或四足动物，都能耐受我们这里经常出现的极寒气候。我曾观察到，在冬季漫长的夜间，马、牛和羊坦然静卧在室外冰冷的地上，哪怕是在我们所见过的最凛冽刺骨的霜冻天气里，它们也不会受到丝毫冻伤；而在我们看来，至少它们的四肢会感觉到刺痛并被冻僵、冻麻。我本人在思索它们是如何做到这一点并成功抵御严寒时，我首先想到的是，它们的足趾末端有蹄，这能起到很好的保护作用；然而关 328

键问题在于,寒冷本身就是御寒之道;因为空气中充满大量的氮,或是某些其他粒子(这些粒子能有效地促成寒冷,同时也是维持生命之火的高效燃料),当空气被吸入时,借助那些粒子的作用,动物血液中的热量急剧增加(正如我们所见,燃料在这种天气里烧得格外旺),从而可使动物在一次快速循环所能维持的时间内暂时抵御严寒,然后进入下一次升温过程。由此我们或许能解释,为什么生活在热带地区的人比生活在寒冷地区的人更能忍耐饥饿;有关埃及僧侣斋戒与禁食的传说,尽管听起来似乎十分惊人,而且在我们看来几乎难以置信,但照此看来也是有可能的。

2. 还有一些体温更为寒凉的动物,它们天生能忍受长时间的辟谷(Inedia)与禁食,而且几乎整个冬天都蛰伏在洞穴里。例如所有的蛇类以及蜥蜴类,它们都具有真正的肺,但是并不会无间断地呼吸;或者说,当它们吸入空气后,它们不必重新将空气吐出,而是可以随心所欲地含住空气,一连数日停止呼吸。医学博士托马斯·布朗先生(Mr. Thomas Brown, M. D.)很早以前就做过相关的实验。为了证实这一点,他特意将一只青蛙的脚绑住,然后把它浸在水下。这类生物的心脏只有一个心室,而且血液在肺部的循环并不像身体其他部位的血流那么频繁。这种呼吸方式足以维持与其生活习性及栖居方式相适应的体温水平。即使在夏季,它们摸起来也总是冰凉凉的,因此有人甚至把青蛙搁在胸前以便解暑。 329

3. 鱼类。它们总是悠然自得地生活在一种寒冷的物质,即水中。它们体温不会超过水温,因为它们始终与水直接相接触,(除非有某些不同寻常的措施)要不然体温供应不过来;它们也不必不断浮上水面来呼吸空气,出于这一点,再加上很多其他的原因,我们或许就可以断言，鱼类在水下通过鳃呼吸，由此它们只能吸收分散于水粒子空隙之间的空气；这足以维持与其生活习性及居住场所相适应的体温。鱼类的心脏也只有一个心室。

不过，即便如此，最伟大、最睿智的神似乎是特意要证明，他并不会因某种环境或场所性质的限制而选择一种呼吸方式，或是仅330 赋予鱼类一种体质，所以他使某一类水生动物像哺乳类四足动物一样具有肺部，以及两心室的心脏，而且能像哺乳类动物一样通过自由吐纳空气来进行呼吸；这种身体构造，正是为了使它们在寒冷的海水中保持与哺乳类四足动物相应的体温。

与呼吸过程相关，还有一点引人注目之处：肺静脉（Arteria venosa）与腔静脉之间的小孔或通道，即所谓的卵圆孔，始终是张开的。这种情形见于一些两栖类四足动物，例如 *Rhoca* 或 *Vitulus marinus*，英语中叫做斑海豹（Sea-Calf）和海豹（Seal）；通常认为海狸也是如此。我们已经解释过，为什么当胚胎或幼体处在子宫中时，幼体与母体之间存在大量血液的双向流动：其一是在两条进入心脏的静脉之间，借助于一个小孔或小窗来回流动；其二是在两条动脉之间，借助于从肺动脉延伸至主动脉或大动脉的动脉通道来回流动；其作用简单说来，就是从肺部导出血液。同样的理由也可以用来解释，为什么在这些两栖类动物身上卵圆孔始终是张开的：1. 当它们在水下逗留时，肺部很可能并不会扩张，里面没有空气，331 全身的血流在每次循环中很难从肺部经过。2. 使血液保持足够的温度以及流动性，当它们待在水下时，所需的空气并不像它们在水面上时需要的空气那么多，因此血液虽然在流动，但血流速度非常缓慢，就像胚胎在子宫里的情况一样。

不仅如此，说到呼吸过程，巴黎学者们(Parisian Academists)还观察到，一些两栖类四足动物，尤其是海豹的会厌，相对于其他动物的会厌来说大得惊人，在长度上足有半英尺，超过了覆盖在上面的声门(Glottis)。我相信，海狸的会厌与此相似，正好能盖住喉部或声门，防止海水进入；韦伯费鲁斯(Wepferus)曾解剖过一只海狸，它是在水中窒息而死的，然而肺部没有见到一滴水珠。(据他们说)这种结构可能是为了在动物沉下海底进食时更好地关闭气管(aspera arteria)的入口，从而阻止海水涌入肺部。大象(据穆兰博士[Dr. Moulins]的观察——我猜想他对那种动物进行了解剖)根本没有会厌，但是鉴于大象的食道与肺部之间并不相通，它在进食或饮水时根本不用担心异物进入肺部。穆兰博士对大象的食道或咽喉作出了如下叙述，他写道：大象的舌头具有一种独特性，即，通往心室的通道从这里经过；在靠近舌根的地方有一个孔，而且正好位于这个部位的中心；这个孔就是食道的开端。食道与通往肺部的管道并不相通，这与我们在人类以及一切四足动物与禽类(至少就我有机会解剖过的而言)身体上观察到的情况恰好相反，因为大象膜状的垂体前叶一直延伸到位于食道下方的舌根部位，完全挡住空气进入嘴巴里的通道。然而，虽然它们进食或饮水时不用担心食物落入肺部，但这并不足以保证不让小生物潜入其中；因为，尽管从某种程度上来说，通过缩紧声门就能弥补会厌的缺失，但大象的喉部软骨周围还长有一些所谓的杓状肌(Arytenoideus)，杓状肌能够借助于内部某些肌肉的力量产生上下运动；其中位于气管两侧的杓状肌结实有力，而下侧正对食道的地方则十分柔软灵活，约莫长两英寸半，环绕于喉部软骨上端，或是靠近

332

食道部位。如果没有喉部软骨借助杓状肌的运动将食道关闭，就连老鼠也能顺着大象的长鼻子爬进肺里，致使大象窒息。由此我们或许可以猜测到，大象为什么会畏惧老鼠；此外人们还观察到，为了避免这种危险，这种生物[即作者此处描写的大象]在睡觉时通常把鼻子紧贴在地面上，这样，除空气以外什么东西也进不去。333 这是大象所表现出的一种奇特的机警和预见性，再不然就是一种令人赞叹的本能。

此外巴黎学者们还观察到，乌龟的声门裂缝狭窄而紧密；我认为，这种严密的闭合，与其说是帮助压缩肺部已有的空气，毋宁说是防止乌龟处于水下时水流涌入食道。巴黎学者们认为，乌龟呼吸的主要原因，以及其肺部的主要用处，就是为了吸入空气并将空气留存在体内；在必要情况下，乌龟通过肌肉的运行促使肺部气体压缩或膨胀，就能在水中上下沉浮。我并不排除这种可能性，然而如果说这就是乌龟的肺部及其呼吸过程的主要用途，诸如变色龙、蛇类和蜥蜴之类的陆生动物类似的肺部构造与呼吸方式，又是为了什么呢？

在结束关于乌龟的话题之前，我还想补充与之相关的两条引人注目的记录，这些观察记录也是出自之前提到的那些巴黎学者，这两条记录似乎表明，乌龟是具有某种理性的，其行为并不单纯是出于本能。首先是陆龟；关于陆龟在被掀翻后如何努力翻过身来重新四脚着地，巴黎学者们如是描述道："在龟壳前面的大口处，顶334 端有一个凸起的小板，这使脖子和头部获得了更大的自由，从而帮助乌龟翻身。脖子的这种灵活性，对于乌龟来说具有重要的意义，因为在它们四脚朝天时，脖子能帮助它们翻过身来。在这点上它们所付出的努力实在令人赞叹。我们曾观察到,一只活生生的乌龟在被掀翻以后,根本没法用爪子来使自己掉转身来,因为它的腹部不能弯曲,只能靠脖子和头部用力,它一会向左,一会向右,头部顶着地面,像摇篮一样摇来晃去,在周围地面上寻找不平整的地方,以便更轻便地翻过身来。”

其次是海龟,相关论述如下:亚里士多德和普林尼曾指出,当海龟在水面上静养很长一段时间后,它们的壳被阳光晒干了,这时就很容易被渔民捕捉到;原因在于它们体重太轻,无法灵活地扎进水中。仅仅因为太阳烤干了龟壳,这样一点微小的变化也会使龟壳失去作用,由此可见它们需要保持何等微妙的平衡性。巴黎学者们认为,海龟在这种情况下很容易被捕捉,不仅是因为它的身体太轻(因为它很容易将肺部气体吐出,使自身比水更重,从而沉入水中),而且是因为它不同寻常的机警与谨慎。因为(据他们说)很 335 可能海龟一直小心地维持着身体的平衡——正如其他动物依靠四肢稳稳地站立着一样——在这种情况下,出于同一种本能,它不敢吐出肺部空气来增大自身体重以迅速下沉;因为它害怕龟壳浸水后变得极其沉重,以至于当它沉到水底后,就再也没有能力浮上来。如果这就是为什么海龟在这种情况下宁愿暴露在被捕捉的危险之下,也不愿遽然沉入水底,那么很显然,海龟具有一种令人赞叹的远见和前瞻性,以及权衡利弊的能力。

为了延续和保护那些弱小生物,大自然真是煞费苦心,它赐予一些生物以防护性的盔甲,同时给了它们使用这类装备的技巧,我想,其中明显的例证就是常见的刺猬,亦即犰狳中的一种[1]。刺猬

---

[1] 在现代动物分类学中,刺猬属于刺猬科,并不属于犰狳科。——译者

的背部和体侧布满尖锐的硬刺，此外在特定情况下，它还能凭借肌肉的力量将自身蜷缩成一个球状的小团，从而将整个下部以及头腹部连同四肢（出于生活的必要性和便利性，这些部位外面并没有防护甲）一起缩回，包裹并隐藏在防护层或厚厚的豪刺中。因此，狗或其他掠食性生物无法捕捉它，也无从下口，否则必然伤到自己的鼻子或嘴巴。至于促使刺猬蜷缩起来并将全身蜷成球状的那种肌肉，据巴黎学者们描述，是一种独特的肉质肌肉（Carnose Muscle），从髋骨（Ossa innominata，本义为“无名的骨头”）延伸至耳鼻部位，一路经过脊柱，却并不附着在骨骼上。博尔奇（Olaus Borrichius）在《丹麦汇刊》（*Danick Transaction*）中将其描述为一种环状肌，里面含有柔膜（Panniculus carnosus），且韧性极强，末梢（Laciniae）或尾端一直延伸至动物的脚爪、尾巴及头部。

336

另一种生物同样能将身体蜷缩成一种球状或卵状来进行自卫，这种生物属于犰狳（Tatu apara）中的第二类，马克格雷夫对其进行了大量描写（Marcgrave，lib. 6. cap. 9），并称之为“三带犰狳”（Tatu apara）。其背部和体侧披着一层鳞片状甲壳，就像铠甲或龙虾尾部的鳞片，上面有许多坚硬的角质或骨质小片，骨片通过身体中部四条横向的联合纤维组织（Commissures）结合起来，中间有粗膜相连。当它睡眠时（它通常大白天睡觉，晚上外出觅食），或是有捕猎者靠近周围，它就会借助之前提到的联合纤维组织，将前肢和后肢缩在一处，耳朵收回来贴在头上，尾巴也朝头部靠拢，背部则高高拱起，直到头部与尾部相接。这样它就整个躲进铁甲里，滚成了一个圆球。甲壳的边缘彼此相接，包裹着身体周围，前后两部分也挨得非常近，以至于从外面什么都看不见，只有头部和

337

尾部的甲胄,就像两扇大门一样,牢牢地堵在铁甲团留出的洞口处。这项工作是借助体侧一处肌肉的运动来完成的,这种肌肉具有显著的长度,呈现为“X”字形,并由很多纤维组成,纤维彼此形成很长的交叉线;借助于此,犰狳能收拢外壳,而且相当有力地保持着这种状态,要不是力气很大的人,绝对无法掰开它的铁甲。

如果存在一种体表覆盖着软毛的动物,它同样具有这样一种肌肉,和这样一种收缩能力,那么我们或许有理由认为,这种特性是偶然的,而不是特设的。然而,鉴于自然界中根本没有这类例子,只有极其愚蠢的人才会相信这种说法,并且厚颜无耻地四处宣扬。无神论者惯用的 *krēsphugetov*,或者说遁词,即**“最初确实曾形成这类生物,只是在那些强大掠食者的戕害下,它们逐渐消失,连整个种族都灭绝了”**,在这里也是无济于事。因为这样一种肌肉以及这种特定的使用技巧,在随机条件下也有可能降临在一种强大且兴盛的动物身上,虽然别的动物都不敢靠近它或伤害它,它同样会为了好玩而把自己卷成一个球。然而这种事情实在是闻所未闻。 338

我之前已经提到过受人尊敬的波义耳先生(他前不久刚刚过世)所论述的兽类瞬膜的用处,其中有一点我不能完全同意,那就是对一些四足动物来说,它们的眼睛并没有被树丛和树木上的尖刺或小枝刺伤的危险;在上次写到这个问题之后,我读到对瞬膜作用的另一种阐释:巴黎皇家科学院对一些生物所做的解剖记录(由亚历山大·皮特菲尔德先生[Mr. Alexander Pitfield]译成英文)第 249 页,关于食火鸡的描述中提到了这一点。(那些学者说道)我们的观点是,瞬膜能清洁角膜,防止角膜因干燥而变得不那么透明。人类和猿，是所有动物中唯一不具有这层眼睑的，他(它)们不需要靠这种装备来清洁眼睛，因为他(它)们有手，可以通过用手揉眼睑来挤压出其中含有的液体，这种液体是通过泪管分泌出来的。我们从经验中得知，当眼前发黑或者眼睛感觉到刺痛时，用手揉揉眼睛，疼痛感就会消失。

然而解剖发现向我们揭示出，这些器官是特意为此目的而设339 的。要不然，为什么在人类的眼睛里，泪管并不超出泪腺之外，而在鸟类的眼睛里，泪管却延伸至泪腺之外，而且穿过了一半以上的内眼睑[①]呢？内眼睑开在眼睛下方，这无疑是为了在这层眼睑来回眨动时将一种液体铺展在整个角膜上，而我们观察到，鸟类的瞬膜确实每时每刻都在眨动。

鸟类的瞬膜就像一层窗帘一样伸缩自如，其中展现出大自然令人赞叹的技艺与构思，然而这很难用足以让读者理解的语言来表达；一段长篇大论，与其说是阐明问题，毋宁说是更令人费解，因为这对于记忆是一种负担；很可能没等我们看到最后，最前面的内容已经淡忘了。因此，用长篇大论来解释问题的人，实际上无异于墨鱼，大多数时候都躲藏在自己的墨汁里面。巴黎学者们在描述瞬膜的形状以及伸缩方式时，不得不使用大段文字，以至于，我恐怕很少会有读者长久保持耐心和注意力，一直到理解并领会其中的奥秘；然而，这个问题是如此明显，而且无可争辩地证明了神的智慧与设计，因此我无法略过不谈。他们如是说道：这层眼睑在构造上令人惊叹的细部特征，确实与无数其他的事例一样，显著

① 指动物的第三眼睑，即瞬膜。——译者

揭示出大自然的智慧。我们无法了解其内部的机巧,因为我们只 340
能通过表象来理解它们,我们并不知道产生这些后果的原因(Causes)所在;在此,我们所处理的只是一部机器,其各个部分都是可见的,我们只需细致地检查它,并找出其运动与行为的缘由(Reason)。

鸟类的这层内眼睑是一种膜状器官,它能通过一根细小的纽带或筋腱,像窗帘一样垂下,这时它就覆盖在整个角膜上;借助于内眼睑上结实的韧带,它又能被扯回原处,并折叠起来,这时它就被重新扯回大眼角,将角膜露出来。内眼睑展开时形成三角形,而折叠时则呈现为月牙形。内眼睑基部(亦即内眼睑的起始部位)面向大眼角,并位于巩膜平坦部分形成的大圆(great Circle)边缘——在这些地方之外,巩膜与其前面部分,即如小山包一样凸起的角膜,形成一定夹角。内眼睑的基部固定不动,它附着在巩膜边缘,占据巩膜大圆圆周的三分之二以上;三角形的侧边面向眼睛的小眼角,这条侧边是可移动的,上面有一块小板支撑着,眼睑软骨就着生在小板上,而且对大多数四足动物而言,这块小板都是黑色的。眼睑的这条侧边,也就是缩回眼角的部分,能通过整个眼睑上纤维的运行,从初始位置出发,朝向眼睑软骨的方向运动,并与之 341
结合。

在促使眼睑铺展在角膜的肌肉中,除去六种参与整个眼部运动的肌肉之外,还可以见到另外两种。我们发现,这两种肌肉中最大的一块,正好发端于巩膜大圆的边缘,并面向大眼角,也就是眼睑的初始位置。这块肌肉的起始端极为肥厚,底部宽大,从这里开始渐次缩小;它从眼球后面通过,就像眼睑从眼球上面经过一样,然后到达视神经处，从那里伸出一条圆形的柔软筋腱，从而穿过另一块肌肉的筋腱（第二块肌肉就像一个滑轮一样，有助于防止第一块肌肉在弯曲时压迫视神经，并能产生一个夹角，穿过第一块肌肉，到达眼睛的上部），从眼睛下面出来，并插入组成内眼睑的薄膜一角。第二块肌肉的起始端同样位于巩膜大圆上，但是与第一块肌肉相反，它面向的是小眼角，第二块肌肉像第一块肌肉一样从眼睛后面通过，就像前面所说的那样，与第一块肌肉相接并包纳其筋腱。

这两块肌肉的运行，就第一块而言，是为了借助于其中的纽带或筋腱来扯动内眼睑的一角，使内眼睑铺展在角膜上。至于第二块，则是使其筋腱始终靠近初始位置，从而防止包埋于其中的第一块肌肉上的纽带损害视神经；不过，主要的用处在于协助第一块肌肉的运行。这种构造体现出惊人准确的力学原理，它使两种肌肉结合在一起，较之仅依靠第一块肌肉上纽带的弯曲（这会促使第一块肌肉与视神经形成一定夹角），确实能将内眼睑拉伸得更远，其目的正在于此；单只一块带有笔直筋腱的肌肉，如果能将内眼睑拉伸得足够远的话，原本也足够了。然而要使眼睑铺展在整个眼膜上，无疑需要很大的牵引力，这就必须借助于一条很长的肌肉，而这么长的肌肉在眼睛里是无法完全伸展开的。要让这样一根长长的肌肉发挥作用，最好的办法，只能是采用两块不同的肌肉，使其中一块弯曲起来，由此在狭小空间内达到更大的长度。以上就是巴黎学者们的叙述（他们自己也考虑到这段描述的冗长与艰涩，因此告诉我们，对照图形将会非常有助于理解），内容的新颖性进一步增添了事实本身的晦涩；我恐怕对大多数读者而言都是如此；然

342

而对于这样一项成果，正如我之前所说，我实在无法略过如此显著的例子，其中体现出的构思与设计确实一目了然，而且无可争辩。

343 我记得，这些学者还告诉我们，他们从经验中得知，眼部的水状体不会结冰；这一点格外奇妙，因为这种液体看起来具有普通水的清澈与流动性，而且从未引起人们的关注；就我所听说的而言，无论是靠味觉还是嗅觉，都未曾发现其中有任何显著的特性；因此它必定是某种独特的以太物质，而且值得富于探索的当代博物学家们好好去审视和分析。

大自然对骆驼的关爱是得天独厚的，这既表现在骆驼的身体结构上，也表现在大自然为维持其生活所需而采取的手段上。就前者而言，我首先要列举的唯有骆驼脚的形态。正如巴黎学者们所观察到的那样，骆驼的脚掌扁平而宽大，非常肥厚，上面只覆盖着一层厚实、柔软的皮肤，上面微微有一些茧子，但却非常适于在沙漠地带，例如非洲和亚洲地区的沙漠上行走。（他们说道）我们认为这层皮肤就好像有生命的鞋底一样，即使在持续的急行军中也不会磨损，因此，骆驼这种生物几乎是不知疲倦的。也许正是这种柔软的脚掌，才能更好地适应崎岖不平的路面，不像坚硬的脚掌那样易于受到磨损。

344 至于后者，亦即骆驼在沙漠中长途跋涉时大自然为维持其生活所需而采取的手段，那些学者们观察到，在骆驼第二个胃室（它们是反刍动物，具有四个胃）的顶端，有若干个四方形的小洞，也就是由将近 20 个孔穴构成的孔眼；这些孔眼形成一个个小囊，分布于两层黏膜之间——这就是这个胃室的组成。看到这些小囊，我们会想到，这里很可能就是储存水分的地方：普林尼声称骆驼能长时间储水，它们在遇到水源时大量饮水，以便在干涸的沙漠中（骆驼常被用于沙漠旅行）体内有充足的水分；此外，据说赶骆驼的人在干渴到极点、迫不得已的时候，只要用刀划开骆驼的肚子，就能找到水[①]。

这种动物能极其长久地耐受干渴，因此能被喂养在干旱贫瘠、寸草不生的地方。当人们在干涸的沙漠中旅行时，有时一连两三天都没有一点水，在这种地方，骆驼具有非常重要的用处。任何一个没有偏见而且善于思考的人，都必定会承认这是神意与设计的结果。

有些动物生来就以肉食为生，它们既捕食四足动物，也掠食鸟类，因为这类食物营养丰富，有益于它们的身体健康；它们捕食四足动物，是直接连皮带骨地吞下去，而对鸟类，则是连带着部分羽毛一起囫囵吞下。并不是它们特意要这样，而是因为它们不能、或者不想费精神来给鸟儿拔毛。因此巴黎学者们合理地推断，一只狮子（他们对其进行了解剖）的死亡，是因为人们给它喂的食物过于肥美。（他们说道）因为我们知道，在这只狮子去世前的一段时间，它有好几个月没从窝里出来过，人们也很难让它进食。为此兽医们为它开了一些药方，其中包括仅给它喂食活生生的小动物。维新纳公园（Park of Vicennes）那些饲养员为了让这种食料更为

345

① 此处所说的应该是指骆驼瘤胃中的盲囊，即所谓的“水囊”。实际上那些小囊只能保存5－6L水，且其中混杂着发酵饲料，呈现为黏稠的绿色汁液，所含盐分浓度与血液大致相同，并不能供骆驼补水之用。此外，小囊不能同瘤胃中的其他部分有效分开，而且因为太小而不能构成有效的贮水器。根据解剖观察，骆驼身上除驼峰和胃之外，并没有专门的贮水器官。——译者

可口,确实采取了不同寻常的办法:他们把活生生的小羊放进里面,让那只狮子大快朵颐;一开始这确实让它恢复过来,重新有了胃口,精神也活跃起来。然而很可能这种食物中产生的血液太多,而这对于狮子来说过于精细——在大自然中,是不会有四处乱跑的小羊供它食用的。或许可以认为,猛兽将猎物的毛发、羽毛及鳞片一并吞下,是一种合理而且必要的矫正手段。目的就是防止它们在太过肥美的食物面前控制不住自己的食欲。

尽管在这段论述的开篇我已经指出,关于软骨鱼类(cartilaginous)是借助何种方式在水中沉浮,并任意停留在水下任何深度, 346 我们尚未得到明确的答案;然而我想提出一条假说,这最初是由剑桥已故的医生彼特·邓特先生(Mr. Peter Dent)向我提出的,即:它们是借助于水在其腹部或肚子下部两个小孔中的进出来做到这一点的,这两个小孔靠近通气口(Vent),或者说与之相距不远。这类鱼的肉质疏松,而且富于弹性,绝非硬骨鱼类的肉质那样结实致密;它们的腹腔内含有大量空气,因此,它们要沉入水中,就必须让一部分水通过那两个小孔(依靠特定肌肉的运动,小孔可以任意地开关)流入肚子里的空腔内,从而使其自身比水更沉重,并在水中下降;而它们要上升时,就会通过腹部肌肉造成的压力将水分重新挤出,或至少是排出足够多的水,以便体重减轻到它们希望或所需的程度。如果我们在经验中发现,这些鱼类一旦失去这种压舱物(Ballast)就会自由漂浮于水上,而且它们确实能让水流入腹部,那么这种假说就存在一定的可能性或真实性;否则就并非如此。

大自然(我是指神性的智慧)在预制乳糜、将这种营养汁从更为粗糙的食料中分离出来,并将若干种体液和精气从血液中分离 347

出来时，采用了若干种不同的方式与机制。沉思并审视及此，我不得不赞叹她伟大的智慧、技艺，以及好奇心。因为她在分析物体，并将其中各部分、纯净的和不纯净的成分全都分离开来，从而从中提炼出精气时，不单是采用了化学家们所掌握（要么是通过模仿学到，要么是自行发明出来）的一切方法与设备，例如食料在反刍动物第一个胃亦即瘤胃中进行的浸渍作用（Maceration）；在哺乳类动物嘴巴里和禽类砂囊中进行的粉碎作用；在大多数陆生动物以及所有水生动物胃部进行的发酵作用；在反刍动物的肠道[1]以及一切生物肠道内进行的挤压过程（肠道借助膈以及腹部其他肌肉的运动，将乳糜从粪便或排泄物中挤出，并输入乳糜管）；还有通过全身内脏来进行的过滤或渗透作用（其中用到的过滤装置，与用来从血液中分离出各种汁液的管道数量不相上下）；最后则是在生殖器官（Spermatic parts）与管道，或许还有大脑中进行的消化与循环作用。我想要说的是，大自然不仅运用了这些操作模式，而且她所做的远远超出化学家们的能力范围：她用一种温和的热量，就能起到化学家们用高温烈火才能制造出的效果。例如，在一条狗的348 胃部预制出一种能使骨头分解的消化液；以及在某些昆虫的体内预制出一种似乎具有强酸性和高度腐蚀性的液体，就像硝酸油或硝石精气（Spirit of Nitre）一样；这些昆虫在叮咬人体时，就会将这种液体注入人体血液内。我曾在一些书籍中见过一个实验，我本人也亲自做过，那就是，如果你将矢车菊或是其他的蓝色花朵插进蚁丘中，花儿即刻就会被染成红色；原因在于（先前的作者们并

---

① Omasus，本义为“牛肠”。——译者

没有给出原因)蚂蚁将它们的刺插进花朵,注入或留下一丁点毒刺分泌出的液体,这种液体像硝酸油一样能起到使花朵变色的作用。这种迹象表明,这两种液体具有同样的性质。

巴托兰观察到,在食道贯穿膈的地方,那个肌性器官上的肉状纤维弯曲并向上拱起,就好似一个括约肌一样,紧紧包裹并扣合在上面;这是大自然极大的关照,目的是避免在横膈膜无休止的运动中,胃上端的开口[①]张开,食物刚进入食道内就被排出。而派伊尔(Peyerus)认为,据他观察,反刍动物食道与横膈膜的结合处,较之人类与其他动物远远更狭窄、紧致,以至最终达到每次最多只能挤出一小口食料的程度。因为外部的括约肌能防止食道过度扩张,就好像量斗一样,每次只出一小口,以便于适应食道的容量。 349

我将以盖伦一段著名的陈述(lib. 6. *de locis effectis*, cap. 6)来做结。其中提到他从母兽肚子里取出并培育长大的一只小山羊:

(希腊文原文略)

大自然构建、塑造出身体各部分,并使之达到完善;它使人体成长,让他们无需任何教导,就能自行开始作出适当的举动;在这点上,我曾经做过一个重要的实验,就是将一只小山羊养大,而从来不让它见到自己的母亲。针对子宫内胚胎的形成所呈现出的自然经济体系(Oeconomy),解剖学家们提出了一些问题,为解答这些问题,我解剖了一些怀孕的母山 350

① 即贲门,是胃与食管相连的部分,食管中的食物通过贲门进入胃内。——译者

羊,并得到一只活泼的幼兽(Embryon);依照通常的办法,我让它同母体脱离开来,没等它看到自己的母亲就把它抱走了。我将它带进一间特定的房间里。

351 房间里有许多容器,里面装着各种饮料,有葡萄酒,有油,有蜂蜜,还有乳汁,或是一些其他的液体;很多容器里还装着各种谷物,以及若干种水果,全都摆放在那里。我们看到,这只幼兽首先用四足站立起来并开始行走,就好像有人告诉过它,它的四肢就是为了这个目的而生的;接着它挣脱了从子宫中带来的黏液物质;不仅如此,第三步,它用自己的一只脚蹭了蹭体侧;随后我们看到,它逐一嗅了嗅摆放在房间里的每一种食物;在闻遍所有的东西之后,它开始啜饮乳汁;目睹此景,我们都不由得惊呼了一声,由此看来,那种假说显然是真的,即,动物的天性与行为无需教习(而是出于本能)。于是我开始培育并饲养这只小山羊,随后我观察到,它并不只是喝乳汁,也吃很多适合它口味的东西。这只小山羊从母亲子宫里出来的时候正好是春分前后。大约在两个月后,我们给它带来一些植物或灌木的嫩芽,它再次逐一嗅过一遍,当即拒绝了一些植物,却很乐意去品尝另一些植物,在尝过这些植物之后,它就开始啃食山羊们常吃的草料。或许这看起来只是一件小事,然而我接下来要讲述的却是一件大事:它啃食着那些叶子和嫩芽,吞咽下去后没过不久,它就开始咀嚼反刍上来的食物;所有见到这一情景的人都再次发出惊呼,对动物的本能以及天生的能力感到惊奇不已。

352 这确实是一件重要的事情:当这种生物感到饥饿时,它会用嘴巴去衔取食料，并用牙齿去咀嚼；而在它已经将食料咽进胃里时，它竟然能重新将其吐回嘴巴里，并咀嚼很长一段时间，慢慢地碾磨，随后重新咽回肚子里，但这次不是进入同一个胃，而是进入另一个胃里。这在我们看来确实不可思议。然而，很多人对大自然的这类作品不屑一顾，一味赞叹那些稀奇古怪的现象。

以上为盖伦所说。

对于这个愉快而且令人惊叹的故事，如果我们全盘考虑其中所有的细节，并努力去解释这些细节，以及从中可得出的所有推论，光是注解就得写一整部书。眼下我想说的只是，这一整个经济体系，以及这些行为、决策和设计无疑都一目了然；一个人必定是愚不可及，才会分辨不出，或是昧着良心断然否认。此外还可以补充一句：这种生物对食料的选择，似乎并不仅仅是出于机械地操作，而是凭借着某种更高级的东西；因为，那只小山羊在食用任何食料之前，先将摆在面前的所有液体逐一嗅了一遍，而在完成这项工作后，它选择了乳汁，并且吃得津津有味。盖伦并没有说那只小山羊是最后才嗅到乳汁，也没有说它一闻到乳汁，立马就开始饮用。他在说到各种摆在它面前的植物嫩芽与枝条时，可能也是如此。这样，我们就会逐渐注意到一件非常引人注目的事情：这只小山羊是自愿选择饮用乳汁，就好像它在子宫里时所做的那样；然而一旦吮吸过母乳之后，它就很难再愿意从容器里呷乳汁。因此要让幼兽断奶，最好的办法就是从来不让它们吮吸母乳，这样它们会毫无困难地饮用乳汁；反之，如果它们吮吸过母乳，有些幼兽将很 353

难再去饮用乳汁，另一些甚至无论如何都不肯喝。但是，幼兽如何能顺利地找到乳头并开始吮吸呢？要知道，它们之前从未做过这样的事情。对此我们必须诉诸自然本能，以及某种高级原因的指引。

我那位博学的朋友罗宾逊在同我交流他的观察记录时已经提到，大自然在构建身体内的薄膜时给予了极大的厚爱，使这些膜具有惊人的伸缩能力；这对于某些疾病大有用处；例如在患水肿时，可以在一定时间内延续人的生命，直至得到救治；如若不然，至少也能留出时间让人去准备后事。不过，膜的这种质地所具有的智慧与设计，在顷刻间显露无遗的，莫过于它对于妊娠期子宫的必要354 性。因为，女性的子宫起初并不比一个小口袋更大，然而它却几乎具有无限的延展性；腹膜也是如此，至于皮肤和角质层就更不用说了。如果不是这样，女性子宫内如何能容纳一个孩子，有时甚至是双胞胎，而且连带着它们的附属物、胎膜、胎盘，以及羊水和一切与孩子的安全、营养、呼吸和温暖舒适的栖居所休戚相关的事物，直到它们发育成熟并顺利落地？孩子如何能得到成长的空间，并根据自身需要自由移动和转身？在此还可以补充布莱休斯(Blasius)的一条观察记录，这与我们所谈到的主题尤其相关。他观察到，子宫内部凸起的腺体管道呈现为奇特的弯折状态，布满迂回曲折之处，这样它们就不会被过度拉伸；在子宫膨胀的必要时期，只要上面那些褶皱展开并消失，它们就能扩大自身的容量，不致有撕裂之虞。

从心脏附近静动脉的构造中，还可以得出另一个有关策划与设计的显著证据。我是在劳尔博士的《论心脉》中读到相关介绍的。他写道，就在心脏右心耳的入口前面，也就是腔静脉的上行干支与下行干支汇合并准备将血液排入右心耳中的地方，有一个非常引人注目的结块[Tuberculum]从下方脂肪上隆起。借助于该 355 结块的介入，从下行血管流出的血液将能被导入心耳中，否则，血流会冲撞并压迫上行血管中的血液，从而严重阻碍并延迟向上流入心脏的血流；对处于直立状态与直立姿势的身体而言，这种情形会带来更大、更显著的危险，因此人体腔静脉中的这种结块，比兽类体内的更大，而且更有效，以至于如果你将手指插进其中一根血管干支，你几乎找不到另一根血管干支的通道或入口。

而对于四足动物，例如羊、狗、马和牛而言，它们的血液通往体内各个末梢的路径更为平缓，就好像是在更为平坦的地面上流动一样，而且它们的心脏因其自身体积和重量而下垂，腔静脉的两根干支都略微向心脏部位倾斜，因此无须设置如此粗大的栅栏与改道标志；不过，它们也并不是完全没有这类设施。

不仅如此，为了防止当心耳收缩的时候，血液因无法自由进入而在交汇处形成一种积流和漩涡，在这个位置上，大型动物——包括人类以及四足动物——的腔静脉呈现为迂回的肌肉状（Musculous）；与此同时它始终控制在适当的延展范围内，以便能更迅猛、有力地推动血液，并将血液压进心耳内的空腔内。

356 除此以外，为了避免血液从心脏左心室中猛烈排出时流往身体上下两部分的血量分配不均，大自然同样表现出诸多关照与审慎的考虑。因为，鉴于心脏上的小门或小孔正好向上打开，接收第一波血液的通道如果完全笔直地导向头部区域，就必然致使血液过于迅猛地冲进大脑，身体下半部也必然会被夺去生命液，以及养料。神性的缔造者在设计那些心脏跳动得更为有力的动物时，完全排除和避免了这些不便；他将靠近心脏部位的主动脉干支设计得极其巧妙，使血液并不直接流入腋动脉和颈动脉，而是如同绕圈一样；因为在心室和这些动脉之间的中间区域里，动脉干支弯曲的弧度极大；当血液从中经过时，弯曲的角承受了第一波血液带来的冲力，并将大部分血流引向主动脉的下行干支，否则这些血流就会过于激烈地涌入上部分支，恣意扩张并迅速对头部造成压迫与负担。以上为劳尔博士的说法。

除以上所有事例之外，我们还可以提出无数其他的例证，来表明人类和其他一切动物的身体，是一种智慧的全能作用者才智与力量的结晶，而其中若干不同的部位和器官，都是特意为着它们现在所起的作用而设计出来的；为了逃避或忽视这些论证的力量，无神论者躲进了他们通常的庇护之所，也就是声称“这些部位的用处，只是对拥有这些部分的事物本身的存在来说必不可少的东西；是事物产生了作用，而不是作用决定事物。”

357

> “因此我们不能说事物生来就是为了起到某种作用，而是事物本身产生了作用。”
>
> ——卢克莱修，*Lib.* 4.

在列举了若干部位之后，他总结道：

> “在我看来，一切部分的生成，都先于它所应起到作用。”

我将引用本特利博士(Dr. Bentley)第五次讲演中的论述来阐释以上句子的意思,同时给出他对此提出的反驳:

(他们[1]声称)人们误以为这些事物是技术与奇妙构思的象征,但实际上它们只是其所属的那些生物目前存在状况的必然后果。因为根据那种猜想,只要动物能存活下来,它们就应当具有维持生存所需的一切器官和能力。因此,除非我们能先天地(a priori)证明,即使不靠这种用处,动物也能存活下来并繁衍后代;经过起初几乎无限多次的反复尝试后,在数百万种奇形怪状、残缺不全的构造中,留存下来的寥寥无几,目前存在的动物中不可能再产生那样的怪物——这类"事后考虑"几乎毫无意义,因为,如果以那种方式形成的动物能生活、运动并繁育后代,它们身上许多地方的构造中所体现的惊人用处,都只不过是其生存和繁殖的必要条件以及必然后果。 358

以上就是无神论者用来反驳我的命题(这一命题,也就是《圣经》所说的"我们的生命和存在都得自一种神性的智慧与力量"[《使徒行传》17:27][2])的最后一种借口与诡辩之词。正如他们不能合理地指责我隐瞒或制止了他们的宏大异议,我相信,下述论证中考虑到的因素,同样也会让他们没理由去吹嘘我们无法对驳论给出一个合理和令人信服的回答。

(1)首先,我们断言,我们能证明,而且已经通过先天论证证明了(这正是无神论者提出的挑战):现存的动物不可能是通过最初

① 指无神论者。

② 和合本·新修订标准版中为《使徒行传》17:28:"我们生活、动作、存留都在乎他"。——译者

359 的数百万次试验形成的。因为即使他们自己的假说也认可(不必承他们的情,我们之前已经证明过),物质微粒不可能无缘无故或是自发地运动;由此可以推出,在所形成的大量产物中,每一种怪物,都是依据已知的运动定律以及组成物体的物质本身的属性与特征,在机械作用下形成的必然产物。这就够了:从来没有,也绝不可能产生过这类怪物。即使称它们为怪物,它们也必定具备有机物的某种粗糙形式、某些生命活力(尽管无比拙劣),以及某种由固体部分与液体部分共同构成的系统;各部分都能行使特定的运动和功能(尽管也是极其笨拙)。然而我们不久前已经指出,大自然不可能毫无作为地建构出这类物体,因为它们的构造违反了比重定律。所以,大自然根本不能努力去制造一种怪物,抑或任何一种比大理石或泉水更富于有机生命成分的东西。此外,即便不去同他们争论怪物与败育(Abortions)问题,我们也可以看到,他们认为,就连完美无缺的动物,即现今存在的动物,也是与其他动物一起通过机械作用形成,只不过,额外又增添了数百万假想中的怪物。我们之前的说明也很容易给他们带来各种困难——此前的长 360 篇大论已经说得足够清楚:自发生成既违背普遍的运动定律,也违反事实,这一事实无论对人类和较高等的动物,还是最微小的昆虫以及最卑微的杂草而言,都无一例外;不过,绝不能说地球的生殖力自创世以来一直在减弱。

(2)其次,我们可以观察到,无神论者的这种遁词,只适合用来回避部分论证,例如从动物维持生命必需的事物(如视觉、运动以及汲取养分的官能)推出的神性智慧证明;因为这些官能的用途,确实包含在一个普遍的前提下,即,动物首先要存活下来。然而,在其他的理由面前，无神论者将会悲惨地败下阵来：人体有一些器官和功能，对于生存和繁殖并不是绝对必要的，而只是为了促成更好的生活，以及更幸福的状态。我们的身体构造体现出极强的意向性，例如，我们的感觉器官都是成对的：双目，双耳，以及两个鼻孔，这对无神论的诡辩构成了有效的反驳。因为，这些成对的感觉器官，单纯从生存角度是无法完全解释的；只需有其中之一，就足以维持生命并延续物种，日常经验也证实了这一点。事实上，甚至我们手指上的指甲，也无懈可击地标志着神的设计与构思；因为对于手指所要从事的各种职能而言，指甲十分有用，有助于增强手指的力量和韧性；指甲还能保护下面的无数神经与筋腱，这些地方对疼痛感觉极其敏锐，如若没有天然的装甲，就会备受疼痛折磨。因此显而易见，指甲的作用，是先于其形成，预先策划好的。 361

无神论者那种老掉牙的借口（即事物最初是随机产生，只是后来被人们观察到，或者说发现它们的用处），在这里根本没有立足之地；否则，要么指甲对于人类的生存是绝对必需的，要么指甲只出现在某些个体，或某些种族的人群中，我们才可以将指甲的产生归因于必然性（就前一种情况而言），或者归为纯粹的机会（就后一种情况而言）。然而从无神论者的命题出发，在陆地上第一批产品无限的多样性中，必定曾出现各种动物。它们的身体具有我们所能想象到的一切形态与结构；它们也都能存活下来并繁衍生息，因为它们从形态和结构上来说是可能的。由此必然推出，如今会有一些种族手指上没有指甲，还有一些种族只有一只眼睛，就好像诗人笔下西西里的库克罗普斯[1]，以及锡西厄的阿里

[1] Cylopes，希腊神话中的独眼巨人。——译者

马斯皮人[①]一样；还有一些种族只有一只耳朵，或一个鼻孔，甚或根本没有嗅觉器官，因为这种感官对于人类的生存而言并不是必不可少的；还有一些种族不会使用言语，因为我们看到，哑巴也能生活。有人长着山羊的蹄子，就好像虚构出来的撒特[②]和潘神[③]；362 还有些人长着阿蒙神朱庇特[④]那样的头，或是巴克斯[⑤]那样的角；巨足族(Scipodes)和鲸人族(Enotocetae)，以及其他怪异的种族，都将不再是神话，而是自然界中真实的事例；总而言之，如果无神论者所持的观念是正确的，我们所能想到的一切荒谬夸张的造型，诗人、画家以及埃及的偶像崇拜者所描绘的一切奇幻之物，只要能顺利生存与繁殖，都将出现在现实之中。因此，对于无神论者的说法，我们只能视之为一种单纯的幻想与缪见，直到他们乐意前往未知的国度(Terra incognita)，寻找新的发现，并带回这一切荒诞不经，形象怪异的野蛮人。以上为本特利博士所述，他补充了四条观察记录，并尽力从无神论者的所有荒谬假定出发，充分地(ex abundanti)驳斥了他们的想法。这些内容虽然非常值得一读，但是引论起来过于冗长，因此我建议读者直接参阅他那篇布道文。

进一步，我将以一个显著的例子来证明，是用途产生事物，换句话说，某些东西是特地被制造出来，目的就是行使它们将要起到

① Arimaspi，居住在北欧的一个单眼种族。——译者

② Satyr，(希腊及罗马神话)中半人半兽的森林之神，好色，性欲极强。——译者

③ Panisci，希腊神话中的牧羊人、羊群、山林野兽、猎人以及乡村音乐之神，长着山羊的后臀、大腿和角。——译者

④ Jupiter Ammon，罗马神话中的朱庇特即宙斯，从希腊神话中传承过来。同时，希腊人认为埃及的太阳神阿蒙是宙斯的翻版。——译者

⑤ Bacchus，希腊神话中的酒神。——译者

的作用;植物的卷须或吸盘就是如此,因为只有那些茎干柔弱无力,无法直立,也无法凭借自身力量支撑起来的植物,才具有卷须和吸盘。我们看到,一棵树,或是一株灌木、小草,如果具有结实有力的茎,无需借助于外力就能向上攀升,屹立不倒,那它就不大可 363 能长有这类器官。反之,如果这些器官是毫无目的而且不加区别地随意"撒落"(如果我能这么说的话)在植物上,那就不可能会出现上述情况;因为在数千多种植物中,它们必然也会偶然降临于少数几种、至少是一种茎干结实有力的植物上,而不仅仅降临于那些茎干柔弱的植物。同样的例证,还可见于刺猬和犰狳的本领,它们能将身体蜷缩成一团,以便隐藏并保护它们柔弱且无骨甲遮盖的部位。

我将通过另一个显著的例子来证明,事物并不能决定其作用。因为有一类生物,其各个部分与器官都适于从事一种特定活动——另一类生物也确实用这些器官来行使这类活动——但在它们身上却不能起到这种作用;那种动物就是猿类。巴黎学者们的一些猿类动物解剖记录告诉我们,它们舌骨上的肌肉,舌头,喉部(Larynx),以及咽部(Pharynx),与人类完全一样,较之手部的相似性更胜一筹;这些器官通常有助于清晰地发出语音,然而,猿类并不会说话,它们身上那些器官,也并不能像在人类身上那样完善地发挥作用。这表明,相对于手而言,语言对人类来说是一种更为独特的行为,也更能使他与兽类区分开来,尽管毕达哥拉斯、亚里士多德和盖伦都曾将手视为人类得天独厚,并借以成为万物之长的器官;他们很可能没有想到这一点:在猿类身上,可以看到,大 364 自然给了它们一切神奇的发声器官,这些器官的设置都相当精准,三块小肌肉确实从茎突(Apothesis Styloides)上鼓出,无一缺失,尽管茎突极其微小。同样,这种独特性也表明,没有理由认为,主体具有合适的器官,就应当表现出相应的行为;而依据那些哲学家的说法,猿类应该能说话,因为它们具有用于演说的一切必备器官。博学而严谨的泰森博士在关于倭猩猩或小矮人的解剖报告中,对上述所有内容予以了证实与确认;他发现,在他所描述的动物(即猿类)身体上,整个喉部与舌骨结构与人类完全一致。他认为巴黎学者对这些部位及相邻部位解剖结构的看法非常合理,而且很有价值,此外他也补充了一些内容。这并不是用来证明这一推论的唯一例子,不过他认为,这个事例非常有力,无神论者恐怕是永远也无法作答的。

进而,为了增加这一事例的说服力,我们还可以考察一点:尽管鸟类能被教会模仿人类的语声,并拼读单词,甚至是句子,四足动物却不能;尽管它们有更适于发声的器官,而且其中一些动物,例如狗和马,几乎始终在与人类交流;还有一些动物,例如猿类,生来就喜欢模仿人类的行为;大自然似乎是特意要反驳无神论者愚蠢的想法,因而否认这些动物有能力去运用这些发声器官,否则它们可能、并且原本应当在模仿人类的语声上表现得比鸟类所做、或者所能做得更为完美,无论它们理解自己所说的内容与否。

365 进而,为了证明灵魂、理性与理解力中那些高级官能,绝非物质的排列组织所能产生,而必定出于一种更高的原则,他[①]如是论证道:"维萨留斯观察到,人类的大脑,从比例上来说,要远远大于

① 指泰森博士。

其他动物的脑，其体积超过三个牛脑；由此他推断，动物的脑量越大，同样，灵魂的主要功能也更强大”；泰森博士本人认为，他无法认同这种推论。

（他说道）普遍认为，大脑是灵魂本身的直接所在地，由此有人可能倾向于认为，鉴于人类与兽类的灵魂具有极大的差异，灵魂借以栖身的器官，应当也有很大的不同；然而，通过比较小矮人[倭猩猩，或野人]与人类的大脑，并极尽细致地观察两者的各个部分，我非常惊讶地发现，两者之间的相似度极大，乃至无以复加；相对于身体的比例而言，小矮人的脑量也与人脑大小一致。 366

（他继续说道），由于小矮人的大脑确实在所有方面都与人类大脑毫无二致，由此，我或许会产生一种想法，这也是巴黎学者们在看到发声器官时所想到的：没有理由认为，主体具有合适的器官，就应当表现出相应的行为；要不然，我们的小矮人将会是一个真正的人。动物身体上的器官，只是一种规整的综合结构，里面含有许多导管和血管，让液体从中流过；器官是被动的。而促使器官活动的，是体液和血流；动物的生命，依赖于整个有机体的各个器官恰当而且有规律的运动。然而，人类心灵中那些更尊贵的官能，必定是出自一种更高的原理；因为，规整有序的物质，永远也不可能形成这些官能。要不然，为什么拥有同样器官的动物，行为却大不一样呢？

有人可能会提出反驳说，如果人体极尽完善，那神为什么还要制造出其他动物呢？既然最完美的就是最好的，一位具有无限善的作用者，既不乏智慧也不缺力量，理应（有人会这么想）只制造最完美的事物。

对此我的回答是:1. 依据这种论证,我们或许能推出,神必须

367 仅制造出一种生物,而且要尽其所能,制造出最完美的生物。这是不可能的。因为神在一切完美性上都是无限的,他不可能作出"极尽所能"(ad extremum virium)的行为,除非他能制造出一种无限的生物,也就是另一个神。这是自相矛盾的。神制造出的一切事物,都必定离无限完美有一定差距。他可以继续不断地进行修正和补充,如果他愿意的话。

2. 低等生物,相对于它们所处的序列和等级而言,也并不缺乏完美的品质。这些品质对它们的天性与生存状态,以及居住场所与生活方式来说,是必要的,或者说是相符的。因此,为什么神不能制造出若干种阶层和等级较低的动物呢?我看不出有什么理由。

3. 不同阶层和等级的动物之间互惠互利;大多数动物都有益于人类,从某种意义上来说,一切动物对人类都是有用的;因此神不大可能不去制造这些动物。

4. 神制造出若干不同阶层与等级的动物,在每一等级下,又有许多不同的种类。这是为了彰显和展示他无限的力量与智慧。之前我们已经用一个类似的例子表明了,构思并塑造众多不同种类的机器,比起仅制造一种,所展示出的技艺和智慧,更要高出一筹。

5. 然而我并不认为他在制造所有生物时,除了造福人类之外别无其他目的。他也是为了让生物本身分有自他流溢而出的善,

368 让它们品味自己的生活。如果我们认可,在尘世间除人类之外,所有动物都只是机器或自动化装置,它们没有生命,没有感觉,也没有任何知觉,那么我承认,这个理由只能被排除出去;因为动物不

能感觉到欢乐或痛苦，当然也不会享乐。考虑到这点，再结合其他方面，我就更加无法赞同无神论者的观念了。

针对从世界及世间诸物的构造与管理中推出神性智慧与善的论证，还有一些其他的异议。我本该继续作答，然而这项工作过于重大，也过于艰难，就我目前病弱的状态，以及我所能抽出的时间而言，这实非我所能胜任；此外，这会使本书变得过于冗长。因此我只想着重指出一点，这也是一位博学而虔诚的朋友[①]向我提到的。

反对意见：一个睿智的作用者，其行为必定是有目的的（acts for ends）。那么，世界上充满如此多样的昆虫，而且其中大多数看起来都是无用的，有些甚至是有毒的、对人类与其他生物有害的；创造这些昆虫，目的又是什么？

对此我将分两点来回答：1. 关于物种的丰富多样性。2. 关于每一物种个体数量的繁多。

首先，关于物种的丰富多样性（我们必须承认，物种的种类多得惊人，不少于——也可能多于——20000 种），我的回答是，之所以形成如此多样的物种，目的是： 369

1. 彰显和展示神的力量与智慧之深厚。《诗篇》（*Psalm*, civ. 24.）记载："遍地满了你的丰富；那里有海，又大又广，其中有无数的动物，大小活物都有……"如果我们自以为能够穷究造物主的一切作品，即便只是尘世间一切作品，我们也未免过于低估了他的成

① 德文岛（Devon）托特内斯（Totness）的罗伯特·布尔斯科（Mr. Robert Burscough）。

就。因此我相信，从古至今，只要世界延续下去，就绝没有人能凭借毕生精力，掌握有关自然界一切物种的知识；从前没有，将来也不会有。迄今为止，我们远未达到那一步；就植物界而言，仅本世纪发现的物种数量，就已经远远超过了此前所知道的物种的总和。诚如我们之前引用的塞涅卡名言："世界很小，而在那些努力探索世间一切事物的人看来，则不然。"世间的装备与馈赠是如此丰富，以至人类即使寿比玛士撒拉[①]，或是比他活的时间还长六倍，也不必担心无事可做。不过关于这点，我之前已经提到，在此就不多说了。

2. 制造出如此多样的生物，另一个原因，可能是为了锻炼人类的思考能力；物体的多样性能令人类的思考能力得到满足，再没有什么能与之相比。如果世间一切物体都能被我们理解，我们很快就会厌倦一门单一的学问；我们会像亚历山大一样，认为世界对我们来说太小，我们会厌倦于在一个圆圈里打转，始终看到同样的东西。新的物体能带给我们极大的欢乐，尤其是在我们通过自己的努力发现这些物体的时候。我想起克鲁斯对他自己的描述："每当发现一种新的植物，他就高兴不已，不啻找到一个丰富的宝藏。"神储备了这些事物，让我们凭借自己的奋斗去努力发掘。他很乐于为我们提供这项工作。从事这项工作，也是最投合我们天生的喜好，最令我们感到愉悦的。

3. 很多生物对我们是有用的，只是这些用处尚未被人发现，还留待后来者去揭示。这就正如，我们现在知道某些东西的用处，但

① Methuselah，《圣经》中提到的人物，活到了近一千岁。——译者

不久之前我们还不知道，我们的前人也不知道。这种情况是必然的。因为正如我之前所说，世界对于每个人，或者每代人来说，都太大了；他或者他们，竭尽全力，也无法探寻并发掘出世间所有的储存与装备，以及它的全部宝藏与财富。

其次，关于每种昆虫数量的繁多，我的回答是：

1. 这是为了确保一些物种能顺利生存，并持续繁衍；如果这些物种不能繁殖出数量惊人的个体，它们将很难免于遭到众多虎视眈眈的天敌恣意地侵害，从而面临灭绝并从世界上消失的危险。

2. 昆虫的数量极多，这对人类也是有用的。即便没有直接的 371 用处，至少也是间接有用的。无可否认，鸟类对我们具有重要的意义；它们的肉为我们提供了大部分食物，而且是最美味的食物；鸟类身上其他部分也非常有用，就连它们的粪便也不例外。鸟羽能用来填充褥子和枕头，使我们的床铺柔软而温暖。这给我们带来了极大的便利与舒适，尤其是在北部地区。有些鸟类的羽毛还历来被军人当做羽饰，用以装饰他们的帽子，使他们的敌人产生敬畏感。鸟类的翅羽和翮羽可用于制造羽毛笔，还可用来制造清扫房屋与家具的羽毛掸子。此外，鸟儿婉转曼妙的歌声也十分悦耳；它们美丽的形态与色彩十分悦目，给世界带来了点缀，使充满鸟语花香的乡村变得无比迷人。很显然，如果没有它们，乡间生活将会寂寥无趣得多。至于一些鸟类给我们带来的活动、消遣与业余爱好，就更不用细说了。

而昆虫恰恰是陆禽最主要的食物来源。如果有人表示否认或怀疑，我可以轻而易举地证实，有些陆禽，例如燕子这一整个大类，完全靠捕食昆虫维持生活。不光燕子，啄木鸟也是如此，它们即便不完全以捕食昆虫为生,至少也是主要以此为食。还有很多其他372 种类的鸟,也将昆虫作为部分食物来源,尤其是在冬季时分。在那个时候,昆虫是鸟类主要的食物来源。通过解剖鸟类的胃部,我们就能发现这一点。

至于在巢穴里等着亲鸟喂食的雏鸟,则主要——即便不是仅仅——以昆虫为食。因此鸟类通常在春季繁殖,在这个时候,它们能在各处的树篱间找到大量毛毛虫。不仅如此,还有一点非常引人注目:很多鸟类在长大后,几乎完全以谷物为食,但是即便这类鸟儿,在其雏鸟时期也要靠昆虫维持营养。例如野鸡和鹧鸪,众所周知,它们都是食谷类的(granivorous)鸟儿。然而,它们的幼鸟仅以蚂蚁蛋为食,或者说,在大多数情况下都是如此。鸟类具有热性体质,因此它们是一种非常贪吃的生物。它们要吃大量的食物,因此必须靠无穷多的昆虫来维持它们的生活。无独有偶,除鸟类之外,很多种类的鱼类也以昆虫为食,例如非常有名的琵琶鱼(Anglers)。琵琶鱼会咬食鱼钩上的虫饵。甚至还有更奇特的,很多四足动物也以昆虫为食,有一些甚至完全靠捕食昆虫维持生活,例如以蚂蚁为食的两种小食蚁兽(它们因此而被称为"英国食蚁兽");以及以苍蝇为食的变色龙;以蚯蚓为食的鼹鼠。獾也主要以甲虫、蠕虫之类昆虫为食。

在此我们可以顺便指出一点:因为有这么多的生物以蚂蚁和373 蚂蚁蛋为食,所以神对蚂蚁极为眷顾,让它们成为我们所知的昆虫中数量最大的一个族群。

与这个例子相一致的,还有我之前提到的那位聪明且富于探索的友人德尔哈姆的看法。他认为,某些水生昆虫之所以生养众多，也正是出于这个原因。

（他写道）有些昆虫数量众多，例如水虱(Pulices Aquatici)，它们密集在水中，使水体都为之变色，类似的还有很多其他的昆虫。我时常想，它们被创造出来，应该有着某种不同寻常的用处。因此，我曾好奇地探究这些生物的用处。迄今为止，我至少成功地发现了，水体中充斥的那些极其微小、只能借助显微镜才能看到的"小生物"(Animalcula)，能供某些其他水生昆虫，尤其是斯旺麦丹所描绘的蜻蜓幼虫(Nympha culicaria)(也可称作多毛虫[Hirsuta])食用。因为有一天在观看那些幼虫时，我注意到它们的嘴巴一张一合，而且持续不断地翕动着。无论它们是在像鱼儿一样张嘴呼吸，还是在吞咽食物，还是两者皆有，我都能清楚地看到，它们吞下去许多极其微小的小生物。那些小生物在水中四处游动，显得生机勃勃。不仅蜻蜓幼虫，还有一种我不知名的昆虫也能以此为食。那种昆虫的颜色是黑色的，单开来看十分细小，不比最精细的针尖更大。这些昆虫捕捉这类小动物，以及水中的其他小生物，374 并将它们吞咽下去。虽然我不曾亲见，但我倾向于认为，树状水虱(pulex aquaticus arborescens)也以捕食这些小动物，或者更微小、更纤细的小动物为生。它之所以常在水面上跳动，正是为了捕捉那些小动物。

在我看来，这是神的一项绝妙的工作，其目的，是为水中最小的生物提供合适的食物。这类食物微小而纤细，与那些生物的吞咽器官相适应。

至于有害的昆虫，如果有人要问，为什么神要制造出如此多的害虫呢？我将回答：

1. 很多对我们来说有害的昆虫，对其他动物却是有益的；有些昆虫对我们来说是有毒的，对其他动物来说却是食物。因此我们看到，禽类能捕食蜘蛛。可以说，没有任何害虫是鸟类或其他动物不吃的，它们要么可供食用，要么可供药用。有很多生物，甚至是大多数生物，尽管它们的叮咬或蜇刺是有毒的，但是我们可以安全地将它们的毒刺从腹部连根拔除。无怪乎，不仅埃及的朱鹭，就连鹳鸟和孔雀，也能捕食并消灭各种蛇类，以及蝗虫和毛虫。

2. 有些毒性极大且非常危险的昆虫，能为我们提供上好的药材。例如蝎子，蜘蛛，以及斑蝥。

3. 这些毒虫很少使用它们的防御性武器，除非是遭到攻击或375 挑衅而采取自卫，或因受到伤害而进行报复。让它们自己待着，不去招惹它们，也不去骚扰它们的幼虫，除了极偶然的情况之外，你很少会受到它们的攻击。

最后，神有时也乐于用害虫来撒布灾难，以便惩治或处罚那些邪恶的民众或种族，正如他对希律王和埃及人所做的那样。再没有什么生物比那些昆虫更为卑微和渺小的了，然而只要神愿意，他可以制造出一只昆虫大军，令所有人类军队都无法战胜或摧毁它们。它们可以在眨眼间吞噬并消灭掉大地所有的水果，以及一切维持人类生存的物品。我们经常观察到蝗虫的这种行为。

不管这些生物是否别无用处，它们确实数量繁多。但是，如果有人要以此来反驳神性智慧的话，（正如科克本博士[Dr. Cockburn]一针见血地指出的）他们很可能也要指责一个国家出于审慎和政治需要而供养军队。虽然军队通常由非常粗鲁无礼的人组成，然而军队本身是必需的，要么是为了镇压暴乱，要么是为了惩治叛变者和其他不遵法纪、道德败坏者，同时也是为了保持世界的安定和平。

从关于人体的那部分论述中，我想做出以下几条具体的推论：376

推论1：首先，让我们感谢全能的神赐予我们身体以完美和完整性。我们在每日的祷告词中加入这一句，大约也不为过："噢，神，我们赞美你，因你让我们的四肢和感官，总体而言，是让我们全身各个部分，都具有适当的数目、形态和用处；我们感谢你，因你让这些部分都具有完美健康的结构。"正如《诗篇》100中所说："我们是他造的，也是属他的；他的书上记载着我们所有的器官。"[①]身体的形成是神的作为，整个过程都要归之于他。（《诗篇》139：13，14，15.）[②]

孩子在母亲的子宫里，母亲并不清楚里面的情况；她并不比婴儿自身更清楚其形成过程。然而，如果神赐予我们任何特有的天赋和长处，使我们在体力、相貌或行动上超出他人，我们应当为这份独特的馈赠而感谢他，而不是因此而自矜自傲，或是歧视那些不如自己的人。

由于身体上的完美性是神给予人类的普遍赐福，因此我们很容易完全忽视那些优点，或是不能公正地评价其价值。事物的价值，只有在失去后才能得到最好的认识，因此有时候，想象或假设

① 和合本·新修订标准版中并没有后半句。——译者

② 和合本·新修订标准版中为《诗篇》139，13—15分别为："我的肺腑是你所造的，我在母腹中，你已覆庇我。我要称谢你，因我受造奇妙可畏。你的作为奇妙，这是我心深知道的。我在暗中受造，在地的深处被联络，那时，我的形体并不向你隐藏。"——译者

自己因某些事故而丧失了一个肢体，或者一种感觉器官，例如一只手，一只脚，或是一只眼睛，或许也能起到一定的作用。因为只有377 到那时，我们才不得不意识到，在那种境况下，我们的处境将比现在糟糕得多，我们很快就会发现，两只手和一只手，两只眼和一只眼之间，不仅是二比一的数量关系，在价值上也存在同样的差异。而且，即便我们可以忍受部分功能的丧失，身体上这种畸形和残缺，本身也会令我们痛苦万分。说得更轻一点，假定我们的身体仅仅是大小上不大合适，或是四肢中有任何一处产生弯曲或扭折，或与其他部分比例失调，要么过大，要么过小；哪怕是最轻微的畸形，也就是说，仅仅某一部位的正常运行受到干扰，例如眼睛斜视，眼皮不停眨动，或是舌头结巴，都会给我们带来缺陷和不足，使我们成为别人关注的焦点、众人奚落和嘲讽的对象。我们会宁愿用大部分财产来修补身上的缺陷，或治愈这些残疾。

认真思索并合理地掂量一下，这些事物无疑具有强大而有效的动力，足以驱使我们因自身身体的完整性而心生感激，并视之为莫大的福气——我是说，这是神对我们的赐福与厚爱；因为有些人并不具有这种完整性，而我们为什么不会成为其中的一员呢？神并没有义务赐予我们完整的体魄！

378 正如我们应当因身体的完整性而心生感激，同样，我们也要为身体的健康，以及身体各部分合理的性质与结构而感谢神。健康是人生最大的福气。没有健康，我们将无法品味其他事物带来的乐趣，也无法从中得到慰藉。

我们的感激，不光是因为身体最初的完美组装，也是因为身体受到的维护与保持。神使我们的灵魂活着，并防止我们受到危险和悲惨事故的伤害。我们周围无处不潜伏着危险与事故,如果不是神的庇佑时刻关照着我们,即便世界上最严密的防护网,也无法确保我们不受伤害。我们可说是行走于重重陷阱包围之中;此外,只要合理地考虑一下人体的外形与构造,我们就不得不惊叹,像人体这样奇妙的一架机器,如何能始终保持协调一致?即便能用上一个小时,都已经是难以置信了,更何况是许多年?人体中有何其多样的细小部件与管道,任何一处的阻塞,都将给整体带来怎样的影响?人体承受深重的困难与打击、众多冲撞与震荡,甚至还有因我们时常的过度行为所致的暴力与暴行,竟然也不会产生混乱并丧失功能,这何以可能?我们必须承认,是组装者卓越的技艺与技巧,才使得人体如此结实稳固。 379

推论2:其次,我们要留意不让任何堕落的行为,损害、玷污或摧毁了神的作品。因此,要慎重地使用自己的身体,以便保持优雅的外形与美貌,以及身体的健康与活力。

1.优雅的外形与美貌,大凡为人所爱。我们必须认识到,这也是人生来所受神的馈赠与赐福。体态与外貌之美令人向往,所有人都因此而自豪。它使人在他人眼中显得优雅而迷人。不过我们尚未观察到,野兽是否也能感知到这种魅力。然而我要提出的是,外在的美丽,是内在美的标志。生得好看的人,通常天性也是善良的,除非他们自甘堕落,或是被他人引诱败坏了。这样一来,他们的美貌也被其举止破坏了。因为一个人能观察到,而且很容易分辨出,随着人的性情变好或变坏,他们的面容也会发生很大的变化。邪恶的痕迹"损害了灵魂内在的美丽,就连外在的面容也变得可憎"(摩尔语)。例如,酗酒和发怒等恶习,会使人的面貌发生明显的改变。而善于观察的人，或许还能从中看出其他的迹象。再380好的化妆品，也比不上一种正直的品格与内心的纯净、一种发自内心的真正的谦逊与谦卑、一种亲切的性情与灵魂的安宁，以及一种诚挚而普遍的宽厚。一个人的面貌中若是没有这些优美品质的象征，就不能算是真正的美丽。因此，那些逆道而行、举止败坏的人，确实会损害并遮蔽这种天生的特征与形象。他们违背了自己的天性，从而将这种宝贵的财富葬送在自己的贪欲之上。他们拒绝了神的馈赠，也低估了人类的鉴赏力。他们使自己的罪恶与苦难更加深重，在某种意义上，他们比其他人更靠近地狱的大门口。美德，(正如西塞罗所指出的)如果能被肉眼所见，将会"激起人们对它本身惊人的爱慕之情"。美德通过在人脸上留下痕迹，在一定程度上来说是可见的。因此，那些施行美德的人，脸上必定也会呈现出一种美丽和温厚的神情。

第欧根尼·拉尔修(Diogenes Laertius)在《苏格拉底的生活》(*Life of Socrates*)中告诉我们，这位哲学家常常教导年轻人"要经常在穿衣镜或镜子前端详自己"。感谢苏格拉底，这是一条多么好的忠告啊！我们年轻的绅士小姐们很可能会说，这很中我们的意，381我们也正是在这样做；神学家们训斥和指责我们在梳子与镜子之间流连的时间太长，如此看来，他们的斥责是有害的。然而不要过早下结论，后面还有要说的：请注意哲学家这句教导的结尾："如果他们生得俊俏美丽，他们应当证明自己配得上这种外形；然而，如果他们其貌不扬，他们就应当通过学习和训练来遮掩自己的缺陷，以高洁的行为来补偿外貌上的不足，并借助灵魂的美丽，来弥补肉身所缺乏的美。"确实，我相信，一个高洁的灵魂，会对其载体起到影响，使整个人平添一种由内而外的光辉，并从面部中发散出来。

2. 合理地使用身体，以便保持身体的健康与活力，从而使身体焕发出生命的活力。这是人人都心向往之的。再有效的养生之道，也比不上一种规律而有德行的生活。恶习会使健康受损，日常经验中体现得很清楚。没人会否认，也没人能否认这一点，因此我无需花费时间去论证。至于寿命的长短，从经验中，我们同样发现，生活混乱而无节制的人，通常也是短寿的。不仅如此，据观察，382 过度的关心与焦虑，会使人突生华发。而白发通常是死亡的象征和前兆。因此，长寿之道，必定需要在各方面小心使用我们的身体，以便最合乎洁身谨行，以及健全理性(right Reason)的准则。加诸身体之上的任何暴行，都会削弱并损害身体健康，使其变得不那么稳固持久。医生们曾提到一个保持健康的有效手段，在此我当然不能忽略了这一点，那就是一种宁静愉快的心境：既不受狂暴的激情干扰，也不因过度的关注伤神，因为那些行为都会对身体造成严重的不良影响。我实在不知道，一个人背负着沉重的罪孽，如何还能拥有一种宁静愉快的心境；除非他极其无知，或者良心彻底泯灭了。因此，即使是出于这种考虑，我们也应当小心自己的言论，并使我们的良心不受侵犯，无论是对神，还是对人。

推论 3：其三，是神制造了人类的身体吗？让我们把身体献给他吧。《罗马书》(12:1.)中写道："所以弟兄们，我以神的慈悲劝你们，将身体献上，当做活祭，是圣洁的，是神所喜悦的，你们如此侍奉，乃是理所当然的。"我们该如何做到这一点呢？按照圣克里索斯托(St. Chrysostom)的注释，这句话是教导我们："让眼睛不看 383

邪恶之物，它就是一种献祭(Sacrifice)；让舌头不讲刻薄之言，它就变成了一种供奉(Oblation)；让手不做逾矩的行为，你就使它成了一种全献祭(Holocaust)[①]。"然而仅仅制止它们犯罪是不够的，我们还需要调动并使用它们来施行善举：用手来帮助他人，用舌头来祝福那些诅咒我们的人以及恶意使唤我们的人，用耳朵来倾听神的训导与言论。正如《哥林多前书》(*Cor*. 6:20.)中所写："岂不知你们的身子就是圣灵的殿吗？这圣灵是从神而来，住在你们里头的；并且你们不是自己的人，因为你们是重价买来的，所以要在你们的身子上荣耀神。"[②]人的身体得自于神，不仅是通过此处圣徒提到的救赎，也是通过创造。《罗马书》(*Rom*. 6:13.)写道："也不要将你们的肢体献给罪作不义的器具；倒要像从死里复活的人，将自己献给神，并将肢体作义的器具献给神。"以及同一处第19句："现今也要照样将肢体献给义作奴仆，以至于成圣。"下面我将以两种器官为例，进行详细的论述。我们应当格外小心地防护这两种器官，使其远离罪，以便献祭给神。

首先是眼睛。我们必须"转眼不看虚假"，就像大卫的祷告词中所说(《诗篇》119:37.)。我们必须"与眼睛立约"，就像约伯那样(《约伯记》31:1.)。眼睛是灵魂的窗口，外物从中进入灵魂，并由此对心灵产生作用；罪恶起初也是通过这种方式进入世界之中。我们的始祖看到智慧树和树上的果实，觉得十分悦目，于是经不住

384

① holocaust，照字面的意思是"完全焚烧"。在宗教仪式中，这种祭具有特别的意义。——译者

② 出自《哥林多前书》12:19,20。此处英文原文与和合本·新修订标准版中稍有出入。——译者

诱惑,摘下果实来吃了。此处点明了眼睛尤其容易犯的四宗罪行,无论是亚当和夏娃在眼睛里发现自己赤身露体,还是他们让诱惑从眼中进入心里,从而听任眼睛主使。

1.有高傲的眼睛(见《箴言》19:13.)。"有一宗人,眼目何其高傲,眼皮也是高举。"(6:17)[①]。高傲的眼光,被认为是神所憎恶的事物之首(《诗篇》18:27)。圣歌作者写道:"高傲的眼目,神必使他降卑。"在《诗篇》101:5中,大卫说道:"眼目高傲、心里骄纵的,我必不容他。"此外在《诗篇》131:1中,他自称"我的心不狂傲,我的眼不高大"。通过这些地方,我们可以看到,高傲尤其显现在眼睛之中,就好像眼睛是它特有的处所或宝座。

2.有放荡的眼睛。先知以赛亚在《以赛亚书》3:16中写道:"因为耶路撒冷的女子行走挺颈,卖弄眼目"[②]。使徒彼得在《彼得后书》2:24[③]中提到"他们满眼是淫色"。正是通过眼睛这扇窗户,种种杂念得以进入内心,引发并激起淫思,正如它们对大卫所做的那样。类似地,心中滋生的杂念,也能通过眼波的流转呈现出来。因此在这个方面,我们最好像神圣的约伯那样,与我们的眼睛立约;不要注视任何可能诱使我们产生过多贪欲的东西。因为我们的救世主告诫我们,宁可挖掉我们的右眼,也不要让它令我们犯罪。我相信他所指的就是这个问题,因为他随后又如是说:"凡看见妇女就动淫念的,这人心里已经与她犯奸淫了。"[④]

385

① 此处出自《箴言》30:13。——译者

② 和合本·新修订标准版中为"锡安的女子"。——译者

③ 和合本·新修订标准版中为2:14。——译者

④ 出自《马太福音》5:28。——译者

3. 有贪婪的眼睛。我所理解的贪婪，不仅是对他人财物的觊觎（这是十诫所禁止的），也是一种对财富的过度渴望。这似乎就是圣徒约翰在他的第一篇福音书（即《约翰一书》2:16）中提到的“眼目的情欲”。贪婪或许也可被称为眼目的情欲，因为1. 产生诱惑或引诱之物，是通过眼目进入的。正如看到一条金子和一件巴比伦衣服，就激起了亚干（Achan）心中的贪欲[①]。2. 因为一个人为财富而敛聚的所有果实，如果超出了他生活中所需要的，那就不过是为饱他的眼福，或使眼睛在看到这些东西时感到欢乐。《传道书》5:11. 写道：“货物增添，吃的人也增添，物主得什么益处呢？不过眼看而已。”

4. 有嫉妒的眼睛。我们的救世主称之为邪恶的眼睛。《马太福音》20:15：“因为我做好人，你就红了眼吗？”也就是说，你嫉妒你的兄弟，就因为我对他友善。此外，7:22 也提到，从心里流露出来，并玷污一个人品性的恶事物之一，就是一只邪恶的眼睛。嫉妒，就是因别人享有某些财物而不满，或是因我们觊觎他人的某种东西，或我们所不及的某种优势，而感到愤怒与不快。正如在葡萄园做工的比喻所说，那些先来的人嫉妒后来的，不是因为后来的人比他们得到的多，而是因为后来的人做的时间少，得到的报酬却一样多。这些犯了嫉妒罪的人，无法忍受看到他人兴旺发达，而且总认为自己的条件比别人好，即便事实并不是如此。

因此，让我们管束自己的眼睛，不要在其中发现以上任何一种罪恶。让我们心灵的谦卑与纯净，在外在形象中也能表露出来。

① 见和合本《约书亚记》7。其中提到的是“示拿衣服”。——译者

让我们眼睛的姿态或运转，既不显得高傲，也不会流露出贪欲。让我们小心，确定不要让这些器官成为上述任何一种罪恶进出的通道：既不让诱惑进入，也不使其中流露出任何欲念。让我们将它们 387 用于阅读圣言（Word of God）和其他的书籍，以便扩充我们的知识，并指引我们的行为；用于孜孜不倦地观看并沉思造物之作，以便我们能辨识并赞赏神性智慧的痕迹——在创造物的形成、结构与分布中，我们很容易探察到这些痕迹。让我们关注神意造成的一切超凡的事件与结果，无论它们是发生在我们身上，还是在别人身上，也无论是关乎个人的，还是属于民族的。因为这些都出自他的仁慈或公正，也都必将在我们内心激起相应的感激或畏惧之情。让那些呈现于我们眼前的悲伤与痛苦之物，使我们生出恻隐和怜悯之心；让我们的眼睛，间或为他人的苦难和不幸遭遇而流泪，但主要还是为我们自身，以及他人的罪孽而哭泣。

第二点，我要提到的另一个部位是舌头。舌头是说话的主要工具，它既可以被用来讲述善言，也可被用来吐露恶语。因此，舌头需要受到指引和制约。我记得我曾听说，据帕多瓦一位杰出解剖学家的观察记录，人体只有两种器官生来就受到约束，这对于这两种器官来说都是非常必要的。其中之一是舌头，另一种就不消我明说了。这种约束的标志在于，舌头并不是自由放任的，而是受 388 到严密的羁管与抑制。舌头需要约束，如果你读过亚里士多德关于舌头的说法，你会很乐意承认这一点。他写道（第3章：6）："舌头是一团火，是一个邪恶的世界；在我们全身所有的器官中，正是舌头玷污了整个身体。它使自然进程为之加速，同时也点燃地狱之火。每一种鸟兽，每一种蛇，以及海洋中每一种事物，都已经被人类驯服;只有舌头无人能驯服。它是一种真正的邪恶之物,其中充满致命的毒药。”

为了让我们更好地管束自己的舌头,我将指出言语所致的一些罪恶。这些都是我们必须小心避免的。首先是好辩,或者说饶舌。我们嘴巴的结构,向我们暗示出了这一点。舌头被阻拦和看守在双重的墙壁,亦即唇齿组建的圆丘内,以免我们的话语不假思索地贸然溜出嘴边。大自然使我们长出两只耳朵,却只有一张嘴巴,就是为了暗示,我们所倾听的,必须比我们所说的多出一倍。为什么要避免饶舌呢?那位有智慧的人[①]为我们给出了充分的理由,《箴言》10:19 写道:“多言多语难免有过。”以及《传道书》5:7:“多梦和多言,其中多有虚幻。”此外我们还可以补充另一个理由,这对大多数人都很有说服力:饶舌通常被视为愚蠢的一种表现与证明。正如《传道书》5:3 所说:“言语多,就显出愚昧。”与此相反,少言寡语是智慧的标志,足够聪明的人习惯沉默,尽管蠢人很可能看不到这一点。除这一切之外,健谈的人必定是粗鲁无礼的。他会讲出很多蠢话,从而使自己变得令同伴感觉厌倦不堪,难以忍受。他还会在不经意间泄露自己或他人的秘密,给自己带来很大麻烦。一句话一旦出口,无论后果如何,都将是覆水难收。因此,我们非常有必要“禁止我们的口,把守我们的嘴”(《诗篇》141:3.)。用苏格拉底的话来说,不要让我们的舌头“在有智慧的人面前夸夸其谈”。

389

其次,言语可能犯的另一种罪过,就是撒谎,或言不由衷。

① 指所罗门。——译者

“*Mentiri*”与“*Mendacium dicere*”,亦即“撒谎”与“所言非实或有误”,两者间是有差异的。“*Mentiri*”,即“*contra mentem ire*”,这个词虽然没有确定的来源,但却表达了一种明确的概念;意思就是一个人违背自己的本意,或者一个人嘴上所说的,并非其心里所想的。用荷马话来说,就是心里藏着一种想法,嘴里却讲出另一番话。因此,一个人或许所言非实,但他并未撒谎,因为他自认为讲述的是真话。相反,一个人所说的可能事实上为真,然而他却是在 390 撒谎,因为他心里以为,这并不是真的。舌头生来就是心灵的指针,而言语是思想的翻译官。因此,两者之间应当达成完美的和谐与一致。撒谎是对语言的严重滥用,而且歪曲了语言真正的目的。语言的初衷,是便于我们彼此间交流思想。撒谎也是出于一种恶劣的动机。大多数时候,撒谎,要么是源于精神的卑下或懦弱:撒谎者犯了错误,却矢口否认,因为他们害怕受到惩罚或斥责,因此正如色诺芬(Xenophon)在《远征记》中告诉我们的,古代波斯人将“不要撒谎”列为亟须教给小孩的三件事情之一(这三件事情分别是骑马、射击,以及不要撒谎);要么是源于贪欲,例如,商人违心地推销他们的商品,就是为了能卖出更高的价钱;再要么是源于虚荣,和空洞的名声,撒谎者为此违心地吹嘘自己的某种优点或某一行为。这无论对神还是对人来说,都是可憎的。对神而言,正如《箴言》6:17 所说:“撒谎的舌”是“他所憎恶”的六七种事物之一。对人而言,有荷马在上一处引文前面的诗行为证:“撒谎的人,如同地狱或死亡的大门一样令我憎恶。”撒谎是一种恶毒的行为。使用 391 谎言的人,是魔鬼的孩子。我们的救世主在《约翰福音》8:44 中告诉我们:“你们是出于你们的父魔鬼,……因他本来是说谎的,也是说谎之人的父。”最后，撒谎行为还是一种罪孽，它将灵魂从天堂中逐出，令其堕入地狱。正如《启示录》21:8所说：“……一切说谎话的，他们的份就在烧着硫黄的火湖里，这是第二次的死。”

其三，言语的另一种罪恶或滥用形式，或者说舌头促成的另一种邪恶行为，就是诽谤。也就是说，造谣中伤他人。原本这或许应该归并到前一类中，因为，诽谤无非就是一种恶意的撒谎行为。诽谤会给我们的邻人造成极其严重的伤害，因为对人们来说，名声就像生命本身一样可贵。因此而产生了一条流行的谚语：“夺了我的名誉，就等于夺了我的生命。”使这种伤害更甚的是，诽谤造成的后果是无法弥补的。我们即便向人坦白，并极力去澄清邻人的无辜，也无法让那些事后听到了真相的人完全消除成见。在谣言所及的地方，很多人依然会保持原来的想法，因为事后的辩解很可能不会传到那里。出于人性的劣根性，人们更喜欢传播和宣告坏消息，而不是制止并平息谣言。或许我还可以将阿谀奉承和自我吹嘘列为对语言的两种滥用；但是这两者都可说与撒谎有关：前一种，是为了讨好别人，通过吹嘘对方，使人产生一种自欺欺人的想法，误以为自己具有某种过人的优点或天赋（受吹捧者实际并不具有这种优点，或是未曾达到这种程度）；或者让受吹捧者对自我在他人心目中的形象与声誉产生过高的估计。另一种动机，则是为了使自己获得更多名不副实的荣誉。

然而，不仅吹嘘我们所不具有的，就连吹嘘我们所具有的，也是为神和人所谴责与禁止的。因为这有违我们理应具备的谦卑和谦逊，正如《箴言》27:2所说：“要别人夸奖你，不可用口自夸；等外人称赞你，不可用嘴自称。”道德学家甚至更进一步，谴责一切不必要的自我评价。

其四,污言秽语是舌头产生的另一种邪恶后果。这些污言秽语主要是使徒所谓的“污秽之言”(《以弗所书》5:29.)[①]。那类为贞洁的耳朵所憎恶的语言,目的只是败坏和腐化聆听者。因此,一切自诩为基督徒的人,都应当小心谨慎,避免听到这类语言。正如《以弗所书》5:3 所说:“至于淫乱并一切污秽,或是贪婪,在你们中间连提都不可。” 393

其五,咒骂以及斥责或谩骂之言,也是一种严重滥用语言的表现。这还会导致一发不可收拾的后果,以及恶意与恶毒的话语。在《诗篇》10:7 中,圣歌作者将这作为恶人的特征之一:“他满口是咒骂。”使徒在《罗马书》3:14 中也引用了这一段:“他们满口是咒骂苦毒。”

其六,赌咒发誓,以及在日常对话与交谈中不敬地提到神的名字,是对舌头的另一种滥用。除此以外,我还可以再补充一种滥用的形式,即,在无关紧要的场合下,发表激烈的声明。我并不否认,就关系重大的事件而言,作出这种声明是值得的,要不然也无法使人信服。然而,只有在说话者发表的言论非常重要,一定得让听者或言者双方都相信,或是倘若不如此听者就不会把问题想得如它本身那么关键或重要的情况下,才能合法地用到声明和断言,甚至誓言。让神来为妄言(或者,也许是谎言)作见证,或是在每个微不足道的小场合以及日常对话中,都习以为常地呼唤他,而丝毫不考虑我们所说到的问题,那将是对神最大的不敬,以及公开的亵渎。 394

① 和合本中见《以弗所书》4:29。——译者

因为这是一种未曾受到任何诱惑而犯下的罪。这种行为，非但远不能获得信任(这可能是唯一可以稍许为之辩解的理由)，反倒会引起怀疑和不信任。因为，“常许诺”，必然也“常失信”。这已经成了一则谚语：“He that will swear will lie.”(轻诺者寡信)。这里面大有原因。一个毫不顾忌违反神戒的人，很可能也不会觉得违背另一条戒律有何难为情。

最后，恶言恶语，冷嘲热讽，戏弄和奚落(我不想说更多)，都应当被斥为邪恶滥用语言的行为。

讥讽和嘲笑源于轻蔑。轻蔑，是所有伤害中最让人难以忍受的。没有什么能比这造成更大、更深的伤害。因此，这岂不是更进一步地违背了基督徒普遍的行为准则“你们想要别人怎样待你，你们也要怎样待人”? 连圣歌作者本人也曾抱怨讥讽给他带来的伤害，《诗篇》69:11, 12 写道：“我成了他们的笑谈，他们坐在城门口谈论我，酒徒也以我为歌曲。”以及 40:15，根据教会的译本，为：395 “我所不认识的那些下流人聚集攻击我，他们不断地把我撕裂。”先知耶利米在《耶利米书》20:7 中写道：“我终日成为笑话，人人都戏弄我。”尽管在对别人的嘲讽揶揄中，有时也体现出些许智慧。然而，这种行为终究有悖真正的智慧。在《圣经》中，讥讽者与有智慧的人时常是针锋相对的，例如《箴言》9:8，以及 13:1 等多处。有一条谚语式的格言(Proverbial Sayings)说道：“最伟大的书记员，并不总是最聪明的人。”(The greatest Clerks are not always the wisest men.)我认为，格言通常也能被证实是最伟大的智慧。讥讽，在首篇诗篇中列出的等级中，被确立为邪恶程度最高的一级。所罗门告诫我们：“刑罚是为亵慢人预备的。”(That judgement are prepared for the Scorners.)

你会问我,那么,我们的舌头应该用来做什么呢?我的回答是:

1.赞美和感谢神。正如《诗篇》35:28 所说:"我的舌头要终日论述你的公义,时常赞美你。"类似的,还有《诗篇》71:24。实际上,《诗篇》在很大程度上,无非就是在施行这一职责,或规劝我们去行使这一职责。

2.我们必须用自己的舌头来讲述神的一切奇妙作品。正如《诗篇》140:5,6 所说:"我要默念你威严的尊严和你奇妙的作为。"①

3.向神祷告。

4.向神和他的宗教告白。无论在怎样的困境下,也要在人前坦然承认自己的信仰。

5.教导、指引他人,并对他人提出忠告。

6.劝诫他人。

7.安慰处于困境中的人。

8.责备犯错误的人。

以上各条,我都可以具体展开阐述。然而,此处之所以提到它们,只是因为与舌头相关,总体上一笔带过,或许就够了。 396

第三点,以下让我们谈谈,应当怎样看重并珍视我们的灵魂。如果身体是一件极其珍贵的作品,那么灵魂又当如何?身体只是外壳或果核,灵魂却是果仁;身体只是酒桶,灵魂却是里面盛装的

① 和合本中见《诗篇》145:5.——译者

珍稀佳酿；身体只是橱柜，灵魂却是珠宝；身体只是船只或船舶，灵魂却是领航员；身体只是帐篷，一间泥土造就的帐篷或小屋，灵魂却是其中的居住者；身体只是机器或机械，灵魂却是“发动和促进机器运行的作用力”；身体只是黑魆魆的灯笼，灵魂或精神却是里面燃烧着的神的烛光。鉴于灵魂与身体在完美性上有着天壤之别，是我们身上更优良的部分，无疑也需要我们以更大的关心，和细致的照料去加以保护。身体上的养护，只完成了一半的工作。身体是人的一部分，而且是更琐屑、更低微的部分。如果我们只考虑此生的时间，情况就是如此。然而，如果我们考虑到彼世无限延397 续的福祉，身体上的养护与总体相比，我敢说，不是四分之一，而是根本不值一提。短暂的人生，与未来的无限光景，根本不具有可比性。因此让我们不要那么愚蠢，竟至于费尽心思，不惜将一切时间与精力花在身体的营养、舒适与欢悦上，用使徒的话来说，就是“养护肉身以促长贪欲”；却听任我们的灵魂处在一种悲惨、贫瘠、盲目，而且无遮无蔽的状态中。一些哲学家认为，身体绝非人关键的部分，它只是灵魂的载体：“灵魂才是人本身。”对此我虽然不能完全赞同，但是我必须承认，身体只是较低等的部分。因此，我们应当合理地对待身体，通过合理的饮食和养护，使身体最安定，与灵魂最相洽，并且最温顺，最能听从理性的支配；而不是娇养和纵容身体，以至鼓动它脱离束缚，自己掌握决定权，反过来致使更高的部分，即灵魂，使其堕落，沦为身体欲望的可耻同谋，“而致使神性精气粒子堕落尘世间。”

这是我们应尽的职责。但是我们的实际行为又如何呢？我们过于看重身体而忽视灵魂，这很显然表明了我们更青睐哪个部分。

我们极其小心地防止身体受到一星半点的伤害，却每天都粗暴地 398 鞭打并伤害我们的灵魂。我们所犯的每一点罪孽，都违背灵魂的本性。这对灵魂而言是一种真正的鞭笞，乃至致命的伤害。我们应该能体察到这一点，因为只要良心一旦觉醒，它就会感觉到刺痛。我们极其努力地使自己的身体不受奴役和束缚，却无所作为地听任灵魂沦为贪欲的奴隶与附庸，活在最可耻的束缚中，听命于最堕落的造物——魔鬼。为了替身体打算，我们处心积虑地争取一切对其有益的东西。我们如此看重身体，以至于宁愿抛弃一切，也要让身体活着。然而我们极少考虑到对灵魂最有益的东西，亦即救赎和感恩的生活方式，神的道，以及赞美神，并向他献祭的职责。甚而，我们可能会为一点蝇头小利，或是微不足道的东西，甚至更糟的是，仅只为满足一种过度而且不合理的欲望或激情，就心甘情愿地出卖我们的灵魂。我们非常看重自己的阶层，并极力坚持自己的出身与血统，尽管我们从祖先那里得到的，仅只是我们的身体，以及肉身的性质。就这点来说，珍视并发扬这种优势是有意义的。这能促使我们效仿先辈树立的良好典范，既不埋没他们的风采，也不做有辱我们血统的事情。而我们的灵魂，是天父的光投 399 射出的光束，也是神本人的直接后裔。这种神性的来源，竟然极少起到影响，不会促使我们努力去使自己的言行配得上自己的血统，而不去做任何卑鄙龌龊、与我们尊贵的出身不相吻合的事情。

你会说，我们如何才能体现出对灵魂的关心呢？我们应该为它们做些什么？我的回答是，就像我们对待身体那样。

首先，正如我们给身体喂食，灵魂也应当得到滋养。灵魂的养料是知识，尤其是关于这些方面的知识：神的事物，以及关乎永恒宁静与幸福的事物;基督教的学说,书本上记载、或是口头宣讲出来的圣言。正如《彼得前书》2:2所说:“像才生的婴孩爱慕奶一样,叫你们因此渐长。”在《希伯来书》5:12中,使徒同时提到了奶和干粮。在这里,他将耶稣基督圣言中所说的“小学的开端”(Principles)称作奶。此外,《哥林多前书》2:3写道:“我是用奶喂你们,没有用饭喂你们。那时你们不能吃。”[①]因此我们看到,用使徒的话来说,喂养群氓,就是教育和指导他们。知为行之本;我们只有懂得神的意志,而后才能去实施。圣言(Word)必须被一颗诚实友善的心接受并理解,而后才能结出果实。

400

其次,当我们的身体罹患内疾或外伤时,我们会去寻求救治与治疗。罪孽是灵魂的疾病,正如《马太福音》9:12所说:“康健的人用不着医生,有病的人才用得着。”我们的救世主以类比方式来解释这句话:“我来本不是召义人,乃是召罪人。”要治愈灵魂的疾病,只有一种谦卑、严肃和衷心的改悔,才是有效的良药;这并不能补偿我们的罪过,但是能让我们有资格分享耶稣基督的赎罪(Atonement)带来的好处。救世主以自身的牺牲为祭,为我们重新博回神的宠爱。我们曾失去神的恩宠,而今我们身上仍然潜伏着祸根,先前的事情还有可能重演。

其三,我们为身体穿衣打扮。事实上,我们在这上面花费了太多的时间和心思,我们的灵魂,也应当以神圣和高洁的习惯为衣,并以善行为饰。《彼得前书》5:5有“你们众人也都要以谦卑束腰”。同一篇使徒书第2章第2句中如是劝诫女人们:“不要以外

① 见和合本《哥林多前书》3:2.——译者

面的辫头发、戴金饰、穿美衣为妆饰，只要以里面存着长久温柔、安静的心为妆饰，这在神面前是极宝贵的。”[①]在《启示录》19:8中，“圣徒所行的义”被称作“细麻衣”。而且据记载，圣徒们“穿着洁白的衣服”。在《马太福音》23:11中，圣徒的义行，以及成为福音的一段对话，被称为“婚宴礼服”。《歌罗西书》3:10中有“穿上了新人”，以及“你们既是神的选民，圣洁蒙爱的人，就要穿上怜悯、恩慈、谦虚、温柔、忍耐的衣服”[②]。与此相反，邪恶的习惯和有罪的行为，则被比喻为污秽的衣服。因此据《撒迦利亚书》3:3记载，大祭司约书亚“穿着污秽的衣服”；在下一句中，这被阐释为他的罪孽——要么是他个人的，要么是他所代表的那群人的——“我要使你脱离罪孽，要给你穿上华美的衣服。” 401

其四，正如我们防护和保卫自己的身体，我们的灵魂也需要同样的保护层。基督徒的生活，是一场持续不断的战争。我们周围潜伏着众多虎视眈眈的敌人：魔鬼，尘世，还有我们与生俱来的这副堕落的肉身。因此，我们需要披挂上基督徒的全副装备，“拿起神所赐的全副军装，好在磨难的日子抵挡仇敌，并且成就了一切，还能站立得住。所以要站稳了，用真理当做带子束腰，用公义当作护心镜遮胸，又用平安的福音当做预备走路的鞋穿在脚上。此外又拿着信德当做藤牌，并戴上救恩的头盔，拿着圣灵的宝剑，就是神的道。”(《以弗所书》6：13,14,等)。 402

一个人拥有了基督徒的全副装备，就能果敢地防范，并抵制诱

① 见和合本《彼得前书》3:3.——译者

② 和合本作“就要存……的心。”——译者

惑,以及心灵敌人的进攻。一个人使自己的衣服保持清洁,并使良心不因冒犯神和人而感到不安,他就能享有那种完全的安宁,并且永远保持下去。塔西陀(Tacitus)曾谈到一支北方民族——芬兰人(Finns),他们无需担心神或人能对他们做什么,因为他们的生活处境已经达到世界上最糟糕的地步。没人能将他们放逐到更荒凉的国度,也没有人能使他们的境况比眼前更糟。我说良心纯正的人能确保不受神和人的伤害,并不是在芬兰人的这个意义上,我是说,他们能确保没有任何罪恶降临在他们身上,无论这些罪恶是来自于神还是人。神不能伤害他,并不是因为力量不够,也不是因为缺乏意志,而是因为,神的力量和意志,都受神的真理与正义调控。他也不会受到来自人的伤害,因为他处于全能者的保护之中。如果有什么能对他造成伤害,这种东西也必定受到神意的制约,要403 么,即便对他造成伤害,也只是为了磨炼和坚定他的信仰,增强他的耐心,以增添他在最后的大日子里行将获得的未来报酬。到那时,全能者将把光环分送给那些勇士,因为他们用自己的英雄行为体现了他们的勇气和信念,或是因神的缘故而耐心忍受了那些微不足道的事情。一颗善良的心,不仅能确保一个人不受神和人的伤害,而且能确保他不被自己伤害。“邪恶者永不得安宁,”我们的神如是说道,作恶的人内心得不到平静。这种人是矛盾的。因为神的命令与人性相符,也与健全理性的指示完全一致。当一个人违背这些命令时,他的判断就会根据神的法则进行审判,并为他自己定罪。从而,罪人会成为一个“自我折磨的刽子手”。“没有哪一位罪人能免受他自己的审判,他本人就是法官。”

恣意妄为的(profligate)人也不能免于此。他公然违抗自己的良心，内心始终处于交战状态。他试图从无神论者那里寻求避难所，因为他非常需要相信神并不存在，并且强烈否认神的存在。首先，假定神（Deity）的存在无法得到毋庸置疑或不可争辩的证明，然而（即使这一点非常肯定），他也无法肯定这一命题的反面，即神不存在。因为没有人能够确认一条纯粹否定的命题，也就是 404 说，某事物并不存在。除非他声称确切了解现有的一切事物，或者可能出现的一切事物——再没有什么比这种狂妄之举更为荒诞可笑的了。再或者，除非他能确定，他所否认的那种存在物，确实意味着一种矛盾；然而这里并不存在这种情况。有关神的真正观念，包含着这样一点："他是一种在一切可能方面都具有完美性的存在。"我将引用切斯特主教《论自然宗教》（*Discourse of Natural Religion*）第 94 页中的论述。

既然他不能确定神并不存在，他就不得不产生怀疑，并且担心，或许存在一位神。

其次，如果存在一位神，而且这个神正如假想中的那样神圣、公正和强大，那些卑鄙的异端和反叛者，将能想象到他的报复与义愤。因此，他们一心想要将神从世界中驱逐出去。神是伟大的创世者，以及世界的管理者。为了隐藏他的存在，他从那些人，以及其他人的记忆中抹除了有关他的一切观念。这激起他的造物，以及他的仆从们对他的蔑视，以及对他的敬畏与崇拜中所表现出的轻慢。他们把他视为虚构出来的神话人物，认为只有傻子才会去敬畏他。在人所犯的过错中，这无疑是最有可能激怒神的，从而，也必将受到最严厉的报复。

仅因为稍有疑惑而拒斥神的存在，就会带来如此悲惨的后果。

这必然会扰乱无神论者的心神，使他满怀恐惧。他的一切快乐与405享乐，都将因此受到影响和制约。即便在此生中，他的生活也会变得悲惨无比。

> 而另一方面，即便神并不存在，那些相信神，并且拥有神的人，也不会面临遭遇任何悲惨后果的危险。这种信仰所带来的全部不利在于，在一个人短暂的一生中，他偶尔会让自己受缚于一些不必要的制约。然而在这段时间里，就现世而言，他会过得更加平静、安宁和安心；至于将来，他的错误将随他本人一同逝去，没人会要求他站出来解释自己的过错。

以上为主教所述。

对此我想补充的是，这个人不仅不会受到任何损失，而且还会从这个错误中获得相当可观的好处。因为在此生中，他拥有一个关于未来福祉的美丽梦想或憧憬。带着这些想法和期待，他足以告慰自己，并且安然度过一生。他无需担心有人将他从这种美梦中惊醒，并且非要让他明白自己的错误和愚蠢；死亡将会带给他一个完美的结局。

（第二部分 完）